普通高等教育"十四五"计算机类专业系列教材

计算机网络应用

何小平　赵　文◎主　编
谢文兰　刘　宏◎副主编

中国铁道出版社有限公司
CHINA RAILWAY PUBLISHING HOUSE CO., LTD.

内 容 简 介

本书介绍了计算机网络的基础知识、传输介质及设备，IP地址及TCP/IP属性设置，常用网络测试命令应用，局域网资源共享，无线局域网组建和网络打印机的安装及配置，家用无线路由器配置及应用，代理服务器的原理及设置，DNS的配置及应用，DHCP服务器配置及应用，Web服务器配置及应用，FTP服务器配置及应用，网络安全基础。

本书适合作为高等院校网络工程专业、计算机专业、信息技术专业、电子商务专业以及其他相关专业的网络课程教材，也可作为广大网络管理人员及技术人员的参考书。

图书在版编目（CIP）数据

计算机网络应用/何小平，赵文主编. —北京：中国铁道出版社有限公司，2022. 12
普通高等教育“十四五”计算机类专业系列教材
ISBN 978-7-113-29806-7

Ⅰ.①计… Ⅱ.①何… ②赵… Ⅲ.①计算机网络-高等学校-教材 Ⅳ.①TP393

中国版本图书馆CIP数据核字（2022）第211455号

书　　名：计算机网络应用
作　　者：何小平　赵　文

策　　划：唐　旭　　　　**编辑部电话：**（010）63549501
责任编辑：贾　星　徐盼欣
封面设计：尚明龙
责任校对：安海燕
责任印制：樊启鹏

出版发行：中国铁道出版社有限公司（100054，北京市西城区右安门西街8号）
网　　址：http://www.tdpress.com/51eds/
印　　刷：三河市国英印务有限公司
版　　次：2022年12月第1版　2022年12月第1次印刷
开　　本：787 mm×1 092 mm　1/16　**印张：**13　**字数：**313千
书　　号：ISBN 978-7-113-29806-7
定　　价：36.00元

前 言

计算机网络是计算机技术和通信技术高度发展、紧密结合的产物。它的出现给整个世界带来了翻天覆地的变化，从根本上改变了人们的工作与生活方式。计算机网络在当今社会中起着非常重要的作用，已经成为人们社会生活中的重要组成部分。随着计算机网络技术的飞速发展，计算机网络教学越来越受重视，计算机网络已成为计算机类相关专业的一门必修课程。为此，编者在多年计算机网络课程教学的经验基础上，依据应用型人才培养的需求，组织编写了本书。

本书主要介绍计算机网络的基础概念、日常应用操作，让学生在信息化时代能更好地去应用计算机网络，解决日常生活和工作中常见的网络问题，如制作网线、设置计算机 TCP/IP 属性、进行网络连通性测试验证、设置家庭网络的无线路由器、共享文件等，在出现一些基本的网络故障时知道如何去排除，培养良好的网络安全意识。

通过对本书的学习，学生能够了解计算机网络的基本概念、功能、分类和拓扑结构；了解计算机网络的传输介质，掌握双绞线的制作方法；掌握 IP 地址的概念及 TCP/IP 属性设置；掌握常用网络测试命令的应用，掌握局域网资源共享的设置方法，会安装打印机并在局域网中设置网络打印机；掌握家用无线路由器的应用及配置、DNS 的配置及应用、代理上网、共享上网的原理及设置；了解 FTP 服务应用及操作；了解网络安全的概念、特征及意义；培养良好的网络安全意识。

本书由何小平、赵文任主编，谢文兰、刘宏任副主编。具体编写分工如下：项目 1～4、9、11、13 由何小平编写，项目 5、6 由赵文编写，项目 7、8 由谢文兰编写，项目 10、12 由刘宏编写。全书由何小平进行总体规划并统稿。

本书的出版得到了广东培正学院教材立项资助和中国铁道出版社有限公司的大力支持，在此表示衷心的感谢。本书在编写过程中，阅读与参考了大量相关文献资料和互联网资料，在此向相关作者深表感谢。

由于编者水平有限，书中难免存在疏漏和不足之处，恳请广大读者不吝指正。编者邮箱：hxpheping@163.com。

编　者

2022 年 10 月

目　录

项目 1

认识计算机网络

项目导读

随着计算机技术的普及和互联网技术的发展，计算机网络已经成为21世纪人类的一种新的生活方式。它的出现给整个世界带来了翻天覆地的变化，从根本上改变了人们的工作与生活方式。计算机网络在当今社会中起着非常重要的作用，已经成为人们社会生活中的重要组成部分。本项目将详细介绍计算机网络的定义、功能、分类、拓扑结构，以及计算机网络在当代社会中的具体应用。

通过对本项目的学习，可以实现下列目标。

◎了解：计算机网络的定义、功能、分类。

◎熟悉：计算机网络的应用。

◎掌握：计算机网络的分类和拓扑结构。

1.1 计算机网络的基本概念及功能

计算机网络是计算机技术和通信技术高度发展、紧密结合的产物，是信息社会的基础设施，是信息交换、资源共享和分布式应用的重要手段。一个国家的信息基础设施和网络化程度已成为衡量其现代化水平的重要标志。

1.1.1 计算机网络的概念

随着计算机网络应用的不断深入，人们对计算机网络的定义也在不断变化和完善。简单来说，计算机网络就是相互连接但又相互独立的计算机集合。具体来说，计算机网络就是将位于不同地理位置、具有独立功能的多个计算机系统，通过通信设备和线路互相连接起来，在网络操作系统、网络管理软件及网络通信协议的管理和协调下，实现网络资源共享和数据通信的系统。

计算机网络的连接介质可以是电缆、光纤、微波、载波或其他介质。信息和数据资源，软件系统和硬件设备的共享，都能在计算机网络中得以实现。此外，计算机网络技术能够实现对共享资源进行高效管理和优化整合。尽管人们对计算机网络技术并不陌生，然而其深刻的内涵却鲜为人知。

（1）就价值方面来看，计算机网络能够为计算机网络技术提供完善的、高效的服务，提升了计算机网络技术的效率，维护了其发展的稳定性，信息互通和数据共享也由此得以实现。

（2）就技术方面来看，计算机网络是通信技术和计算机技术的综合体。

（3）就功能方面来看，当计算机网络构建起来的时候，它能够实现计算机网络软硬件的综合管理，数据和信息的有效性、安全性和完整性得到了充分保障。

从上述表述中可以看出，计算机网络涉及三方面的内容：一是至少两台计算机互联；二是通信设备与线路介质；三是网络软件、通信协议和网络操作系统（NOS）。

1.1.2 计算机网络的组成

从资源构成的角度来讲，计算机网络是由硬件和软件组成的。硬件包括各种主机、终端等用户端设备，以及交换机、路由器等通信控制处理设备；软件由各种系统程序和应用程序以及大量的数据资源组成。从逻辑功能上，可以将计算机网络划分为资源子网和通信子网。

1. 计算机网络的物理组成

计算机网络的物理组成包括网络硬件和网络软件两部分。

在计算机网络中，硬件是物理基础，软件是支持网络运行、提高效率和开发资源的工具。

（1）计算机网络硬件包括：

① 主机：可独立工作的计算机，是计算机网络的核心，也是用户主要的网络资源。

② 网络设备：网卡、调制解调器、集线器、中继器、网桥、交换机、路由器、网关等。

③ 传输介质：按其特性可分为有线通信介质和无线通信介质。有线通信介质如双绞线、同轴电缆和光缆等；无线通信介质如短波、微波、卫星通信和移动通信等。

（2）计算机网络软件包括：

① 网络系统软件：是控制和管理网络运行、提供网络通信、管理和维护共享资源的网络软件，包括网络操作系统、网络通信和网络协议软件、网络管理软件和网络编程软件等。

② 网络应用软件：一般是指为某一应用目的而开发的网络软件，它为用户提供了一些实际的应用。

2. 计算机网络的逻辑组成

计算机网络的逻辑组成包括资源子网和通信子网两部分，如图 1-1 所示。

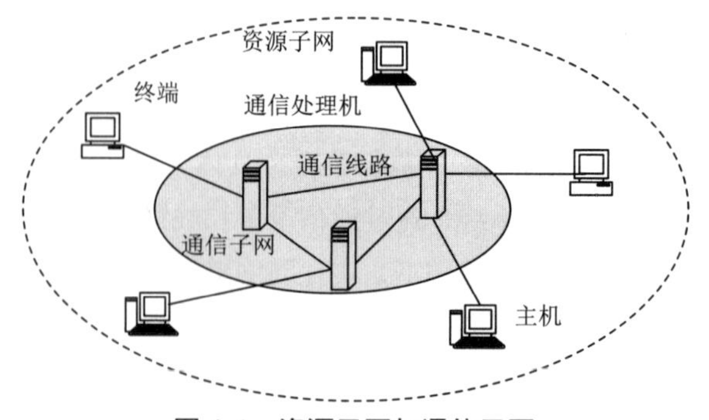

图 1-1　资源子网与通信子网

（1）通信子网。通信子网主要负责网络的数据通信，为网络用户提供数据传输、转接、加工和变换等数据信息处理工作。通信子网由通信控制处理机（又称网络节点）、通信线路、网络通信协议以及通信控制软件组成。

（2）资源子网。资源子网主要用于网络的数据处理功能，向网络用户提供各种网络资源和网络服务。它主要由主机、终端、I/O设备、各种网络软件和数据资源组成。

1.1.3 计算机网络的功能

计算机网络的功能主要体现在信息交换、资源（硬件、软件、数据）共享、分布式处理和提高可用性及可靠性四个方面。

（1）信息交换（数据通信）。网络上的计算机间可进行信息交换。例如，可以利用网络收发电子邮件、发布信息，进行电子商务、远程教育及远程医疗等。

（2）资源共享。用户在网络中，可以不受地理位置的限制，在自己的位置使用网络上的部分或全部资源。例如，网络上的各用户共享网络打印机，共享网络系统软件，共享数据库中的信息等。

（3）分布式处理。在网络操作系统的控制下，使网络中的计算机协同工作，完成仅靠单机无法完成的大型任务。

（4）提高可用性及可靠性。网络中的相关主机系统通过网络连接起来后，各主机系统可以彼此互为备份。如果某台主机出现故障，它的任务可由网络中的其他主机代为完成，这就避免了系统瘫痪，提高了系统的可用性及可靠性。

1.2 计算机网络的体系结构

1.2.1 网络体系结构的基本概念

为了使互联的计算机之间很好地进行相互通信，将每个计算机互联的功能划分为定义明确的层次，规定了同层次进程通信的协议及相邻层之间的接口服务。这些同层进程间通信的协议以及相邻层接口统称网络体系结构。因此，计算机网络的体系结构是计算机网络的各层及其协议的集合，是对这个计算网络及其部件所应完成功能的精确定义。

1. 网络协议

（1）网络协议的概念。网络协议就是为在网络节点之间进行数据交换而建立的规则、标准或约定。当计算机网络中的两台设备需要通信时，双方应遵守共同的协议才能进行数据交换。也就是说，网络协议是计算机网络中任意两节点间的通信规则。

（2）网络协议的三要素：

① 语法：数据与控制信息的结构或格式。

② 语义：需要发出体积控制信息，完成何种动作以及做出何种响应。

③ 同步：事件实现顺序的详细说明。

由于计算机网络通信的复杂性，在计算机网络体系结构中，也需要多个网络协议来加以约定。

2. 网络体系结构

为了降低网络协议设计的复杂性、便于网络维护、提高网络运行效率，国际标准化组织制定的计算机网络协议系统采用了层次结构。进行层次划分可以带来很多好处：

（1）各层相对独立。某一层并不需要知道它的下一层是如何实现的，而仅仅需要知道该层通过层间的接口（界面）所提供的服务。由于每一层只实现一种相对独立的功能，因此可以将一个难以处理的复杂问题分解为若干个较容易处理的更小一些的问题。这样，整个问题的复杂程度就降低了。

（2）灵活性好。当任何一层发生变化时，只要层间接口关系保持不变，那么在这层以上的或以下的各层均不受影响。此外,对某一层提供的服务还可进行修改。当某层提供的服务不再需要时，甚至可以将这一层取消。

（3）结构上可分割开。各层都可以采用最合适的技术来实现。

（4）易于实现和维护。这种结构使得实现和调试一个庞大而又复杂的系统变得易于处理，因为整个系统已被分解成为若干个相对独立的子系统。

（5）能促进标准化工作。因为每一层的功能及其所提供的服务都已有了精确的说明。

分层时应注意使每一层的功能非常明确。若层数太少，就会使每一层的协议太复杂。但是层数太多又会在描述和综合各层功能的系统工程任务时遇到较多的困难。

3. 典型的网络体系结构

典型的网络体系结构有：

（1）ARPANET 网络体系。美国国防部高级计划局的网络体系结构，是互联网的前身，其核心是 TCP/IP 网络协议。

（2）SNA 集中式网络。美国 IBM 公司的网络体系结构，是国际标准化组织 ISO 制定 OSI 参考模型的主要基础。

（3）DNA 网络体系。DEC 公司的网络体系结构。

（4）OSI 参考模型。国际标准化组织 ISO 制定的全球通用的国际标准网络体系结构。

1.2.2 OSI 参考模型

开放系统互连参考模型（Open System Interconnection Reference Model，OSI/RM）是国际标准化组织 ISO 在 1980 年颁布的全球通用的国际标准网络体系结构。OSI 不是实际物理模型，而是对网络协议进行规范化的逻辑参考模型。它根据网络系统的逻辑功能将其分为七层,如图 1-2 所示。OSI 参考模型规定了每一层的功能、要求和技术特性等内容。

在 OSI 七层参考模型中,每一层协议都建立在下一层之上,信赖下一层,并向上一层提供服务。其中第 1 ～ 3 层属于通信子网层，提供通信功能;第 5 ～ 7 层属于资源子网层，提供资源共享功能;第 4 层（传输层）起着衔接上下三层的作用。每一层的主要功能简述如下：

（1）物理层：定义传输介质的物理特性，实现比特流的传输。物理层对应的网络设备有网卡、网线、集线器、中继器、调制解调器等。

（2）数据链路层：在物理层提供的服务基础上，在通信的实体间建立数据链路连接，传输以帧为单位的数据包，并采用帧同步、差错控制、流量控制、链路管理等方法，使有差错的物理线路变成无差错的数据链路，实现数据从链路一端到另一端的可靠传输。数据链路层对应的网络设备有网桥、交换机。

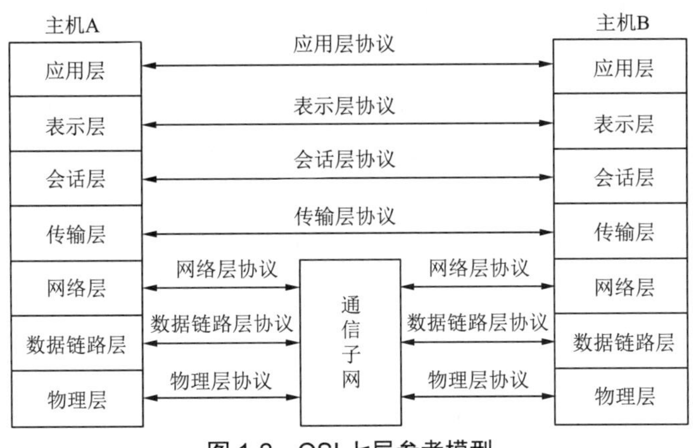

图 1-2 OSI 七层参考模型

（3）网络层：在该层进行编址，通过路由选择算法为分组通过通信子网选择最适当的路径，以及实现拥塞控制、异种网络互联等功能。该层数据传输单元是分组。网络层对应的网络设备有路由器。

（4）传输层：建立端到端的通信连接，进行流量控制、实现透明可靠的数据传输。网关工作在传输层及其以上各层。

（5）会话层：在网络节点间建立会话关系，并维持会话的畅通。

（6）表示层：处理在两个通信系统中交换信息的表示方式，主要包括数据格式转换、数据加密与解密、数据压缩与恢复等功能。

（7）应用层：负责应用管理和执行应用程序，提供与用户应用有关的功能，为应用程序提供网络服务。

1.2.3 TCP/IP 参考模型

TCP/IP 是一个四层协议系统，自底而上分别是网络接口层、网际层、传输层和应用层。每一层完成不同的功能，且通过若干协议来实现，上层协议使用下层协议提供的服务，如图 1-3 所示。

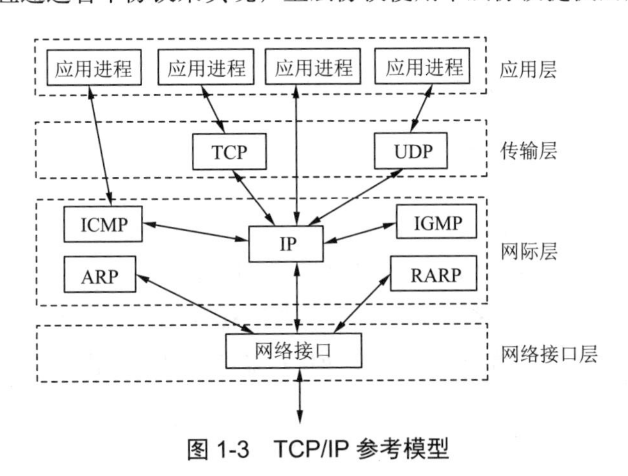

图 1-3 TCP/IP 参考模型

1. 网络接口层

模型的基层是网络接口层。负责数据帧的发送和接收，帧是独立的网络信息传输单元。网络接口层将帧放在网上，或从网上把帧取下来。

2. 网际层

网际层负责数据怎样传递过去，实现数据包的选路和转发。广域网（Wide Area Network，WAN）通常使用众多分级的路由器来连接分散的主机或局域网（Local Area Network，LAN），因此，通信的两台主机一般不是直接相连的，而是通过多个中间节点（路由器）连接的。网际层的任务就是选择这些中间节点，已确定两台主机之间的通信路径。同时，网际层对上层协议隐藏了网络拓扑连接的细节，使得在传输层和网络应用程序看来，通信的双方是直接相连的。

3. 传输层

传输层负责传输数据的控制（准确性、安全性）。为两台主机上的应用程序提供端到端（End to End）的通信。与网际层使用的逐跳通信方式不同，传输层只关心通信的起始端和目的端，而不在乎数据包的中转过程。

4. 应用层

应用层负责数据的展示和获取。

网络接口层、网际层、传输层负责处理网络通信细节，这部分必须既稳定又高效，因此它们都在内核空间中实现。而应用层则在用户空间中实现，因为它负责处理众多逻辑，如文件传输、名称查询和网络管理等。如果应用层也在内核中实现，则会让内核变得十分庞大。当然，也有少数服务器程序是在内核中实现的，这样代码就无须在用户空间和内核空间来回切换（主要是数据的复制），从而极大地提高了工作效率。不过这种代码实现起来较复杂，不够灵活且不便于移植。

1.2.4 OSI 与 TCP/IP 参考模型的比较

为了更好地进行 OSI 与 TCP/IP 参考模型的比较，先定义几个名词：

① 层：为了降低网络设计的复杂性，绝大多数网络都组织成一堆相互叠加的层。

② 协议：通信双方关于如何进行通信的一种约定。一组规则，用来规定同一层上的对等体之间所交换的信息或者分组的格式和含义。

③ 接口：下层向上层提供哪些原语操作和服务。

④ 协议栈：一个指定的系统所使用的一组协议。

⑤ 服务：某一层向它上一层提供的一些原语操作。

⑥ 面向连接的服务：基于电话系统模型的，用户要先建立一个连接，然后再使用该连接，通信完成后，再释放该连接。

⑦ 面向无连接的服务：基于邮政系统模型的，每一条报文都携带了完整的目标地址，所以，每条报文都可以被系统独立地进行路由，而不需要进行连接。

OSI 与 TCP/IP 参考模型有很多共同点：它们都以分层协议栈的概念为基础，协议栈中的协议彼此相互独立。传输层及其以上的各层都为希望进行通信的进程提供了一种端到端的，与网络无关的服务。

对于 OSI 模型，需要明确三个问题：

① 服务：定义指明了该层该做什么，而不是上一层的实体如何访问这一层，或者这一层是如何工作的。

② 接口：定义它上层的进程如何访问该层。

③ 协议：对等协议定义了它内部的事情。

最初，TCP/IP 模型并没有明确地区分服务、接口和协议三者之间的差异，但是在它成型之后，已经有了很多改进，更加接近于 OSI。互联网提供的真正服务只有发送 IP 分组和接收 IP 分组。

OSI 模型中的协议比 TCP/IP 模型中的协议有更好的隐蔽性，该参考模型在协议发明之前就已经产生了。

OSI 模型和 TCP/IP 模型最大的区别就是：OSI 模型有七层，TCP/IP 模型只有四层。

无连接的和面向连接的通信范围有所不同，OSI 模型的网络层同时支持无连接的和面向连接的通信，但是传输层只支持面向连接的通信，TCP/IP 模型的网络层上只有一种模式：无连接模式，但是在传输层上同时支持两种通信模式。

OSI 参考模型是在协议发明之前已经产生的，TCP/IP 模型是在协议出现之后产生的，而且它只是已有协议的一个描述而已。

OSI 模型存在很多问题，但事实证明它对于讨论计算机网络非常有用，可是 OSI 协议并没有流行起来。TCP/IP 模型正好相反，模型本身并不存在，但是协议却被广泛使用了。

OSI 参考模型与 TCP/IP 参考模型的共同之处是它们都采用了层次结构的概念，在传输层中两者定义了相似的功能。但是，两者在层次划分、使用的协议上有很大的区别。

① 物理层（Physical Layer）：物理层处于 OSI 参考模型的最低层。物理层的主要功能是利用物理传输介质为数据链路层提供物理连接，以便透明地传送比特流。工作在第一层的设备都是在同一个冲突域中，如集线器（Hub）。

② 数据链路层（Data Link Layer）：在物理层提供比特流传输服务的基础上，在通信的实体之间建立数据链路连接，传送以帧为单位的数据，并且采用差错控制与流量控制方法，使有差错的物理线路变成无差错的数据链路。处于该层的网络设备有：网桥、交换机。协议有 PPP 协议。

③ 网络层（Network Layer）：网络层的主要任务是通过路由选择算法，为分组通过通信子网选择最适当的路径。网络层实现路由选择、拥塞控制与网络互联等功能。处于该层的网络设备有路由器。

④ 传输层（Transport Layer）：传输层的主要任务是向用户提供可靠的端到端服务，透明地传送报文。它向高层屏蔽了下层数据通信的细节，因而是计算机网络通信体系结构中最关键的一层。

无论是 OSI 参考模型与协议还是 TCP/IP 参考模型与协议都不完美。在 20 世纪 80 年代，几乎所有专家都认为 OSI 参考模型与协议将风靡世界，但却事与愿违。造成 OSI 协议不能流行的原因之一是模型与协议自身的缺陷。大多数人都认为 OSI 参考模型的层次数量与内容可能是最佳选择，其实并不是这样的。会话层在大多数应用中很少用到，表示层几乎是空的。在数据链路层与网络层有很多子层插入，每个子层都有不同的功能。OSI 参考模型将“服务”与“协议”的定义相结合，使得参考模型变得格外复杂，实现起来更加困难。寻址、流量与差错控制在每层中重复出现，这必然会降低系统效率。虚拟终端协议最初安排在表示层，现在安排在应用层。关于数据安全性、加密与网络管理等方面的问题也在参考模型的设计初期被忽略。有人批评参考模型的设计更多是被通信的思想所支配，很多选择不适于计算机与软件的工作方式。很多“原语”在软件的很多高级语言中实现起来容易，但是严格按照层次模型编程，软件效率低。

TCP/IP 参考模型与协议也有自身的缺陷。第一，它在服务、接口与协议的区别上就不是很清楚。一个好的软件工程应该将功能与实现方法区分开来，TCP/IP 参考模型恰恰没有很好地做到这点，这就使得 TCP/IP 参考模型对于使用新技术的指导意义不够，TCP/IP 参考模型不适合于其他非 TCP/IP 协议族。第二，网络接口层本身并不是实际的一层，它只定义了物理层与数据链路层的接口。物理层与数据链路层的划分是必要和合理的，一个好的参考模型应该将它们区分开，而 TCP/IP 参考模型却没有做到这点。

TCP/IP 协议自 20 世纪 70 年代诞生以来，已经历长期的实践检验，它已经成功地赢得大量的用户和投资。TCP/IP 协议的成功促进了互联网的发展，互联网的发展又进一步扩大 TCP/IP 协议的影响。TCP/IP 首先在学术界争取了大批的用户，同时也越来越受到计算机产业界的青睐。IBM、DEC 等大公司纷纷宣布支持 TCP/IP 协议，局域网操作系统 NetWare、LAN Manager 争相将 TCP/IP 纳入自己的体系结构，数据库 Oracle 支持 TCP/IP 协议，UNIX、POSIX 操作系统也一如既往地支持 TCP/IP 协议。相比之下，OSI 参考模型与协议显得有些势单力薄。人们普遍希望网络标准化，但是却迟迟没有成熟的 OSI 产品推出，妨碍第三方厂家开发相应的硬件和软件，从而影响 OSI 产品的市场占有率与今后的发展。

1.2.5 五层协议的参考模型

无论是 OSI 参考模型还是 TCP/IP 参考模型，都有成功和不足的方面。ISO 本来计划通过推动 OSI 参考模型与协议的研究来促进网络标准化，但是事实上这个目标并没有达到。TCP/IP 协议利用正确的策略，抓住有利时机，伴随着互联网发展而成为目前公认的工业标准。在网络标准化的进程中，人们面对着的就是这样一个事实。OSI 参考模型由于要照顾各方面的因素，使得 OSI 参考模型变得大而全、效率低。尽管这样，它的很多研究成果、方法对今后网络的发展依然有很好的指导意义。TCP/IP 协议的应用非常广泛，但是它的参考模型研究却很薄弱。

OSI 七层参考模型相对复杂，又不实用，但其概念清晰，体系结构理论也比较完整。TCP/IP 协议应用性强，现在得到了广泛使用，但它的参考模型的研究却比较薄弱。TCP/IP 虽然是一个四层的体系结构，但实际上只有应用层、传输层和网际层三层，最下面的网络接口层并没有什么具体内容。为了保证计算机网络教学的科学性与系统性，本书将采用 Andrew S.Tanenbaum 建议的一种混合的参考模型。这是一种折中的方案，它吸收了 OSI 和 TCP/IP 的优点，采用五层协议的参考模型，如图 1-4 所示。它与 OSI 参考模型相比少了表示层与会话层，并用数据链路层与物理层代替了 TCP/IP 参考模型的网络接口层，这样概念阐述起来既简洁又清晰。TCP/IP、五层协议与 OSI 参考模型各层的对应关系如图 1-5 所示。

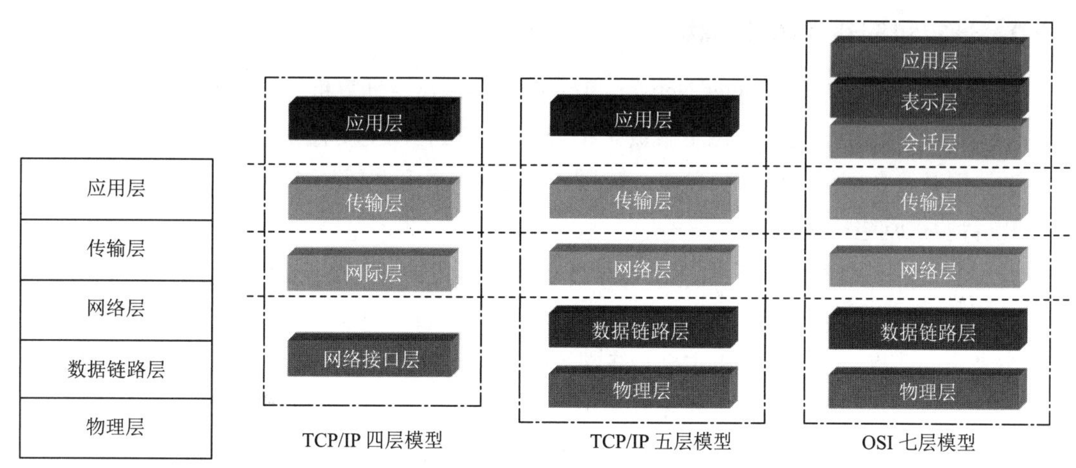

图 1-4　五层协议的参考模型　　图 1-5　TCP/IP、五层协议与 OSI 参考模型各层的对应关系

1.3　计算机网络的分类和拓扑结构

1.3.1　计算机网络的分类

根据不同的分类标准，可以将计算机网络划分为不同的类型。例如，按传输介质，可分为有线网络和无线网络；按传输技术，可分为广播式网络和点到点式网络；按使用范围，可分为公用网和专用网；按信息交换方式，可分为报文交换网络和分组交换网络；按服务方式，可分为客户机 / 服务器网络和对等网；按网络的拓扑结构，可分为总线、星状、环状、树状和网状网络等；按通信距离的远近，可分为广域网、城域网和局域网。

在上述分类方式中，最主要的一种划分方式就是按网络的覆盖范围即按通信距离的远近进行分类。

1. 局域网

局域网（Local Area Network，LAN）是指将较小地理范围内的各种计算机网络设备互联在一起而形成的通信网络，可以包含一个或多个子网，通常局限在几千米的范围内。局域网中的数据传输速率很高，一般可达到 100 ～ 1 000 Mbit/s，甚至可达到 10 Gbit/s。

2. 城域网

城域网（Metropolitan Area Network，MAN）是介于局域网和广域网之间的一种高速网络。它以光纤为主要传输介质，其传输速率为 100 Mbit/s 或更高。覆盖范围一般为 5 ～ 100 km，城域网是城市通信的主干网，它充当不同局域网之间的通信桥梁，并向外连入广域网。

3. 广域网

广域网（Wide Area Network，WAN）覆盖的范围为数十千米至数千千米。广域网可以覆盖一个国家、地区，或横跨几个洲，形成国际性的远程计算机网络。广域网的通信子网一般利用公用分组交换网、卫星通信网和无线分组交换网，将分布在不同地区的计算机系统互联起来，以达到资源共享和数据通信的目的。

1.3.2 计算机网络的拓扑结构

计算机网络拓扑（Computer Network Topology）是指由计算机组成的网络之间设备的分布情况以及连接状态。把它们画在图上就成了拓扑图，一般在图上要标明设备所处的位置，设备的名称类型，以及设备间的连接介质类型，拓扑分为物理拓扑和逻辑拓扑两种。

1. 计算机网络拓扑的概念

计算机网络的拓扑结构是指网上计算机或设备与传输媒介形成的节点与线的物理构成模式。网络的节点有两类：一类是转换和交换信息的转接节点，包括节点交换机、集线器和终端控制器等；另一类是访问节点，包括计算机主机和终端等。线则代表各种传输媒介，包括有形的和无形的。

每一种网络结构都由节点、链路和通路等几部分组成。

（1）节点：又称网络单元，它是网络系统中的各种数据处理设备、数据通信控制设备和数据终端设备。常见的节点有服务器、工作站、集线路和交换机等设备。

（2）链路：两个节点间的连线，可分为物理链路和逻辑链路两种，前者指实际存在的通信线路，后者指在逻辑上起作用的网络通路。

（3）通路：是指从发出信息的节点到接收信息的节点之间的一串节点和链路，即一系列穿越通信网络而建立起的节点到节点的链路。

2. 计算机网络拓扑的分类

常用的计算机网络拓扑结构主要有星状拓扑、环状拓扑、总线拓扑、树状拓扑、网状拓扑和混合拓扑，如图 1-6 所示。

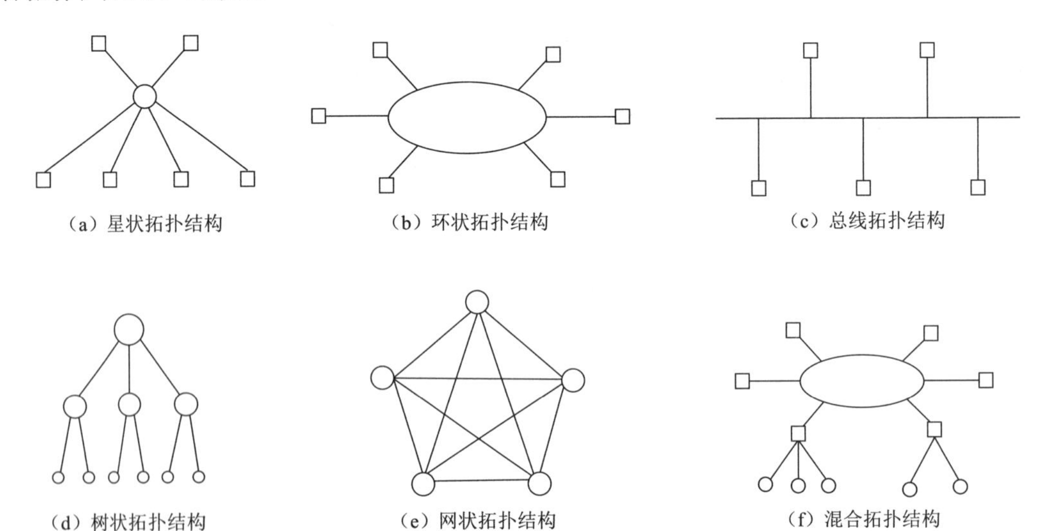

图 1-6 常用的计算机网络拓扑结构

（1）星状拓扑。星状拓扑是由中央节点和通过点到点通信链路连接到中央节点的各个站点组成。中央节点执行集中式通信控制策略，因此中央节点相当复杂，而各个站点的通信处理负担都很小。星状网采用的交换方式有电路交换和报文交换，尤以电路交换更为普遍。这种结构一旦建立了通道连接，就可以无延迟地在连通的两个站点之间传送数据。流行的专用交换机 PBX（Private Branch eXchange）就是星状拓扑结构的典型实例。星状拓扑结构如图 1-6（a）所示。

星状拓扑结构的优点：

① 结构简单，连接方便，管理和维护都相对容易，而且扩展性强。

② 网络延迟时间较小，传输误差低。

③ 在同一网段内支持多种传输介质，除非中央节点故障，否则网络不会轻易瘫痪。

④ 每个节点直接连接到中央节点，故障容易检测和隔离，可以很方便地排除有故障的节点。

因此，星状拓扑结构是应用最广泛的一种网络拓扑结构。

星状拓扑结构的缺点：

① 安装和维护的费用较高。

② 共享资源的能力较差。

③ 一条通信线路只被该线路上的中央节点和边缘节点使用，通信线路利用率不高。

④ 对中央节点要求相当高，一旦中央节点出现故障，则整个网络将瘫痪。

（2）环状拓扑。在环状拓扑中各节点通过环路接口连接在一条首尾相连的闭合环状通信线路中，环路上任何节点均可以请求发送信息。请求一旦被批准，便可以向环路发送信息。环状网中的数据可以是单向也可是双向传输。由于环线公用，一个节点发出的信息必须穿越环中所有的环路接口，信息流中目的地址与环上某节点地址相符时，信息被该节点的环路接口所接收，而后信息继续流向下一环路接口，一直流回到发送该信息的环路接口节点为止。环状拓扑结构如图 1-6(b)所示。

环状拓扑的优点：

① 电缆长度短。环状拓扑网络所需的电缆长度和总线拓扑网络相似，但比星状拓扑网络要短得多。

② 增加或减少工作站时，仅需简单的连接操作。

③ 可使用光纤。光纤的传输速率很高，十分适合于环状拓扑的单方向传输。

环状拓扑的缺点：

① 节点的故障会引起全网故障。这是因为环上的数据传输要通过连接在环上的每一个节点，一旦环中某一节点发生故障就会引起全网故障。

② 故障检测困难。这与总线拓扑相似，因为不是集中控制，故障检测需在网上各个节点进行，因此较为不容易。

③ 环状拓扑结构的媒体访问控制协议都采用令牌传递的方式，在负载很轻时，信道利用率相对来说就比较低。

（3）总线拓扑。总线拓扑结构采用一个信道作为传输媒体，所有站点都通过相应的硬件接口直接连接到这一公共传输媒体上，该公共传输媒体即称为总线。任何一个站发送的信号都沿着传输媒体传播，而且能被所有其他站所接收。

因为所有站点共享一条公用的传输信道，所以一次只能由一个设备传输信号。通常采用分布式控制策略来确定哪个站点可以发送报文，发送站将报文分成分组，然后逐个依次发送这些分组，有时还要与其他站来的分组交替地在媒体上传输。当分组经过各站时，其中的目的站会识别到分组所携带的目的地址，然后复制下这些分组的内容。总线拓扑结构如图 1-6（c）所示。

总线拓扑结构的优点：

① 总线结构所需要的电缆数量少，线缆长度短，易于布线和维护。

② 总线结构简单，又是无源工作，有较高的可靠性。传输速率高，可达 1 ～ 100 Mbit/s。

③ 易于扩充，增加或减少用户比较方便，结构简单，组网容易，网络扩展方便。

④ 多个节点共用一条传输信道，信道利用率高。

总线拓扑的缺点：

① 总线的传输距离有限，通信范围受到限制。

② 故障诊断和隔离较困难。

③ 分布式协议不能保证信息的及时传送，不具有实时功能。站点必须是智能的，要有媒体访问控制功能，从而增加了站点的硬件和软件开销。

（4）树状拓扑。树状拓扑可以认为是多级星状结构组成的，只不过这种多级星状结构自上而下呈三角形分布，就像一棵树一样，最顶端的枝叶少些，中间的多些，而最下面的枝叶最多。树的最下端相当于网络中的边缘层，树的中间部分相当于网络中的汇聚层，而树的顶端则相当于网络中的核心层。它采用分级的集中控制方式，其传输介质可有多条分支，但不形成闭合回路，每条通信线路都必须支持双向传输。树状拓扑结构如图 1-6（d）所示。

树状拓扑的优点：

① 易于扩展。这种结构可以延伸出很多分支和子分支，这些新节点和新分支都能容易地加入网内。

② 故障隔离较容易。如果某一分支的节点或线路发生故障，很容易将故障分支与整个系统隔离开来。

树状拓扑的缺点：

各个节点对根的依赖性太大，如果根发生故障，则全网不能正常工作。从这一点来看，树状拓扑结构的可靠性类似于星状拓扑结构。

（5）网状拓扑。网状拓扑结构在广域网中得到了广泛应用，它的优点是不受瓶颈问题和失效问题的影响。由于节点之间有许多条路径相连，可以为数据流的传输选择适当的路由，从而绕过失效的部件或过忙的节点。这种结构虽然比较复杂，成本也比较高，提供上述功能的网络协议也较复杂，但由于它的可靠性高，仍然受到用户的欢迎。

网状拓扑的一个应用是在 BGP 协议中。为保证 IBGP 对等体之间的连通性，需要在 IBGP 对等体之间建立全连接关系，即网状网络。假设在一个 AS 内部有 n 台路由器，那么应该建立的 IBGP 连接数就为 $n(n-1)/2$ 个。网状拓扑结构如图 1-6（e）所示。

网状拓扑的优点：

① 节点间路径多，碰撞和阻塞减少。

② 局部故障不影响整个网络，可靠性高。

网状拓扑的缺点：

① 网络关系复杂，建网较难，不易扩充。

② 网络控制机制复杂，必须采用路由算法和流量控制机制。

(6) 混合拓扑。混合拓扑是将两种单一拓扑结构混合起来，取两者的优点构成的拓扑。

一种是星状拓扑和环状拓扑混合成的“星 - 环”拓扑，另一种是星状拓扑和总线拓扑混合成的“星 - 总”拓扑。

这两种混合结构有相似之处，如果将总线拓扑的两个端点连在一起也就变成了环状拓扑。

在混合拓扑结构中，汇聚层设备组成环状或总线拓扑，汇聚层设备和接入层设备组成星状拓扑。混合拓扑结构如图 1-6 (f) 所示。

混合拓扑的优点：

① 故障诊断和隔离较为方便。一旦网络发生故障，只要诊断出哪个网络设备有故障，将该网络设备和全网隔离即可。

② 易于扩展。要扩展用户时，可以加入新的网络设备，也可在设计时，在每个网络设备中留出一些备用的可插入新站点的连接口。

③ 安装方便。网络的主链路只要连通汇聚层设备，然后再通过分支链路连通汇聚层设备和接入层设备。

混合拓扑的缺点：

① 需要选用智能网络设备，实现网络故障自动诊断和故障节点的隔离，网络建设成本比较高。

② 像星状拓扑结构一样，汇聚层设备到接入层设备的线缆安装长度会增加较多。

1.4 计算机网络的发展及应用

1.4.1 计算机网络的发展

计算机网络产生于 1960 年前后，它以远程在线系统的身份呈现在人们面前。该系统由两千多个终端系统和计算机构成，初步形成了早期的计算机网络。

20 世纪 60 年代中期至 70 年代的第二代计算机网络是以多个主机通过通信线路互联起来，为用户提供服务，兴起于 20 世纪 60 年代后期，典型代表 ARPANET 是美国国防部高级研究计划局开发的。主机之间不是直接用线路相连，而是由接口报文处理机转接后互联的，和它们之间互联的通信线路一起负责主机间的通信任务，构成了通信子网。通信子网互联的主机负责运行程序，提供资源共享，组成了资源子网。这个时期，网络的概念为“以能够相互资源共享为目的互联起来的具有独立功能的计算机之集合体”，形成了计算机网络的基本概念。

第三代计算机网络产生于 1970 年至 1990 年间，它是一个开放的、标准化的网络，具有统一的网络体系结构，并遵循了国际标准。兴起后，计算机网络发展迅速。各大计算机公司纷纷推出自己的网络体系结构和软硬件产品来实现这些网络功能。由于没有统一的标准，不同厂家产品之间的网络互联是非常困难的，有规范化的实用网络成为人们的迫切需要。这样最先出现的 TCP/IP 网络体系结构就成为了计算机公司进行网络设备生产的一个事实标准，同时也催生了国际标准化组织 OSI 七层模型的网络体系结构。

1990 年之后产生了第四代计算机网络，鉴于局域网技术日趋成熟、光纤和高速网络技术、多媒体网络、智能网络的发展，整个网络对用户而言就是一个非常透明的技术及系统，人们可以简单而方便地使用互联网，而无须掌握复杂的网络技术。

1.4.2 计算机网络的应用

20 世纪 90 年代以来，计算机网络广泛应用于企业、家庭、科研机构和政府等公共组织，成为人们生产生活的重要组成部分。计算机网络可以实现远程信息交换，可以将不同地理位置的计算机通过通信设备连接在一起，实现计算机资源的共享和信息交换，实现协同工作等。传统通信方式也在计算机网络的快速发展刺激下产生了巨大的变化。极大地促进了社会的进步和发展，在现代社会中发挥着不可或缺的作用。常见的应用如下：

1. 计算机网络在现代企业中的应用

计算机网络的发展和应用改变了传统企业的管理模式和经营模式。在现代企业中，企业信息网络得到了广泛应用。它是一种专门用于企业内部信息管理的计算机网络，覆盖企业生产经营管理的各个部门，在整个企业范围内提供硬件、软件和信息资源共享。

企业信息网络可以根据企业经营管理的地理分布状况，可以是局域网，也可以是广域网，既可以在近距离范围内自行铺设网络传输介质，也可以跨区域利用公共通信网络。

企业信息网络已经成为现代企业的重要特征，通过企业信息网络，现代企业摆脱了地理位置带来的不便，对广泛分布在各地的业务进行及时、统一的管理和控制，并实现在全企业内部的信息资源共享，从而大大提高了企业在市场中的竞争能力。

2. 计算机网络在娱乐领域的应用

计算机游戏的单机游戏时代已经过去。现在的计算机网络游戏，远隔千山万水的玩家可以把自己置身于虚拟现实中，通过 Internet 可以相互博弈。在虚拟现实中，游戏通过特殊装备为玩家营造身临其境的感受。网络游戏的诞生让人类的生活更丰富，从而促进全球人类社会的进步，并且丰富了人类的精神世界和物质世界，让人类的生活品质更高，让人类的精神生活更快乐。

计算机网络还将改变人们对于电视节目的概念，人们可以选择频道，选择播出日程表。网络电视的出现给人们带来了一种全新的电视观看方法，它改变了以往被动的电视观看模式，实现了电视以网络为基础按需观看、随看随停的便捷方式。

3. 计算机网络在商业领域的应用

近几年来，电子商务发展十分迅速，改变了人们传统的购物习惯。电子商务可以降低经营成本，简化交易流通过程，改善物流和金流、商品流、信息流的环境与系统，电子商务的发展还带动了物流业的发展。我国电子商务经过十几年时间从萌芽状态发展成初具规模的产业，网商、网企、网银等专业化服务和从业人员几何级数递增，已成为引领现代服务业发展的新兴产业，在促进现代服务业融合、推进创业、完善商务环境等方面所起到的作用越来越明显。

越来越多的企业看到电子商务的好处，不论是自建独立的官方电子商务平台，还是使用第三方的电子商务平台，都让电子商务渗透率保持高速增长。人们对于网购理念的普及，以及电商对于网购服务的改善，使得电子商务形成规模庞大的经济体，并与实体经济一同给社会经济发展注入动力。

4. 计算机网络在教育领域的应用

在传统的教学模式中，学生只是被动地接受知识，不仅影响了学生获取知识的效果，也遏制了学生的学习兴趣。计算机网络的发展，使其在教育领域中的运用也极其广泛，从教育管理、后勤服务到教师教学、学生自主学习，都能够在计算机网络上进行。

5. 计算机在现代医疗领域的应用

计算机网络技术发展也给医疗领域带来了巨大变革。建设信息化医院，能使得医疗信息高度共享，减轻医务人员的劳动强度，优化患者诊疗流程，提高对患者的治疗速度。

1.5 网络新技术

1.5.1 网络存储

网络存储（Network Storage）是数据存储的一种方式，网络存储结构大致分为三种：直连式存储（Direct Attached Storage，DAS）、网络附加存储（Network Attached Storage，NAS）和存储区域网（Storage Area Network，SAN）。由于NAS对于普通消费者而言较为熟悉，所以一般网络存储都指NAS。

网络存储被定义为一种特殊的专用数据存储服务器，包括存储器件（如磁盘阵列、CD/DVD驱动器、磁带驱动器或可移动的存储介质）和内嵌系统软件，可提供跨平台文件共享功能。网络存储通常在一个LAN上占有自己的节点，无须应用服务器的干预，允许用户在网络上存取数据，在这种配置中，网络存储集中管理和处理网络上的所有数据，将负载从应用或企业服务器上卸载下来，有效降低总拥有成本，保护用户投资。

高端服务器使用的专业网络存储技术大概分为DAS、NAS、SAN、iSCSI四种，它们可以使用RAID阵列提供高效的安全存储空间。

1. DAS

DAS是指将存储设备通过SCSI接口直接连接到一台服务器上使用。DAS购置成本低，配置简单，使用过程和使用本机硬盘并无太大差别，对于服务器的要求仅仅是一个外接的SCSI接口，因此对于小型企业很有吸引力。但是DAS也存在诸多问题：①服务器本身容易成为系统瓶颈；②服务器发生故障，数据不可访问；③对于存在多个服务器的系统来说，设备分散，不便管理。同时多台服务器使用DAS时，存储空间不能在服务器之间动态分配，可能造成相当的资源浪费；④数据备份操作复杂。

2. NAS

NAS实际是一种带有瘦服务器的存储设备。这个瘦服务器实际是一台网络文件服务器。NAS设备直接连接到TCP/IP网络上，网络服务器通过TCP/IP网络存取管理数据。NAS易于安装和部署，管理使用也很方便。同时由于可以允许客户机不通过服务器直接在NAS中存取数据，因此对服务器来说可以减少系统开销。NAS为异构平台使用统一存储系统提供了解决方案。由于NAS只需要在一个基本的磁盘阵列柜外增加一套瘦服务器系统，对硬件要求很低，软件成本也不高，甚至可以使用免费的 Linux 解决方案，成本只比直接附加存储略高。NAS 存在的主要问题是：①由于存储数据通过普通数据网络传输，因此易受网络上其他流量的影响。当网络上有其他大数据流量时会严重影响系统性能；②由于存储数据通过普通数据网络传输，因此容易产生数据泄露等安全问题；③存储只能以文件方式访问，而不能像普通文件系统一样直接访问物理数据块，因此会在某些情况下严重影响系统效率，比如大型数据库就不能使用 NAS。

3. SAN

SAN 实际是一种专门为存储建立的独立于 TCP/IP 网络之外的专用网络。一般的 SAN 提供 2 ～ 4 Gbit/s 的传输速率，同时 SAN 网络独立于数据网络存在，因此存取速度很快，另外 SAN 一般采用高端的 RAID 阵列，使 SAN 的性能在几种专业网络存储技术中傲视群雄。SAN 由于其基础是一个专用网络，因此扩展性很强，不管是在一个 SAN 系统中增加一定的存储空间还是增加几台使用存储空间的服务器都非常方便。通过 SAN 接口的磁带机，SAN 系统可以方便高效地实现数据的集中备份。SAN 作为一种新兴的存储方式，是未来存储技术的发展方向，但是，它也存在一些缺点：①价格昂贵，不论是 SAN 阵列柜还是 SAN 必需的光纤通道交换机价格都十分昂贵，就连服务器上使用的光通道卡的价格也不容易被小型商业企业所接受；②需要单独建立光纤网络，异地扩展比较困难。

4. iSCSI

使用专门的存储区域网成本很高，而利用普通的数据网传输 SCSI 数据实现和 SAN 相似的功能可以大大降低成本，同时提高系统的灵活性。iSCSI 就是这样一种技术，它利用普通的 TCP/IP 网络传输本来用存储区域网来传输的 SCSI 数据块。iSCSI 的成本相对 SAN 来说要低不少。随着千兆网的普及，万兆网也逐渐进入主流，使 iSCSI 的速度相对 SAN 来说并没有太大的劣势。iSCSI 存在的主要问题是：①新兴的技术，提供完整解决方案的厂商较少，对管理者技术要求高；②通过普通网卡存取 iSCSI 数据时，解码成 SCSI 需要 CPU 进行运算，增加了系统性能开销，如果采用专门的 iSCSI 网卡虽然可以减少系统性能开销，但会大大增加成本；③使用数据网络进行存取，存取速度冗余受网络运行状况的影响。

上述四种网络存储技术方案各有优劣。对于小型且服务较为集中的商业企业，可采用 DAS 方案。对于中小型商业企业，服务器数量比较少，有一定的数据集中管理要求，且没有大型数据库需求的可采用 NAS 方案。对于大中型商业企业，SAN 和 iSCSI 是较好的选择。如果希望使用存储的服务器相对比较集中，且对系统性能要求极高，可考虑采用 SAN 方案；对于希望使用存储的服务器相对比较分散且对性能要求不是很高时，可以考虑采用 iSCSI 方案。

1.5.2 网格计算与云计算

1. 网格计算

网格计算是分布式计算的一种，是一门计算机科学。它研究如何把一个需要非常巨大的计算能力才能解决的问题分成若干小的部分，然后把这些部分分配给许多计算机进行处理，最后把这些计算结果综合起来得到最终结果。最近的分布式计算项目已经被用于使用世界各地成千上万的计算机的闲置计算能力，完成需要惊人计算量的庞大项目。

分布式计算是利用互联网上的计算机 CPU 闲置处理能力解决大型计算问题的一种计算科学。其定义是：分布式计算是在两个或多个软件间互相共享信息，这些软件既可以在同一台计算机上运行，也可以在通过网络连接起来的多台计算机上运行。

随着计算机的普及，个人计算机开始进入千家万户。与之伴随产生的是计算机的利用问题。越来越多的计算机处于闲置状态，即使在开机状态下 CPU 的潜力也远远不能被完全利用。可以想象，一台家用计算机将大多数时间花费在“等待”上面。即便是使用者实际使用计算机时，处理器依然是长时间等待（等待输入，但实际上并没有做什么）。互联网的出现，使得连接调用所有这些拥有闲置计算资源的计算机系统成为现实。

一些本身非常复杂的却很适合于划分为大量的更小的计算片段的问题被提出来，然后由某个研究机构开发出计算用服务端和客户端。服务端负责将计算问题分成许多小的计算部分，然后把这些部分分配给许多联网参与计算的计算机进行并行处理，最后将这些计算结果综合起来得到最终结果。

分布式计算意味着应用程序不再“绑定”到具体的物理系统和平台软件上，数据和程序是能够在计算节点间“流动起来”的。

当然，这看起来也似乎很原始、很困难，但是随着参与者和参与计算的计算机不断增加，计算计划变得非常迅速，而且被实践证明是可行的。目前一些较大的分布式计算项目的处理能力已经可以达到甚而超过超级计算机。

分布式计算比起其他算法具有以下优点：

① 稀有资源可以共享。

② 通过分布式计算可以在多台计算机上平衡计算负载。

③ 可以把程序放在最适合运行它的计算机上。

其中，共享稀有资源和平衡负载是计算机分布式计算的核心思想之一。

实际上，网格计算就是分布式计算的一种。如果说某项工作是分布式的，那么，参与这项工作的一定不仅是一台计算机，而是一个计算机网络，显然这种“蚂蚁搬山”的方式将具有很强的数据处理能力。

网格计算解决的问题一般是跨学科的、极富挑战性的、人类急待解决的科研课题。其中较为著名的是：

① 解决较为复杂的数学问题，如 GIMPS（寻找最大的梅森素数）。

② 研究寻找最为安全的密码系统，如 RC-72（密码破解）。

③ 生物病理研究，如 Folding@home（研究蛋白质折叠、误折、聚合及由此引起的相关疾病）。

④ 各种各样疾病的药物研究，如 United Devices（寻找对抗癌症的有效药物）。

⑤ 信号处理，如 SETI@Home（在家寻找地外文明）。

从这些实际的例子可以看出，这些项目都很庞大，需要惊人的计算量，仅仅由单个计算机或是个人在一个能让人接受的时间内计算完成是不可能的。在以前，这些问题都应该由超级计算机来解决。但是，超级计算机的造价和维护非常昂贵。随着科学的发展，一种廉价的、高效的、维护方便的计算方法应运而生——分布式计算。

参与网格计算的任何一台计算机都可以提供无限的计算能力，可以接入浩如烟海的信息。这种环境将能够使各企业解决以前难以处理的问题，最有效地使用它们的系统，满足客户要求并降低计算机资源的拥有和管理总成本。网格计算的主要目的是设计一种能够提供以下功能的系统：

① 提高或拓展企业内所有计算资源的效率和利用率，满足最终用户的需求，同时能够解决以前由于计算、数据或存储资源的短缺而无法解决的问题。

② 建立虚拟组织，通过让它们共享应用和数据来对公共问题进行合作。

③ 整合计算能力、存储和其他资源，使得需要大量计算资源的巨大问题求解成为可能。

④ 通过对这些资源进行共享、有效优化和整体管理，能够降低计算的总成本。

网格计算主要被各大学和研究实验室用于高性能计算的项目。这些项目要求巨大的计算能力，或需要接入大量数据。

网格计算可以支持所有行业的电子商务应用。例如，飞机和汽车等复杂产品的生产要求对产品设计、产品组装和产品生命周期管理进行计算密集型模拟。另外，通过 Monte Carlo 方法对复杂金融环境进行模拟，以及生命科学领域的许多项目都是网络计算的应用实例。

网格环境的最终目的是从简单的资源集中发展到数据共享，最后发展到协作处理和有质量的服务（Quality of Service，QoS）。

① 资源集中——使公司用户能够将公司的整个 IT 基础设施看作一台计算机，能够根据需要找到尚未被利用的资源。

② 数据共享——使各公司接入远程数据。这对某些生命科学项目尤其有用，因为在这些项目中，各公司需要和其他公司共享人类基因数据。

③ 通过网格计算来合作——使广泛分散在各地的组织能够在一定的项目上进行合作，整合业务流程，共享从工程蓝图到软件应用程序等所有信息，协同处理项目中的问题。

④ 有质量的服务——是指能针对不同用户或者不同数据流采用不同的优先级，或者是根据应用程序的要求，保证数据流的性能达到一定的水准。为同一网络中的各节点提供质量有保障的服务。

2. 云计算

云计算（Cloud Computing）是分布式计算的一种，指的是通过网络“云”将巨大的数据计算处理程序分解成无数个小程序，然后，通过多台服务器组成的系统进行处理和分析这些小程序得到结果并返回给用户。云计算早期，就是简单的分布式计算，解决任务分发，并进行计算结果的合并。因而，云计算又称网格计算。通过这项技术，可以在很短时间（几秒）内完成对数以万计数据的处理，从而达到强大的网络服务。

现阶段所说的云服务已经不单单是一种分布式计算，而是分布式计算、效用计算、负载均衡、并行计算、网络存储、热备份冗杂和虚拟化等计算机技术混合演进并跃升的结果。

“云”实质上就是一个网络，狭义上讲，云计算就是一种提供资源的网络，用户可以随时获取“云”上的资源，按需求量使用，并且可以看作无限扩展的，只要按使用量付费即可。

从广义上说，云计算是与信息技术、软件、互联网相关的一种服务，这种计算资源共享池称为“云”。云计算把许多计算资源集合起来，通过软件实现自动化管理，只需要很少的人参与，就能让资源被快速提供。计算能力作为一种商品，可以在互联网上流通，可以方便地取用，且价格较为低廉。

总之，云计算不是一种全新的网络技术，而是一种全新的网络应用概念，云计算的核心概念就是以互联网为中心，在网站上提供快速且安全的云计算服务与数据存储，让每一个使用互联网的人都可以使用网络上的庞大计算资源与数据中心。

云计算是继互联网、计算机后在信息时代的一种革新，是信息时代的一个飞跃，未来的时代可能是云计算的时代。目前有关云计算的定义很多，其基本含义是一致的，即云计算具有很强的扩展性和需要性，可以为用户提供一种全新的体验，云计算的核心是可以将很多计算机资源协调在一起，因此，使用户通过网络可以获取到无限的资源，同时获取的资源不受时间和空间的限制。

近几年来，云计算成为信息技术产业发展的战略重点，信息技术企业纷纷向云计算转型。每家公司都需要做数据信息化，存储相关的运营数据，进行产品管理、人员管理、财务管理等，而进行这些数据管理的基本设备就是计算机。对于一家企业来说，一台计算机的运算能力是远远无法满足数据运算需求的，那么公司就要购置一台运算能力更强的计算机，也就是服务器。对于规模比较大的企业来说，一台服务器的运算能力显然还是不够的，那就需要企业购置多台服务器，甚至演变成为一个具有多台服务器的数据中心，而且服务器的数量会直接影响这个数据中心的业务处理能力。除了高额的初期建设成本之外，计算机的运营支出中电费的支出要比投资成本高得多，再加上计算机和网络的维护支出，这些总的费用是中小型企业难以承担的，于是云计算的概念便应运而生了。

云计算的可贵之处在于高灵活性、可扩展性和高性价比等，与传统的网络应用模式相比，其具有如下优势与特点：

（1）虚拟化技术。必须强调的是，虚拟化突破了时间、空间的界限，是云计算最为显著的特点。虚拟化技术包括应用虚拟和资源虚拟两种。众所周知，物理平台与应用部署的环境在空间上是没有任何联系的，正是通过虚拟平台对相应终端操作完成数据备份、迁移和扩展等。

（2）动态可扩展。云计算具有高效的运算能力，在原有服务器基础上增加云计算功能可以使计算速度迅速提高，最终实现动态扩展虚拟化的层次，达到对应用进行扩展的目的。

（3）按需部署。计算机包含了许多应用、程序软件等，不同的应用对应的数据资源库不同，所以，用户运行不同的应用需要较强的计算能力对资源进行部署，而云计算平台能够根据用户的需求快速配备计算能力及资源。

（4）灵活性高。目前市场上大多数 IT 资源、软硬件都支持虚拟化，如存储网络、操作系统和开发软硬件等。虚拟化要素统一放在云系统资源虚拟池当中进行管理。云计算的兼容性非常强，不仅可以兼容低配置机器、不同厂商的硬件产品，还能够获得更高性能计算。

（5）可靠性高。倘若服务器故障也不影响计算与应用的正常运行。因为单点服务器出现故障可以通过虚拟化技术将分布在不同物理服务器上面的应用进行恢复或利用动态扩展功能部署新的服务器进行计算。

（6）性价比高。将资源放在虚拟资源池中统一管理在一定程度上优化了物理资源，用户不再需要昂贵、存储空间大的主机，可以选择相对廉价的PC组成云，一方面减少费用，另一方面计算性能不逊于大型主机。

（7）可扩展性。用户可以利用应用软件的快速部署条件来更为简单快捷地扩展业务。例如，计算机云计算系统中出现设备故障，对于用户来说，无论是在计算机层面上，抑或是在具体运用上，均不会受到阻碍，可以利用计算机云计算具有的动态扩展功能对其他服务器开展有效扩展。这样一来，就能够确保任务得以有序完成。在对虚拟化资源进行动态扩展的情况下，同时能够高效扩展应用，提高计算机云计算的操作水平。

通常，云计算服务类型分为三类，即基础设施即服务（Infrastructure as a Service，IaaS）、平台即服务（Platform as a Service，PaaS）和软件即服务（Software as a Service，SaaS）。这三种云计算服务有时称为云计算堆栈，它们位于彼此之上。

（1）IaaS：主要的服务类别之一，它向云计算提供商的个人或组织提供虚拟化计算资源，如虚拟机、存储、网络和操作系统。

（2）PaaS：是一种服务类别，为开发人员提供通过全球互联网构建应用程序和服务的平台。PaaS为开发、测试和管理软件应用程序提供按需开发环境。

（3）SaaS：通过互联网提供按需软件付费应用程序，云计算提供商托管和管理软件应用程序，并允许其用户连接到应用程序，并通过全球互联网访问应用程序。

云计算的应用现在越来越广泛，较为简单的云计算技术已经普遍服务于互联网服务中，最为常见的就是网络搜索引擎和网络邮箱。在任何时刻，只要用过移动终端就可以在搜索引擎上搜索自己想要的资源，通过云端共享了数据资源。网络邮箱也是如此，只要在网络环境下，就可以实现实时邮件的寄收。其实，云计算技术已经融入现今的社会生活。

（1）存储云。存储云又称云存储，是在云计算技术上发展起来的一个新的存储技术。云存储是一个以数据存储和管理为核心的云计算系统。用户可以将本地的资源上传至云端，可以在任何地方连入互联网来获取云上的资源。存储云向用户提供了存储容器服务、备份服务、归档服务和记录管理服务等，大大方便了使用者对资源的管理。

（2）医疗云。医疗云是指在云计算、移动技术、多媒体、5G通信、大数据、物联网等新技术基础上，结合医疗技术，使用“云计算”创建医疗健康服务云平台，实现医疗资源的共享和医疗范围的扩大。因为云计算技术的运用与结合，医疗云可以提高医疗机构的效率，方便居民就医。医疗云还具有数据安全、信息共享、动态扩展、布局全国等优势。

（3）金融云。金融云是指利用云计算的模型，将信息、金融和服务等功能分散到庞大分支机构构成的互联网“云”中，旨在为银行、保险和基金等金融机构提供互联网处理和运行服务，同时共享互联网资源，从而解决现有问题并且达到高效、低成本的目标。金融与云计算的结合，使得用户只需要在手机上简单操作，就可以完成银行存款、购买保险和基金买卖。

（4）教育云。教育云实质上是指教育信息化的一种发展。教育云可以将所需要的教育硬件资源虚拟化，然后将其传入互联网中，提供一个方便快捷的平台。慕课（MOOC）就是教育云的一种应用。

1.5.3 无线传感器网络与物联网

1. 无线传感器网络

无线传感器网络是一项通过无线通信技术把数以万计的传感器节点以自由式进行组织与结合进而形成的网络形式。构成传感器节点的单元分别为数据采集单元、数据传输单元、数据处理单元以及能量供应单元。其中，数据采集单元通常是采集监测区域内的信息并加以转换，如光强度、大气压力与湿度等；数据传输单元主要以无线通信和交流信息以及发送接收那些采集进来的数据信息为主；数据处理单元通常处理的是全部节点的路由协议和管理任务以及定位装置等；能量供应单元为缩减传感器节点占据的面积，会选择微型电池的构成形式。无线传感器网络当中的节点分为汇聚节点和传感器节点两种。汇聚节点主要指的是网关能够在传感器节点当中将错误的报告数据剔除，并与相关的报告相结合将数据加以融合，对发生的事件进行判断。汇聚节点与用户节点连接可借助广域网络或者卫星直接通信，并对收集到的数据进行处理。

传感器网络实现了数据的采集、处理和传输三种功能。它与通信技术和计算机技术共同构成信息技术的三大支柱。无线传感器网络（Wireless Sensor Network，WSN）是由大量的静止或移动的传感器以自组织和多跳的方式构成的无线网络，它协作地感知、采集、处理和传输网络覆盖地理区域内被感知对象的信息，并最终把这些信息发送给网络用户。

无线传感器网络具有众多类型的传感器，可探测包括地震、电磁、温度、湿度、噪声、光强度、压力、土壤成分、移动物体的大小、速度和方向等周边环境中多种多样的现象。潜在的应用领域可以归纳为军事、航空、防爆、救灾、环境、医疗、保健、家居、工业、商业等领域。

（1）无线传感器网络的特点。相较于传统式的网络和其他传感器相比，无线传感器网络有以下特点：

① 组建方式自由。无线传感器网络的组建不受任何外界条件的限制，组建者无论在何时何地，都可以快速地组建起功能完善的无线传感器网络，组建成功之后的维护管理工作也完全在网络内部进行。

② 网络拓扑结构的不确定性。从网络层次的方向来看，无线传感器的网络拓扑结构是变化不定的，如构成网络拓扑结构的传感器节点可以随时增加或者减少，网络拓扑结构图可以随时分开或合并。

③ 控制方式不集中。虽然无线传感器网络把基站和传感器的节点集中控制了起来，但是各个传感器节点之间的控制方式还是分散式的，路由和主机的功能由网络的终端实现各个主机独立运行，互不干涉，因此无线传感器网络的强度很高，很难被破坏。

④ 安全性不高。无线传感器网络采用无线方式传递信息，因此，传感器节点在传递信息的过程中很容易被外界入侵，从而导致信息的泄露和无线传感器网络的损坏。大部分无线传感器网络的节点都是暴露在外的，这大大降低了无线传感器网络的安全性。

（2）无线传感器网络的组成结构。无线传感器网络包括节点、传感网络和用户三部分。其中，节点通过一定方式覆盖在能够满足监测要求的范围；传感网络是最主要的部分，它是将所有节点信息通过固定渠道进行收集，然后对这些节点信息进行一定的分析计算，将分析后的结果汇总到一个基站，最后通过卫星通信传输到指定的用户端，从而实现无线传感的要求。

（3）无线传感器网络的安全需求。由于 WSN 使用无线通信，其通信链路不像有线网络一样可以做到私密可控。所以，在设计传感器网络时，要充分考虑信息安全问题。手机 SIM 卡等智能卡利用公钥基础设施（Public Key Infrastructure，PKI）机制基本满足了对信息安全的需求。同样，亦可使用 PKI 满足 WSN 在信息安全方面的需求。

① 数据机密性。数据机密性是重要的网络安全需求，要求所有敏感信息在存储和传输过程中都要保证其机密性，不得向任何非授权用户泄露信息的内容。

② 数据完整性。有了机密性保证，攻击者可能无法获取信息的真实内容，但接收者并不能保证收到的数据是正确的，因为恶意的中间节点可以截获、篡改和干扰信息的传输过程。通过数据完整性鉴别，可以确保数据传输过程中没有任何改变。

③ 数据新鲜性。数据新鲜性问题是强调每次接收的数据都是发送方最新发送的数据，以此杜绝接收重复的信息。保证数据新鲜性的主要目的是防止重放（Replay）攻击。

④ 可用性。可用性要求传感器网络能够随时按预先设定的工作方式向系统的合法用户提供信息访问服务，但攻击者可以通过伪造和信号干扰等方式使传感器网络处于部分或全部瘫痪状态，破坏系统的可用性，如拒绝服务（Denial of Service，DoS）攻击。

⑤ 稳健性。无线传感器网络具有很强的动态性和不确定性，包括网络拓扑的变化、节点的消失或加入、面临各种威胁等，因此，无线传感器网络对各种安全攻击应具有较强的适应性，即使某次攻击行为得逞，该性能也能保障其影响最小化。

⑥ 访问控制。访问控制要求能够对访问无线传感器网络的用户身份进行确认，确保其合法性。

（4）无线传感器网络的威胁。

根据网络层次的不同，可以将无线传感器网络容易受到的威胁分为四类：

① 物理层：主要的攻击方法为拥塞攻击和物理破坏。

② 数据链路层：主要的攻击方法为碰撞攻击、耗尽攻击和非公平竞争。

③ 网络层：主要的攻击方法为丢弃和贪婪破坏、方向误导攻击、黑洞攻击和汇聚节点攻击。

④ 传输层：主要的攻击方法为泛洪攻击和同步破坏攻击。

（5）无线传感器网络的关键技术。

① 混沌加密技术。密码学属于跨学科的一门科目，其主要探究通过一些手段与方式把真正有用的信息给隐藏起来，只有授权方可正确解读信息中的内容，把信息转变为无法读取形式的这项技术即为加密技术。无线传感器的混沌加密技术中，最具代表性的是对称密钥体制技术，也是一项密码算法，其耗能较低，相对来说计算起来并不烦琐。在判断无线传感器网络利用的密码技术是不是最恰当的标准通常有以下几个方面：数据占用的长度与处理花费的时间、消耗能量的大小、密码算法代码所需的长度。这当中密码算法包括高级加密算法、对称加密算法等。混沌密码技术整体来说属于较为复杂的一项技术，它遵守了动力学的机制和混乱与扩散的基本原则。

② 密钥管理协议。密钥管理协议是将密钥从生成到利用的所有步骤分级授权保护，保证密钥的封闭性，同时也能做到灵活使用。例如，密钥的生成、分发授权于金融机构使其能够生成密钥分发给传递中的支付方，使其能生成数字签名保证信息不可否认性，而最终的密钥公证则授权于

特定机构，以验证信息的真实性。数据验证协议是对用户将要使用的数据进行安全验证的协议，验证大数据时代活动中交换的数据是否具有端级签名和个人签名。安全审计协议内容是对大数据时代活动中所有有关安全的事件进行收集、检测和控制，起到风险防护的作用和对危害安全事件进行追责的作用。

③ 数字水印认证技术。数字水印认证技术是通过算法将标识信息嵌入原始载体中，便于合法使用者进行提取并识别。利用数字水印技术，能够保障认证信息不被篡改，从而提升无线传感器网络的传输可靠性。数字水印技术主要由嵌入器、检测器两部分构成，其与密码学相结合，可以实现对信息的多重安全保护。通常，对于传输信息，利用水印嵌入器形成水印密钥与原始载体数据的结合，而在使用时根据水印检测器进行水印解密，输出信息。

④ 防火墙技术。在具体的应用当中，这项技术具备很强的网络安全管理功能，把内部主机 IP 地址翻译到外网中，使无线传感器网络共享 Internet，还可促使外网隐藏到内网结构当中。在无线传感器网络当中，通过防火墙技术，能够确保网络不会遭受到蠕虫、黑客、病毒等的攻击，而且含有无客户端模式虚拟专用网络（Virtual Private Network，VPN），保障无线传感器网络客户不用安装 VPN 客户端就可享受网络服务。在无线传感器网络的组成中，可将无线网络和核心网络有效隔离开，通过防火墙将一个或者几个无线网络实行分开管理，这样一来即使成功地将无线客户端破解了，也无法攻击有线网络。

（6）无线传感器网络的应用范围。

① 无线传感器在电气自动化中的应用。在我国自动化技术不断发展的进程中，电力系统是发展较快的一个领域。电力系统的自动化，有助于减少不必要的能源浪费，减少事故的发生率，提高在事故发生时对其进行修理维护的效率。人工电力系统管理工作容错率较低，人们在进行工作的过程中，必须根据电力系统设备的运行情况进行适时调整。在电气自动化的过程中，同样需要对电力系统进行实时监控，根据需求对电压进行调节。电力系统在运行过程中，由于外界环境如天气温度等会时时发生变化，如果外界条件变化较为剧烈，在电力系统中的各项电力属性同样会发生较大变化，为了补偿这部分变化，便需要对其进行调节。需要有一些装置能够对电气系统中的各项电气属性值进行统计，然后进行处理，将数据进行记录传输，根据传输的内容对其进行控制，提高自动化水平。此外，还需要在单位路程内设置一些温度和湿度等环境传感设备对电力系统的环境进行监管，以便预测电力系统的变化。在电气自动化中，大多使用无线传感装置，以避免一些线路问题，提高传感装置的高效性。采用无线传感装置，相较于过去的监控管理装置而言具有较多的优点，其中较为明显的便是减少了线路的复杂性。在电力系统中，特别是高压输电线，如果线路较为复杂，在进行管理维护的过程中会增加工作难度，而且具有较大的风险。相较于传统的感应装置，无线传感装置受损的可能性较小，而且传输的数据更加具有精确性，也使其具有更高的价值。

② 无线传感技术在监测工作中的应用。在使用无线传感技术进行监测的过程中，不同类型的监测工作所用的监测设备不尽相同。在工业生产过程中，较为常用的是温度传感技术，在使用传感技术对工业生产进行监测的过程中，主要针对锅炉方面进行监测，确保锅炉的安全性。在锅炉中，与锅炉温度息息相关的是锅炉的水冷管。当今常见的水冷管大多都是由钢管组成的，热量需要通

过钢管排出。但是，由于在进行冷却的过程中，随着大量热量的排出，同时会排出一些杂物，如一些细小的烟尘颗粒等，久而久之，水冷壁内部可能会出现一些污垢附着在钢管上，如果污垢堆积过厚，会影响到钢管的散热情况，而水冷壁所能够承受的热量往往有一定的上限，水冷壁上的热量难以及时得到散失，便会在压力过大的情况下进行工作。长时间处于超负荷状态，会对水冷壁的结构造成较为严重的影响。使用一段时间之后，便可能出现较为严重的事故。对锅炉工作进行管理大多采用计算机进行远程操控，这样可以避免高温环境对工作人员造成危害。采用远程操控技术需要对锅炉进行监控，在高温的环境下，采用有线监控装置，线路会受到高温环境的影响，造成额外的损失,需要投入较大的成本。而采用无线传感技术进行监控,在进行数据的传输过程中，无须其他物品作为媒介，可以直接传输测量数据，这样在进行监控管理的过程中，受损部位的数量会减少，能够有效降低生产成本。而且，采用无线传感网络，可以更加全面地对不同部位进行监控，使工作更加全面。

③ 无线传感技术在进行定位中的应用。由于技术的不断发展，无线传感技术的成本越来越低，越来越多的人可以将无线传感技术用于个体。对于个人来说，无线传感技术的主要使用目的是进行定位。定位技术对于传感技术来说是应用较广的方面，在车辆上安装无线传感装置，可以通过无线传感技术，将车辆所在位置信息进行传输，然后再由中转站将信息进行处理发送，这样在接收站能够明确了解汽车所处位置信息，对于汽车进行导航具有重要的意义。此外，还可以对一些随身携带的物品采用无线传感技术，对老年人或者儿童进行实时定位，避免出现意外事故。

2. 物联网

物联网是指通过各种信息传感器、射频识别技术、全球定位系统、红外感应器、激光扫描器等装置与技术，实时采集任何需要监控、连接、互动的物体或过程，采集其声、光、热、电、力学、化学、生物、位置等需要的信息，通过各类可能的网络接入，实现物与物、物与人的泛在连接，实现对物品和过程的智能化感知、识别和管理。物联网是一个基于互联网、传统电信网等的信息承载体，它让所有能够被独立寻址的普通物理对象形成互联互通的网络。

物联网即“万物相连的互联网”，是互联网基础上的延伸和扩展的网络，是将各种信息传感设备与互联网结合起来而形成的一个巨大网络，实现在任何时间、任何地点人、机、物的互联互通。

物联网是新一代信息技术的重要组成部分，IT 行业又叫泛互联，意指物物相连，万物万联。由此，“物联网就是物物相连的互联网”。这有两层意思：第一，物联网的核心和基础仍然是互联网，是在互联网基础上的延伸和扩展的网络；第二，其用户端延伸和扩展到了任何物品与物品之间，进行信息交换和通信。因此，物联网的定义是通过射频识别、红外感应器、全球定位系统、激光扫描器等信息传感设备，按约定的协议，把任何物品与互联网相连接，进行信息交换和通信，以实现对物品的智能化识别、定位、跟踪、监控和管理的一种网络。

（1）物联网的起源。

物联网概念最早出现于比尔·盖茨 1995 年的《未来之路》一书，只是当时受限于无线网络、硬件及传感设备的发展，并未引起世人的重视。

1998 年，麻省理工学院创造性地提出了当时被称为 EPC 系统的“物联网”的构想。

1999 年，Auto-ID 首先提出“物联网”的概念，主要是建立在物品编码、射频识别（RFID）

技术和互联网的基础上。过去在中国，物联网被称为传感网。中科院早在1999年就启动了传感网的研究，并已取得了一些科研成果，建立了一些适用的传感网。同年，在美国召开的移动计算和网络国际会议上提出“传感网是下一个世纪人类面临的又一个发展机遇”。

2003年，《技术评论》提出传感网络技术将是未来改变人们生活的十大技术之首。

2005年11月17日，在突尼斯举行的信息社会世界峰会（WSIS）上，国际电信联盟（ITU）发布了《ITU互联网报告2005：物联网》，正式提出“物联网”的概念。报告指出，无所不在的“物联网”通信时代即将来临，世界上所有的物体从轮胎到牙刷、从房屋到纸巾都可以通过因特网主动进行交换。射频识别技术、传感器技术、纳米技术、智能嵌入技术将得到更加广泛的应用。

（2）物联网的特征。

从通信对象和过程来看，物与物、人与物之间的信息交互是物联网的核心。物联网的基本特征可概括为整体感知、可靠传输和智能处理。

① 整体感知：可以利用射频识别、二维码、智能传感器等感知设备感知获取物体的各类信息。

② 可靠传输：通过对互联网、无线网络的融合，将物体的信息实时、准确地传送，以便信息交流、分享。

③ 智能处理：使用各种智能技术，对感知和传送到的数据、信息进行分析处理，实现监测与控制的智能化。

根据物联网的以上特征，结合信息科学的观点，围绕信息的流动过程，可以归纳出物联网处理信息的功能：

① 获取信息的功能。主要是信息的感知、识别。信息的感知是指对事物属性状态及其变化方式的知觉和敏感；信息的识别是指能把所感受到的事物状态用一定方式表示出来。

② 传送信息的功能。主要是信息发送、传输、接收等环节，最后把获取的事物状态信息及其变化的方式从时间（或空间）上的一点传送到另一点，即常说的通信过程。

③ 处理信息的功能。主要是指信息的加工过程，利用已有的信息或感知的信息产生新的信息，实际是制定决策的过程。

④ 施效信息的功能。主要是指信息最终发挥效用的过程，有很多表现形式，比较重要的是通过调节对象的状态及其变换方式，始终使对象处于预先设计的状态。

（3）物联网的关键技术。

① RFID技术。谈到物联网，就不得不提到物联网发展中备受关注的RFID技术。RFID是一种简单的无线系统，由一个询问器（或阅读器）和很多应答器（或标签）组成。标签由耦合元件及芯片组成，每个标签具有扩展词条唯一的电子编码，附着在物体上标识目标对象，它通过天线将射频信息传递给阅读器，阅读器就是读取信息的设备。RFID技术让物品能够“开口说话”。这就赋予了物联网一个特性——可跟踪性。也就是说，人们可以随时掌握物品的准确位置及其周边环境。

② MEMS。MEMS（Micro - Electro - Mechanical Systems，微机电系统）是由微传感器、微执行器、信号处理和控制电路、通信接口和电源等部件组成的一体化的微型器件系统。其目标是把信息的获取、处理和执行集成在一起，组成具有多功能的微型系统，集成于大尺寸系统中，从而

大幅提高系统的自动化、智能化和可靠性水平。它是比较通用的传感器。MEMS 赋予了普通物体新的生命，它们有了属于自己的数据传输通路、存储功能、操作系统和专门的应用程序，从而形成一个庞大的传感网。这让物联网能够通过物品实现对人的监控与保护。例如，如果在汽车和汽车点火钥匙上都植入微型感应器，那么当喝了酒的驾驶人掏出汽车钥匙时，钥匙能通过气味感应器察觉到酒气，就通过无线信号立即通知汽车“暂停发动”，汽车便会处于休息状态。同时“命令”驾驶人的手机给他的亲朋好友发短信，告知驾驶人所在位置，提醒亲友尽快处理。未来衣服可以“告诉”洗衣机放多少水和洗衣粉最经济；文件夹会“检查”人们是否忘带了重要文件；食品蔬菜的标签会向顾客的手机介绍“自己”是否真正“绿色安全”。这就是物联网世界中被“物”化的结果。

③ M2M 系统框架。M2M（Machine-to-Machine/Man）是一种以机器终端智能交互为核心的、网络化的应用与服务。它将使对象实现智能化的控制。M2M 技术涉及五个重要的技术部分：机器、M2M 硬件、通信网络、中间件、应用。基于云计算平台和智能网络，可以依据传感器网络获取的数据进行决策，改变对象的行为，进行控制和反馈。以智能停车场为例，当车辆驶入或离开天线通信区时，天线以微波通信的方式与电子识别卡进行双向数据交换，从电子车卡上读取车辆的相关信息，在驾驶人卡上读取驾驶人的相关信息，自动识别电子车卡和驾驶人卡，并判断车卡是否有效和驾驶人卡的合法性，核对车道控制计算机显示与该电子车卡和驾驶人卡一一对应的车牌号码及驾驶人等资料信息；车道控制计算机自动将通过时间、车辆和驾驶人的有关信息存入数据库中，车道控制计算机根据读到的数据判断是正常卡、未授权卡、无卡还是非法卡，据此做出相应的回应和提示。另外，家中老人佩戴嵌入智能传感器的手表，子女可以随时通过手机查询父母的血压、心跳是否稳定；智能化的住宅在主人上班时，自动关闭水电气和门窗，定时向主人的手机发送消息，汇报安全情况。

④ 云计算。云计算旨在通过网络把多个成本相对较低的计算实体整合成一个具有强大计算能力的完美系统，并借助先进的商业模式让终端用户可以得到这些强大计算能力的服务。如果将计算能力比作发电能力，那么从古老的单机发电模式转向现代电厂集中供电的模式，就好比现在大家习惯的单机计算模式转向云计算模式，而“云”就好比发电厂，具有单机所不能比拟的强大计算能力。与电力是通过电网传输不同，计算能力是通过各种网络传输的。因此，云计算的一个核心理念就是通过不断提高“云”的处理能力，不断减少用户终端的处理负担，最终使其简化成一个单纯的输入 / 输出设备，并能按需享受“云”强大的计算处理能力。物联网感知层获取大量数据信息，在经过网络层传输以后，放到一个标准平台上，再利用高性能的云计算对其进行处理，赋予这些数据智能，才能最终转换成对终端用户有用的信息。

（4）物联网的应用。

物联网的应用领域涉及方方面面，在工业、农业、环境、交通、物流、安保等基础设施领域的应用，有效地推动了这些方面的智能化发展，使得有限的资源更加合理地使用分配，从而提高了行业效率、效益。在家居、医疗健康、教育、金融与服务业、旅游业等与生活息息相关的领域，从服务范围、服务方式到服务质量等都有了极大的改进，大大提高了人们的生活质量；在国防军事领域方面，物联网应用带来的影响不可小觑，大到卫星、导弹、飞机、潜艇等装备系统，小到单兵作战装备，物联网技术的嵌入有效提升了军事智能化、信息化、精准化，极大提升了军事战斗力，是未来军事变革的关键。

① 智能交通。物联网技术在道路交通方面的应用比较成熟。随着社会车辆越来越普及，交通拥堵成为城市的一大问题。对道路交通状况实时监控并将信息及时传递给驾驶人，让驾驶人及时做出出行调整，可以有效缓解交通压力；高速路口设置道路自动收费系统（ETC）可以免去进出口取卡、还卡的时间，提升车辆的通行效率；公交车上安装定位系统，能及时了解公交车行驶路线及到站时间，乘客可以根据搭乘路线确定出行，免去不必要的时间浪费。社会车辆增多，除了会带来交通压力外，停车难也日益成为一个突出问题，不少城市推出了智慧停车管理系统，该系统基于云计算平台，结合物联网技术与移动支付技术，共享车位资源，提高车位利用率和用户的方便程度。该系统可以兼容手机模式和射频识别模式，通过手机端App可以实现及时了解车位信息、车位位置，提前做好预约并实现交费等操作，很大程度上解决了“停车难、难停车”的问题。

② 智能家居。智能家居是物联网在家庭中的基础应用，随着宽带业务的普及，智能家居产品涉及方方面面。家中无人，可利用手机等产品客户端远程操作智能空调，调节室温，还可以学习用户的使用习惯，从而实现全自动的温控操作，使用户在炎炎夏季回家就能享受到冰爽带来的惬意；通过客户端实现智能灯泡的开关、调控灯泡的亮度和颜色等；插座内置 Wi-Fi，可实现遥控插座定时通断电流，还可以监测设备用电情况，生成用电图表，使用户对用电情况一目了然，安排资源使用及开支预算；智能体重秤，监测运动效果，内置可以监测血压、脂肪量的先进传感器，内定程序根据身体状态提出健康建议；智能牙刷与客户端相连，供刷牙时间、刷牙位置提醒，可根据刷牙的数据生产图表，口腔的健康状况；智能摄像头、窗户传感器、智能门铃、烟雾探测器、智能报警器等都是家庭不可少的安全监控设备，用户即使出门在外，也可以查看家中的实时状况。家居生活因为物联网变得更加轻松、美好。

③ 公共安全。近年来全球气候异常情况频发，灾害的突发性和危害性进一步加大，物联网可以实时监测环境的不安全性，提前预警，及时采取应对措施，降低灾害对人类生命财产的威胁。利用物联网技术可以智能感知大气、土壤、森林、水资源等指标数据，对改善人类生活环境发挥巨大作用。

1.5.4　软件定义网络与网络功能虚拟化

1. 软件定义网络

软件定义网络（Software Defined Network，SDN）是由美国斯坦福大学 Clean State 研究组提出的一种网络创新架构，可通过软件编程的形式定义和控制网络，其控制平面和转发平面分离及开放性可编程的特点，为新型互联网体系结构研究提供了实验途径，也推动了下一代互联网的发展。

传统网络世界是水平标准和开放的，每个网元可以和周边网元进行互联。而在计算机的世界里，不仅水平是标准和开放的，同时垂直也是标准和开放的，从下到上有硬件、驱动、操作系统、编程平台、应用软件等，编程者可以很容易地创造各种应用。从某个角度和计算机对比，在垂直方向上，网络是“相对封闭”和“没有框架”的，在垂直方向创造应用、部署业务是相对困难的。但 SDN 将在整个网络（不仅仅是网元）的垂直方向变得开放、标准化、可编程，从而让人们更有效地使用网络资源。

SDN 技术能够有效降低设备负载，协助网络运营商更好地控制基础设施，降低整体运营成本，成为最具前途的网络技术之一。

利用分层的思想，SDN 将数据与控制相分离。在控制层，包括具有逻辑中心化和可编程的控制器，可掌握全局网络信息，方便运营商和科研人员管理配置网络和部署新协议。在数据层，包括哑交换机（与传统的二层交换机不同，专指用于转发数据的设备），仅提供简单的数据转发功能，可以快速处理匹配的数据包，适应流量日益增长的需求。两层之间采用开放的统一接口（如 OpenFlow）进行交互。控制器通过标准接口向交换机下发统一标准规则，交换机仅需按照这些规则执行相应的动作即可。

软件定义网络的思想是通过控制与转发分离，将网络中交换设备的控制逻辑集中到一个计算设备上，为提升网络管理配置能力带来新的思路。SDN 的本质特点是控制平面和数据平面的分离以及开放可编程性。通过分离控制平面和数据平面以及开放的通信协议，SDN 打破了传统网络设备的封闭性。此外，开放接口及可编程性也使得网络管理变得更加简单、动态和灵活。

2. 网络功能虚拟化

网络功能虚拟化（Network Functions Virtualization，NFV）是一种网络架构（Network Architecture）的概念，利用虚拟化技术，将网络节点阶层的功能分割成几个功能区块，分别以软件方式实现，不再局限于硬件架构。

NFV 的核心是虚拟网络功能。它提供只能在硬件中找到的网络功能，包括路由、CPE、移动核心、IMS、CDN、安全性、策略等应用。

但是，NFV 需要把应用程序、业务流程和可以进行整合和调整的基础设施软件结合起来。

NFV 技术的目标是在标准服务器上提供网络功能，而不是在定制设备上。

为了在短期内实现 NFV 部署，供应商需要做出四个关键决策：①部署云托管模式；②选择网络优化的平台；③基于 TM 论坛的原则构建服务和资源以促进操作整合；④部署灵活且松耦合的数据 / 流程架构。

习 题

一、选择题

1. 对于用户来说，在访问网络共享资源时，(　　) 这些资源所在的物理位置。

A. 不必考虑　　B. 必须考虑

C. 访问硬件时需考虑　　D. 访问软件时需考虑

2. 是世界上第一个计算机网络且在计算机网络发展过程中对计算机网络的形成与发展影响最大的是 (　　)。

A. ARPANET　　B. ChinaNet　　C. Telenet　　D. Cernet

3. 计算机互联的主要目的是 (　　)。

A. 制定网络协议 B. 将计算机技术与通信技术相结合

C. 集中技术 D. 资源共享

4. 在计算机网络发展的四个阶段中，（ ）是第三个阶段。

A. 网络互联 B. 网络标准化 C. 技术准备 D. Internet 发展

5. 下列有关网络中计算机的说法正确的是（ ）。

A. 没关系 B. 拥有独立的操作系统

C. 互相干扰 D. 共同拥有一个操作系统

6. 以下网络资源属于硬件资源的是（ ）。

A. 工具软件 B. 应用软件 C. 打印机 D. 数据文件

7. 在计算机网络中，共享的资源主要是指硬件、（ ）与数据。

A. 外设 B. 主机 C. 通信信道 D. 软件

8. 关于计算机网络，以下说法正确的是（ ）。

A. 网络就是计算机的集合

B. 网络可提供远程用户共享网络资源，但可靠性很差

C. 网络是计算机技术和通信技术相结合的产物

D. 当今世界上规模最大的网络是 LAN

9. 计算机网络中广域网和局域网的分类划分依据是（ ）。

A. 交换方式 B. 地理覆盖范围 C. 传输方式 D. 拓扑结构

10. 拥有通信资源，在网络通信中起数据交换和转接作用的网络节点是（ ）。

A. 访问节点 B. 转接节点 C. 混合节点 D. 端节点

11. 通信子网是计算机网络中负责数据通信的部分，主要完成数据的传输、交换以及通信控制，它由（ ）组成。

A. 主机 B. 网络节点、通信链路 C. 终端控制器 D. 终端

12. 在（ ）结构中，网络的中心节点是主节点，它接收各分散节点的信息再转发给相应节点。

A. 环状拓扑 B. 网状拓扑 C. 树状拓扑 D. 星状拓扑

二、简答题

1. 什么是计算机网络？

2. 计算机网络有哪些功能？

3. 按计算机网络的拓扑结构，可将网络分为哪几种类型？

项目 2

计算机网络的传输介质及设备

项目导读

局域网络主要由硬件系统、软件系统、信息和服务组成。本章介绍局域网主要的硬件设备：传输介质、网卡、集线器、交换机、路由器和服务器等。只有对网络的硬件系统有全面的了解，才能在设计、建设和维护网络中得心应手。

通过对本项目的学习，可以实现下列目标。

◎了解：常用的网络传输介质的类别、特点。

◎熟悉：网络设备的类型及功能。

◎掌握：双绞线的制作方法。

组建局域网时应根据网络安装的费用、网络的灵活性和可靠性来选择网络中各节点相互连接的结构类型，即网络的拓扑结构，并合理设计 / 配置相应的传输介质、网络设备、服务器、网络协议、软件系统等，对于保证网络系统的正常、高效率运行具有十分重要的意义。传输介质可以是物理上看得到的介质，如电缆或电话线，也可以是物理上看不见的介质（无线网络、微波网络等），如无线电波。设备通常是指负责信息收发的工具，包括网卡、中继器、集线器、网桥、交换机、路由器、防火墙、服务器等。

2.1 传输介质

传输介质也称传输媒介，它是数据传输系统中在发送器和接收器之间的物理通路。传输媒体可分为两大类，即导向传输媒体和非导向传输媒体。在导向传输媒体中，电磁波被导向沿着固体媒体（铜线或光纤）传播，而非导向传输媒体就是指自由空间，在非导向传输媒体中电磁波的传输常称为无线传输。有线传输介质包括双绞线、光纤、同轴电缆；无线传输介质包括微波、红外线、卫星通信等。

2.1.1 导向传输媒体

1. 双绞线

双绞线（Twisted Pair Cable）是综合布线工程中最常用的一种传输介质，应用于星状拓扑结构。双绞线在传输距离、信道宽度和数据传输速度等方面均受到一定限制，但价格低廉、连接可靠、维护简单，可提供较高的传输带宽，可以传输数据、语音和多媒体。

把两根互相绝缘的铜导线并排放在一起，然后用规则的方法绞合起来就构成了双绞线。绞合可减少对相邻导线的电磁干扰。使用双绞线最多的地方就是电话系统。几乎所有的电话都用双绞线连接到电话交换机。

实际工程中，一般把四对双绞线一起包在一个绝缘电缆套管里，形成双绞线电缆。在双绞线电缆内，不同线对具有不同的扭绞长度，一般而言，扭绞长度在 3.81 ~ 14 cm 之间，按逆时针方向扭绞，相邻线对的扭绞长度在 1.27 cm 以上，扭线越密其抗干扰能力就越强。

模拟传输和数字传输都可以使用双绞线，其通信距离一般为几千米到十几千米。距离太长时就要加放大器，以便将衰减了的信号放大到合适的数值（对于模拟传输），或者加上中继器，以便将失真了的数字信号进行整形（对于数字传输）。导线越粗，其通信距离越远，价格也越高。在数字传输时，若传输速率为几兆比特每秒，则传输距离可达几千米。由于双绞线的价格便宜且性能不错，因此使用十分广泛。如局域网中就使用双绞线作为传输媒体。

为了提高双绞线的抗电磁干扰能力，可以在双绞线的外面再加上一层用金属丝编织成的屏蔽层。这就是屏蔽双绞线（Shielded Twisted Pair，STP）。它的价格当然比无屏蔽双绞线（Unshielded Twisted Pair，UTP）要贵一些。图 2-1（a）所示为无屏蔽双绞线，图 2-1（b）所示为屏蔽双绞线。

（a）无屏蔽双绞线　　（b）屏蔽叉绞线

图 2-1　无屏蔽双绞线和屏蔽双绞线

常用绞合线的类别、带宽和典型应用见表 2-1。

表 2-1　常用绞合线的类别、带宽和典型应用

绞合线类别	带宽 /MHz	典 型 应 用
3	16	低速网络；模拟电话
4	20	短距离的 10BASE-T 以太网
5	100	10BASE-T 以太网；某些 100BASE-T 快速以太网
5E（超 5 类）	100	100BASE-T 快速以太网；某些 1000BASE-T 吉比特以太网
6	250	1000BASE-T 吉比特以太网；ATM 网络
7	600	可能用于 10 吉比特以太网

无论是哪种类别的线，衰减都随频率的升高而增大。使用更粗的导线可以降低衰减，却增加了导线的价格和质量。线对之间的绞合度（即单位长度内的绞合次数）和线对内两根导线的绞合度都必须经过精心的设计，并在生产中加以严格控制，使干扰在一定程度上得以抵消，这样才能

提高线路的传输特性。

双绞线电缆中八根线的色标定义：双绞线电缆中的八根线必须是成四对使用的，而且每一对都相互绞合在一起，绞合的目的是减少对相邻线的电磁干扰，遵循 EIA/TIA 568B 标准。

我国一般使用 EIA/TIA 568B 标准线序来压制双绞线水晶头，如图 2-2 所示。

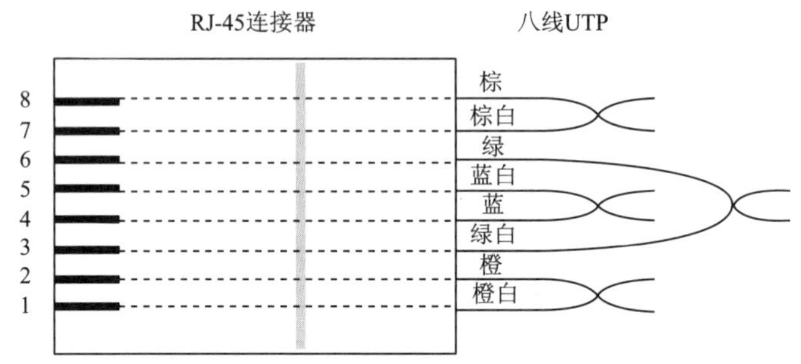

图 2-2　RJ-45 连接器的 EIA/TIA 568B 标准

网线跳线在制作时需要配合 RJ-45、RJ-11 接头进行压制，常用的网络 RJ-45 接头及电话接头如图 2-3 和图 2-4 所示。

图 2-3　网络用 RJ-45 接头

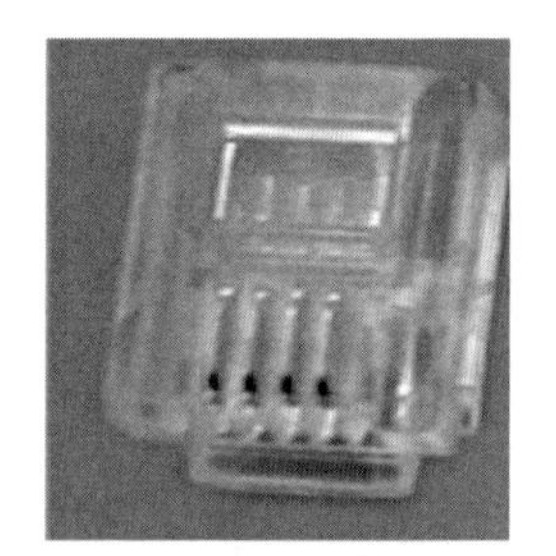

图 2-4　电话接头用 RJ-11 接头

双绞线的包装一般以箱（轴）为单位，每箱线长为 305 m，每隔一段有长度标识；呈卷（轴）装，用时抽出线缆头即可，不用拆包装箱。

2. 同轴电缆

同轴电缆由内导体铜质芯线（单股实心线或多股绞合线）、绝缘层、网状编织的外导体屏蔽层（也可以是单股的）以及保护塑料外层组成如图 2-5 所示。由于外导体屏蔽层的作用，同轴电缆具有很好的抗干扰特性，被广泛用于传输较高速率的数据。

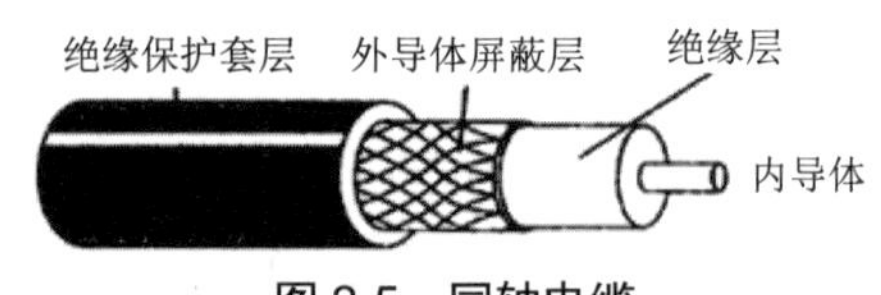

图 2-5　同轴电缆

同轴电缆又分为基带同轴电缆（阻抗 50 Ω）和宽带同轴电缆（阻抗 75 Ω）。基带同轴电缆用来直接传输数字信号，宽带同轴电缆用于频分多路复用（Frequency Division Multiplexing，FDM）的模拟信号发送，还用于不使用频分多路复用的高速数字信号发送和模拟信号发送。闭路电视所使用的 CATV（Community Antenna Television）电缆就是宽带同轴电缆。

在局域网发展初期，曾广泛使用同轴电缆作为传输媒体。随着技术的进步，在局域网领域基本上都是用双绞线作为传输媒体。目前同轴电缆主要用在有线电视网的居民小区中。同轴电缆的带宽取决于电缆的质量。目前高质量的同轴电缆的带宽接近 1 GHz。细同轴电缆、粗同轴电缆实物如图 2-6 和图 2-7 所示。

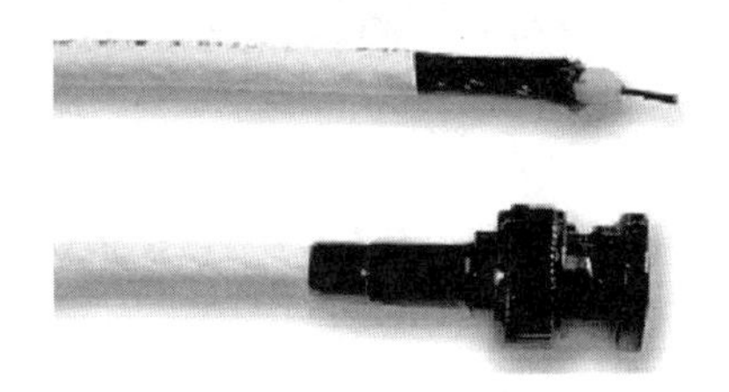

图 2-6　细同轴电缆

图 2-7　粗同轴电缆

同轴电缆具有以下特点：

（1）物理特性。单根同轴电缆的直径为 1.02 ～ 2.54 cm，可在较宽的频率范围内工作。

（2）传输特性。50 Ω 仅仅用于数字传输，并使用曼彻斯特编码，数据传输率最高可达 10 Mbit/s。公用 CATV 电缆既可用于模拟信号发送又可用于数字信号发送。

（3）连通性。同轴电缆适用于点到点和多点连接。基带 50 Ω 电缆可以支持数千台设备，在高数据传输率（50 Mbit/s）下使用 50 Ω 电缆时设备数目限制在 20 ～ 30 台。

（4）地理范围。典型基带电缆的最大距离限制在几千米，宽带电缆可以达到几十千米。高速的数字传输或模拟传输限制在约 1 km 的范围内。由于有较高的数据传输率，因此总线上信号间的物理距离非常小，这样，只允许有非常小的衰减或噪声，否则数据就会出错。

（5）抗干扰性。同轴电缆的抗干扰性能比双绞线强。

（6）价格。安装同轴电缆的费用比双绞线贵，但比光纤便宜。

使用总线拓扑结构的同轴电缆（细缆）网络示意图如图 2-8 所示。

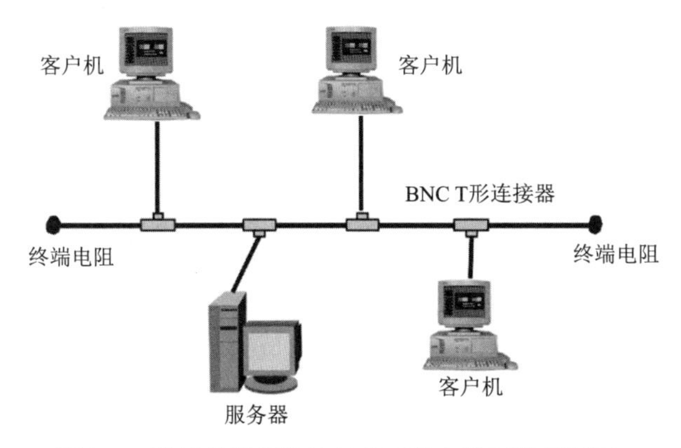

图 2-8　使用总线拓扑结构的同轴电缆网络示意图

3. 光缆

从 20 世纪 70 年代至今，通信和计算机都发展得非常快。计算机的运行速度大约每 10 年提高 10 倍。在通信领域，信息的传输速率提高更快，从 20 世纪 70 年代的 56 kbit/s 提高到现在的几吉比特每秒到几十吉比特每秒（使用光纤通信技术）。因此，光纤通信成为现代通信技术中十分重要的领域。

光纤是一种细小、柔韧并能传输光信号的介质。一根光缆中包含有多条光纤（纤芯），适合远距离的数据通信。光纤通信是现代通信网的重要传输介质，光缆和同轴电缆外观相似，只是没有网状屏蔽层，纤芯中心是激光传播的玻璃纤维芯，如图 2-9 所示。

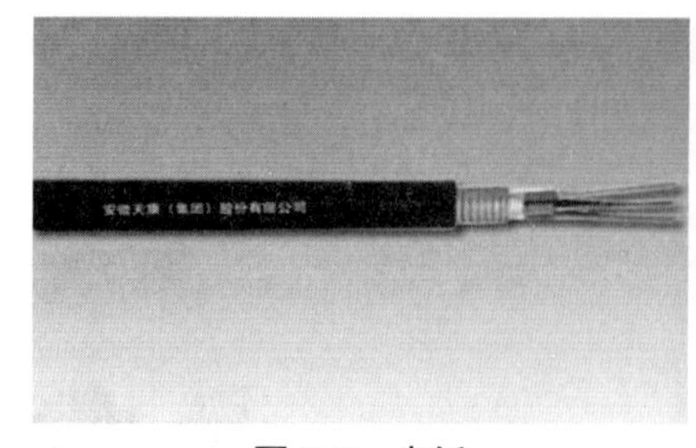

图 2-9　光纤

光纤通信就是利用光纤传递光脉冲进行通信。有光脉冲相当于 1，而没有光脉冲相当于 0。由于可见光的频率非常高，光纤工作频率比电缆工作频率高出 8 ～ 9 个数量级。因此一个光纤通信系统的传输带宽远远大于目前其他各种传输媒体的带宽。

光纤是光纤通信的传输媒体。在发送端有光源，可以用发光二极管或半导体激光器，它们在电脉冲的作用下产生光脉冲。在接收端利用光电二极管做成光检测器，在检测到光脉冲时可还原出电脉冲。

图 2-10 所示为光波在纤芯中传播的示意图。现代的生产工艺可以制造超低损耗的光纤，即做到光线在纤芯中传输数千米而基本没有损耗。这一点是光纤通信得以飞速发展的关键因素。

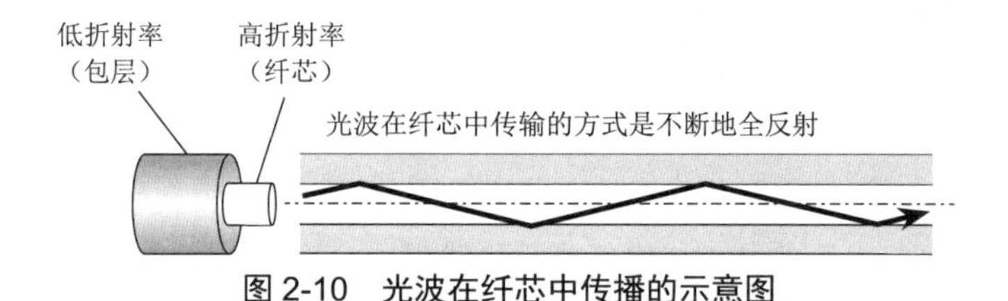

图 2-10　光波在纤芯中传播的示意图

图 2-10 中只画了一条光波。实际上，只要从纤芯中射到纤芯表面光线的入射角大于某一个临界角度，就可产生全反射。因此，可以存在许多条不同角度入射的光线在同一条光纤中传输。这种光纤称为多模光纤，如图 2-11（a）所示。光脉冲在多模光纤中传输时会逐渐展宽，造成失真，因此多模光纤只适合于近距离传输。若光纤的直径减小到只有一个光的波长，则光纤就像一根波导那样，它可使光线一直向前传播，而不会产生多次反射。这样的光纤称为单模光纤，如图 2-11（b）所示。单模光纤的纤芯很细，其直径只有几微米，制造起来成本较高。同时，单模光纤的光源使用昂贵的半导体激光器，而不能使用较便宜的发光二极管。但单模光纤的损耗较小，在 2.5 Gbit/s 的高速率下可传输数十千米而不必采用中继器。

单模光纤能够使光线直接发射到中心，一般用于长距离的数据传输。单模光纤常用于远距离和传输速率相对较高的城域网。多模光纤中光信号通过多个通路传播，因此多模光纤常用于短距离的数据传输中。

（1）单模光纤的特点如下：

① 核心直径小，光以一种模式无散射传输。

② 高带宽，使用激光光源，长距离传输（约 50 km）。

（2）多模光纤的特点如下：

① 核心直径大，光以多路径或多模式传输。

② 低带宽，通常使用 LED 光源，短距离链路，通常在一个建筑物内（小于 100 m）。

单模光纤采用激光二极管 LD 作为光源，而多模光纤采用发光二极管 LED 作为光源。

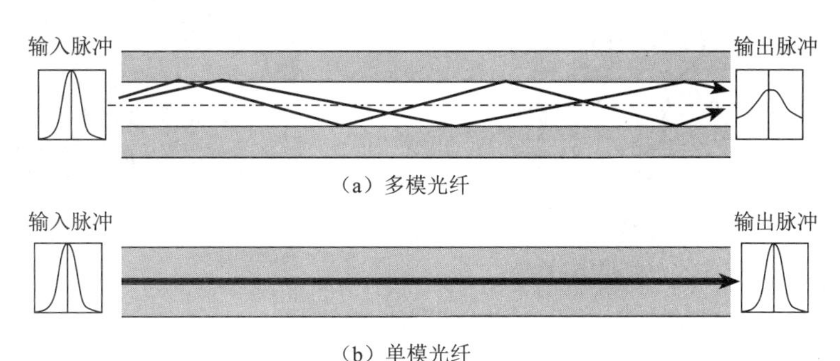

图 2-11　多模光纤和单模光纤

光纤不仅具有通信容量非常大的优点，而且具有其他一些特点：

（1）传输损耗小，中继距离长，对远距离传输特别经济。

（2）抗雷电和电磁干扰性能好。这在有大电流脉冲干扰的环境下尤为重要。

（3）无串音干扰，保密性好，也不易被窃听或截取数据。

（4）体积和质量小。这在现有电缆管道已拥塞不堪的情况下特别有利。例如，1 km 长的 1 000 对双绞线电缆质量约为 8 000 kg，而同样长度但容量大得多的一对两芯光缆质量仅为 100 kg。

光纤也有一定的缺点：需要将两根光纤精确地连接需要专用设备。目前光电接口还较贵，但价格是在逐年下降的。

光纤连接器的分类：

① 按传输介质的不同，可分为单模光纤连接器和多模光纤连接器。

② 按连接器的插针端面不同，可分为球面的 PC（Physical Contact）或 UPC（Ultra Physical Contact），以及端面为倾斜球面的 APC（Angled Physical Contact）。

③ 按光纤的芯数不同，可分为单芯连接器和多芯连接器。

④ 按结构的不同，可分为 FC（Ferrule Connector）、SC（Subscriber Connector）、ST（Straight Tip）、MU（Miniature Unit Coupling）、LC（Lucent Connector）、MT-RJ（MT Register Jack）等各种类型，如图 2-12 所示。

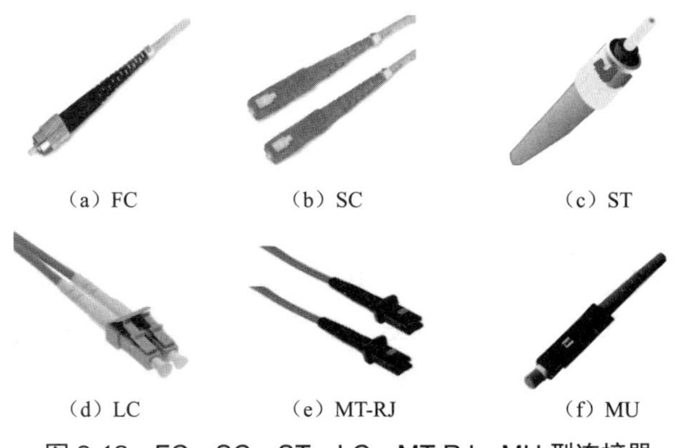

图 2-12　FC、SC、ST、LC、MT-RJ、MU 型连接器

在进行光纤布线时一般需要使用到光缆配线架（Optical Distribution Frame，ODF）和光纤终端盒，如图 2-13 和图 2-14 所示。

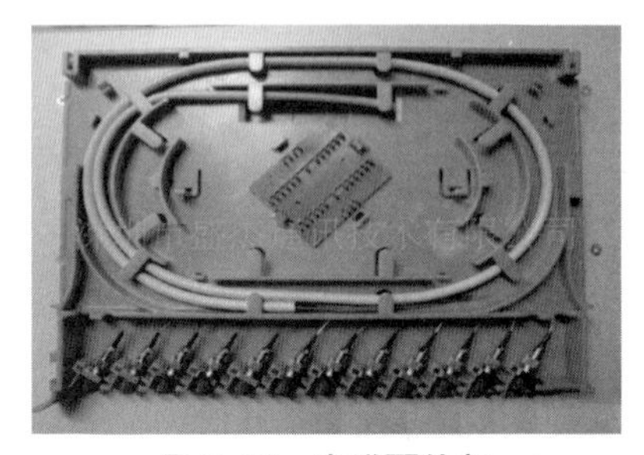

图 2-13　光缆配线架

图 2-14　光纤终端盒

光纤跳线用来做从设备到光纤布线链路的跳接线。有较厚的保护层，一般用于光端机和终端盒之间的连接，应用在光纤通信系统、光纤接入网、光纤数据传输以及局域网等领域。图 2-15 所示为常用的光纤跳线。

（a）SC-LC

（b）FC-SC

（c）ST-FC

（d）SC-SC

图 2-15　常用的光纤跳线

2.1.2　非导向传输媒体

前面介绍了几种导向传输媒体。但是，若通信线路要通过一些高山或岛屿，有时就很难施工。当通信距离很远时，铺设电缆既昂贵又费时。但利用无线电波在自由空间的传播就可较快地实现多种通信。无线传输媒体都不需要架设或铺埋电缆或光纤，而通过大气传输。由于这种通信方式不使用上一节所介绍的各种导向传输媒体，因此就将自由空间称为“非导向传输媒体”。

无线传输可使用的频段很广。如图 2-16 所示，人们现在已经利用了好几个波段进行通信。紫外线和更高的波段目前还不能用于通信。图 2-16 中还给出了 ITU 对波段取的正式名称。LF、MF 和 HF 的中文名字分别是低频、中频和高频。更高频段中的 V、U、S 和 E 分别对应于 Very、Ultra、Super 和 Extremely, 相应频段的中文名字分别是甚高频、特高频、超高频和极高频，最高的一个频段中的 T 是 Tremendously，目前常称至高频。

1. 短波通信

短波通信（即高频通信）是波长为 100 ～ 10 m、频率范围为 3 ～ 30 MHz 的一种无线电通信技术。短波主要是靠电离层的反射（天波）进行长距离（几千千米）通信。短波也可以像长、中波一样靠地波进行短距离（几十千米）通信。

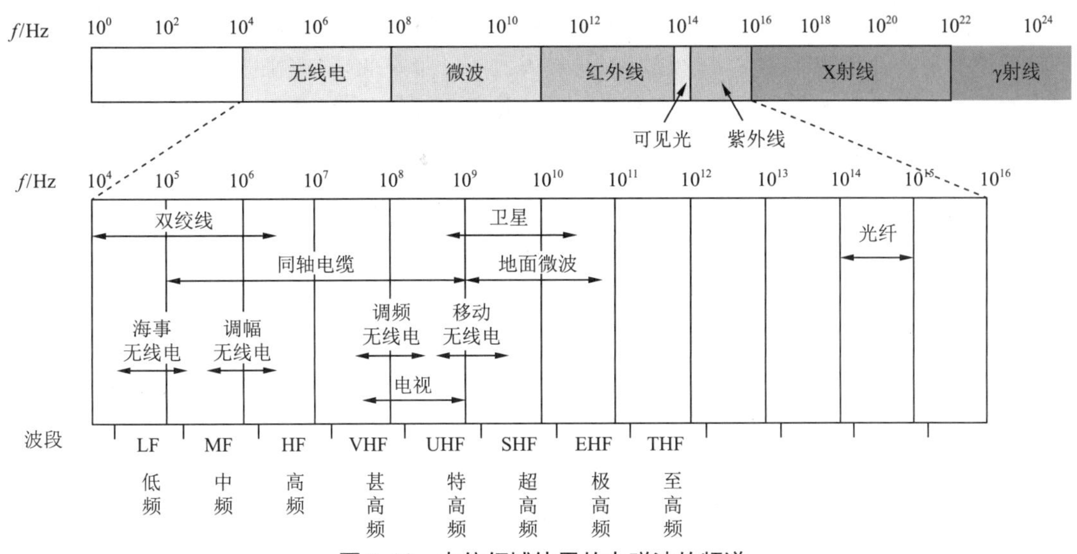

图 2-16　电信领域使用的电磁波的频谱

短波通信主要是靠电离层的反射。短波通信发射电波要经电离层的反射才能到达接收设备，通信距离较远，是远程通信的主要手段。电离层反射产生多径效应，同一个信号经过不同的反射路径到达同一个接收点，但各反射路径的衰减和时延都不相同，使得最后得到的合成信号失真很大。由于电离层的高度和密度容易受昼夜、季节、气候等因素的影响，所以短波通信的稳定性较差，噪声较大。因此，当使用短波无线电台传送数据时，一般都是低速传输，即速率为几十至几百比特每秒。只有采用复杂的调制解调技术后，才能使数据的传输速率达到几千比特每秒。

但是，随着技术进步，特别是自适应技术、数字信号处理技术、差错控制技术、扩频技术、超大规模集成电路技术和微处理器的出现和应用，使短波通信进入了一个崭新的发展阶段，在1988 年短波通信设备的销售额达到了其历史最高水平。同时，短波通信设备具有使用方便、组网灵活、价格低廉、抗毁性强等固有优点，仍然是支撑短波通信战略地位的重要因素。

2. 微波通信

微波通信是波长为 1 m ~ 10 cm、频率范围为 300 MHz ~ 300 GHz（主要使用 2 ~ 40 GHz 的频率范围）的一种无线电通信技术。

微波通信是直接使用微波作为介质进行的通信，不需要固体介质，当两点间直线距离内无障碍时就可以使用微波传送。利用微波进行通信具有容量大、质量好、传输距离远的特点，因此，是国家通信网的一种重要通信手段，也普遍适用于各种专用通信网。

微波在空间主要是直线传播。由于微波会穿透电离层而进入宇宙空间，因此它不像短波那样可以经电离层反射传播到地面上很远的地方。传统的微波通信有两种主要的方式，即地面微波接力通信和卫星通信。

由于微波在空中的传播特性与光波相近，也就是直线前进，遇到阻挡就被反射或被阻断，因此数字微波通信的主要方式是视距通信。受地球曲面和空间传输衰减较大的影响，要进行远距离的通信，需要接力传输，即对信号进行多次中继转发（包括变频、中放等环节），这种数字通信方式也称地面数字微波中继传输方式。终端站处于数字微波传输线路的两端。中继站是数字微波传输线路数量最多的站型，一般有几个到几十个，每隔 50 km 左右，就需要设置一个中继站。中继站的主要作用是将数字信号接收，进行放大，再转发到下一个中继站，并确保传输数字信号的质量。所以，数字微波传输又称数字微波接力传输。这种长距离数字微波传输干线，可以经过几十次中继而传至数千千米仍保持很高的传输质量。

微波接力通信可传输电话、电报、图像、数据等信息。其主要特点如下：

（1）微波波段频率很高，其频段范围也很宽，因此其通信信道的容量很大。

（2）因为工业干扰和天电干扰的主要频谱成分比微波频率低得多，对微波通信的危害比对短波和米波通信小得多，因而微波传输质量较高。

（3）与相同容量和长度的电缆载波通信比较，微波接力通信建设投资少，见效快，易于跨越山区、江河。

当然，微波接力通信也存在如下一些缺点：

（1）相邻站之间必须直视 [常称为视距（Line of Sight，LOS）]，不能有障碍物。有时一个天线发射出的信号也会分成几条略有差别的路径到达接收天线，因而造成失真。

（2）微波的传播有时会受到恶劣气候的影响。

（3）与电缆通信系统比较，微波通信的隐蔽性和保密性较差。

（4）对大量中继站的使用和维护要耗费较多的人力和物力。

常用的卫星通信方法是在地球站之间利用位于约 36 000 km 高空的人造同步地球卫星作为中继器的一种微波接力通信。对地静止通信卫星就是在太空的无人值守的微波通信的中继站。可见，卫星通信的主要优缺点应当大体上和地面微波通信差不多。

卫星通信的最大特点是通信距离远，且通信费用与通信距离无关。同步地球卫星发射出的电磁波能辐射到地球上的通信覆盖区的跨度达 18 000 km，面积约占全球的 1/3。只要在地球赤道上空的同步轨道上，等距离地放置三颗相隔 120° 的卫星，就能基本实现全球的通信。

和微波接力通信相似，卫星通信的频带很宽，通信容量很大，信号所受到的干扰也较小，通信比较稳定。为了避免产生干扰，卫星之间相隔如果不小于 2°，那么整个赤道上空只能放置 180 个同步卫星。由于可以在卫星上使用不同的频段进行通信。因此总的通信容量还是很大的。

3. 红外通信

红外通信就是通过红外线传输数据。在计算机技术发展早期，数据都是通过线缆传输的。线缆传输连线麻烦，需要特制接口，颇为不便。于是后来就有了红外、蓝牙、IEEE 802.11 等无线数据传输技术。

在红外通信技术发展早期，存在好几个红外通信标准，不同标准之间的红外设备不能进行红外通信。为了使各种红外设备能够互联互通，1993 年，由 20 多个大厂商发起成立了红外数据协会（IrDA），统一了红外通信的标准，这就是广泛使用的 IrDA 红外数据通信协议及规范。

4. 激光通信

激光通信是一种利用激光传输信息的通信方式。激光具有亮度高、方向性强、单色性好、相干性强等特征。按传输媒质的不同，可分为大气激光通信和光纤通信。大气激光通信是利用大气作为传输媒质的激光通信。光纤通信是利用光纤传输光信号的通信方式。

激光通信系统组成设备包括发送和接收两部分。发送部分主要有激光器、光调制器和光学发射天线。接收部分主要包括光学接收天线、光学滤波器、光探测器。要传送的信息送到与激光器相连的光调制器中，光调制器将信息调制在激光上，通过光学发射天线发送出去。在接收端，光学接收天线将激光信号接收下来，送至光探测器，光探测器将激光信号变为电信号，经放大、解调后变为原来的信息。

大气激光通信可传输语言、文字、数据、图像等信息。

激光通信的优点是：

（1）通信容量大。在理论上，激光通信可同时传送 1 000 万路电视节目和 100 亿路电话。

（2）保密性强。激光不仅方向性特强，而且可采用不可见光，因而不易被敌方截获，保密性能好。

（3）结构轻便，设备经济。由于激光束发散角小，方向性好，激光通信所需的发射天线和接收天线都可做得很小，一般天线直径为几十厘米，质量不过几千克，而功能类似的微波天线，质量则以几吨乃至十几吨计。

激光通信的弱点是：

（1）通信距离限于视距（数千米至数十千米范围），易受气候影响，在恶劣气候条件下甚至会造成通信中断。大气中的氧、氮、二氧化碳、水蒸气等大气分子对光信号有吸收作用；大气分子密度的不均匀和悬浮在大气中的尘埃、烟、冰晶、盐粒子、微生物和微小水滴等对光信号有散射作用。云、雨、雾、雪等使激光受到严重衰减。地球表面的空气对流引起的大气湍流能对激光传输产生光束偏折、光束扩散、光束闪烁（光束截面内亮斑和暗斑的随机变化）和像抖动（光束汇聚点的随机跳动）等影响。

不同波长的激光在大气中有不同的衰减。理论和实践证明：波长为 0.4 ～ 0.7 μm 以及波长为 0.9 μm、1.06 μm、2.3 μm、3.8 μm、10.6 μm 的激光衰减较小，其中波长为 0.6 μm 的激光穿雾能力较强。大气激光通信可用于江河湖泊、边防、海岛、高山峡谷等地的通信；还可用于微波通信或同轴电缆通信中断抢修时的临时顶替设备。波长为 0.5 μm 附近的蓝绿激光可用于水下通信或对潜艇通信。

（2）瞄准困难。激光束有极高的方向性，这给发射和接收点之间的瞄准带来不少困难。为保证发射和接收点之间瞄准，不仅对设备的稳定性和精度提出很高的要求，而且操作也很复杂。

2.2 网络设备

网络设备及部件是连接到网络中的物理实体。网络设备的种类繁多，且与日俱增。基本的网络设备有计算机、集线器、交换机、网桥、路由器、网关、网络接口卡（Network Interface Card，NIC）、无线接入点（Wireless Access Point，WAP）、打印机、调制解调器、光纤收发器等。

2.2.1 物理层互联设备

1. 中继器

中继器是局域网互联的最简单设备，它工作在 OSI 体系结构的物理层。它接收并识别网络信号，然后再生信号并将其发送到网络的其他分支上。中继器的作用是放大电信号，提供电流以驱动长距离电缆。要保证中继器能够正确工作，首先要保证每一个分支中的数据包和逻辑链路协议是相同的。例如，在 IEEE 802.3 以太局域网和 IEEE 802.5 令牌环局域网之间，中继器是无法使它们通信的。但是，中继器可以用来连接不同的物理介质，并在各种物理介质中传输数据包。某些多端口的中继器很像多端口的集线器，它可以连接不同类型的介质。中继器如图 2-17 所示。

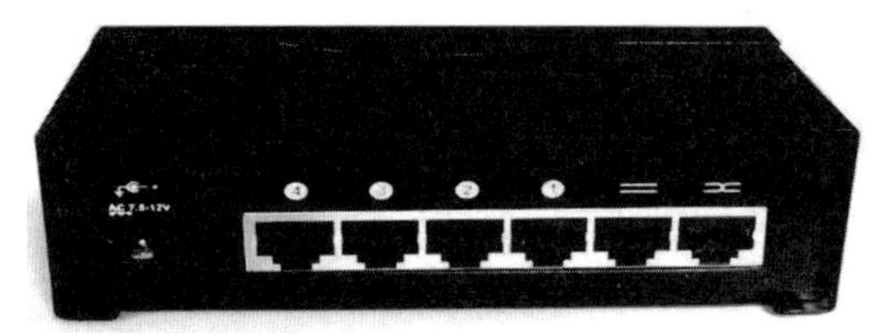

图 2-17　中继器

中继器是扩展网络的最廉价的方法。当扩展网络的目的是要突破距离和节点的限制时，并且连接的网络分支都不会产生太多的数据流量，成本又不能太高时，就可以考虑选择中继器。采用中继器连接网络分支的数目要受具体的网络体系结构限制。

中继器没有隔离和过滤功能，它不能阻挡含有异常的数据包从一个分支传到另一个分支。这意味着，一个分支出现故障可能影响到其他网络分支。

2. 集线器

集线器（Hub）的主要功能是对接收到的信号进行再生整形放大，以扩大网络的传输距离，同时把所有节点集中在以它为中心的节点上。它工作于 OSI 参考模型的“物理层”。集线器与网卡、网线等传输介质一样，属于局域网中的基础设备，采用 CSMA/CD（即带冲突检测的载波监听多路访问技术）介质访问控制机制。集线器每个接口简单地收发比特，收到 1 就转发 1，收到 0 就转发 0，不进行碰撞检测。

集线器属于纯硬件网络底层设备，基本上不具有类似于交换机的“智能记忆”能力和“学习”能力。它也不具备交换机所具有的 MAC（Media Access Control）地址（物理地址）表，所以它发送数据时都是没有针对性的，而是采用广播方式发送。也就是说，当它要向某节点发送数据时，不是直接把数据发送到目的节点，而是把数据包发送到与集线器相连的所有节点，如图 2-18 所示，简单明了。

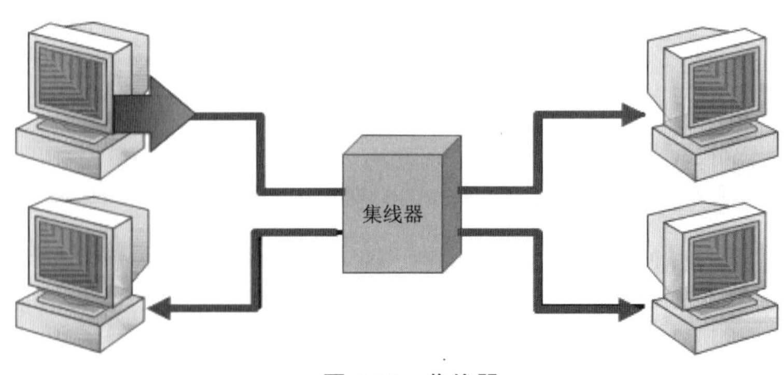

图 2-18　集线器

集线器是一个多端口的转发器，当以集线器为中心设备时，网络中某条线路产生故障时，并不影响其他线路的工作。所以集线器在局域网中得到了广泛应用。大多数时候它用在星状与树状网络拓扑结构中，以 RJ-45 接口与各主机相连（也有 BNC 接口），传输数据到所有星状拓扑结构网络的计算机中。

2.2.2　数据链路层互联设备

1. 网络适配器

网络接口控制器(Network Interface Controller,NIC)又称网络接口控制卡、网络适配器(Network Adapter)、网络接口卡（简称网卡）或局域网接收器（LAN Adapter），是一块被设计用来允许计算机在计算机网络上进行通信的计算机硬件。由于其拥有 MAC 地址，因此属于 OSI 参考模型的第二层。它使得用户可以通过电缆或无线相互连接。

网卡以前是作为扩展卡插到计算机总线上的，但是由于其价格低廉而且以太网标准普遍存在，大部分新的计算机都在主板上集成了网络接口。这些主板或是在主板芯片中集成了以太网的功能，或是使用一块通过 PCI（或者更新的 PCI-Express 总线）连接到主板上的廉价网卡。除非需要多接口或者使用其他种类的网络，否则不再需要一块独立的网卡。甚至更新的主板可能含有内置的双网络（以太网）接口。常用的网卡如图 2-19 所示。

图 2-19　常用的网卡

每块网卡都有唯一的 48 位物理地址作为自己的标识。网卡的 MAC 地址负责标识局域网上的一台主机，使以太帧能在局域网中正确传送。

每块网卡的 MAC 地址在全世界是独一无二的编号，由厂家分配给每一块网卡。网卡的 MAC 地址是一串十六进制数，被固化在网卡硬件中。

地址由两部分组成：前一部分（24 位）为厂商标识；后一部分（24 位）为网卡标识。在全球范围内物理地址是唯一的。例如，有一台计算机上的以太网卡的 MAC 地址是 00-A0-24-37-8F-6E，其中前六个十六进制数位是 00-A0-24 表示是 3COM 公司生产的，后六个十六进制数位 37-8F-6E 表示该卡的出厂编号。

例如：

00-A0-24-37-8F-6E

厂商标识　网卡标识

网卡的类型按照不同的分类方法有很多种，具体如下：

（1）按总线类型分类。

以太网网卡按总线宽度可分为 8 位、16 位、32 位和 64 位网卡。

按总线类型可分为 ISA、EISA、PCI、PCMCIA、PCI-Express 和 USB 六种。其中，USB 网卡是一种外置式网卡，具有不占用计算机扩展槽的优点，因而安装方便。

（2）按传输速率分类。

按传输速率，网卡可分为 10 Mbit/s 网卡、100 Mbit/s 网卡、10/100 Mbit/s 自适应网卡及吉（千兆）位网卡。

（3）按可连接的传输介质分类。

网卡可分为同轴电缆网卡、双绞线网卡、光纤网卡。

网卡上与这些传输介质相连的部件称为插座（Connector）或端口（Port）。

（4）按有无物理上的通信线缆分类。

按有无物理上的通信线缆可以分类为有线网卡和无线网卡。

同轴电缆网卡、双绞线网卡和光纤网卡均为有线网卡。

无线网卡主要分为 PCMCIA、PCI 和 USB 无线网卡三种类型，如图 2-20 所示。

（a）PCMCIA 无线网卡

（b）PCI 无线网卡

（c）USB 无线网卡

图 2-20　无线网卡

在计算机系统的命令提示符界面输入 ipconfig/all 命令可查看到计算机网卡的 MAC 地址，其中 IP 地址是第三层的地址（网络层），MAC 地址是第二层的地址（数据链路层），也就是网卡的物理地址。

2. 网桥

网桥工作于 OSI 参考模型的数据链路层。OSI 参考模型数据链路层以上各层的信息对网桥来说是毫无作用的。所以，协议的理解依赖于各自的计算机。网桥是连接两个同类网络的设备，它看上去有点像中继器，也具有单个输入端口和单个输出端口。它与中继器的不同之处在于它能够解析收发的数据。

网桥包含了中继器的功能和特性，不仅可以连接多种介质，还能连接不同的物理分支，如以太网和令牌网，能在更大的范围内传送数据包。网桥的典型应用是将局域网分段成子网，从而降低数据传输的瓶颈，这样的网桥称为“本地”桥。用于广域网上的网桥称为“远地”桥。两种类型的桥执行同样的功能，只是所用的网络接口不同。网络中的交换机就是多端口网桥。

3. 交换机

交换（Switching）是按照通信两端传输信息的需要，用人工或设备自动完成的方法，把要传输的信息送到符合要求的相应路由上的技术统称。

广义的交换机（Switch）就是一种在通信系统中完成信息交换功能的设备。图 2-21 所示为交换机的外观图。在计算机网络系统中，交换概念的提出是对于共享工作模式的改进。集线器就是一种共享设备。集线器本身不能识别目的地址，当同一局域网内的 A 主机给 B 主机传输数据时，数据包在以集线器为架构的网络上是以广播方式传输的，由每一台终端通过验证数据包头的地址信息来确定是否接收。也就是说，在这种工作方式下，同一时刻网络上只能传输一组数据帧的通信，如果发生碰撞还需重试。这种方式就是共享网络带宽。

图 2-21　交换机

交换机拥有一条很高带宽的背部总线和内部交换矩阵。交换机的所有端口都挂接在这条背部总线上，控制电路收到数据包以后，处理端口会查找内存中的地址对照表以确定目的 MAC 地址的网卡挂接在哪个端口上，通过内部交换矩阵迅速将数据包传送到目的端口，目的 MAC 地址若不存在才广播到所有端口，接收端口回应后交换机会“学习”新的地址，并把它添加入内部 MAC 地址表中。使用交换机也可以把网络“分段”，通过对照 MAC 地址表，交换机只允许必要的网络流量通过交换机。通过交换机的过滤和转发，可以有效地隔离广播风暴，减少误包和错包的出现，避免共享冲突。

交换机是采用存储转发的机制利用内部的 MAC 地址表对数据进行控制转发的。

当交换机从某个端口接收到以太数据包时，交换机会取出以太数据包中的目的计算机 MAC 地址，并与交换机内已存放的 MAC 地址表进行比较，当找到表中某项与以太数据包中的 MAC 地址相符时，就将这个以太数据包从与它所连接的端口发送出去，如图 2-22 所示。

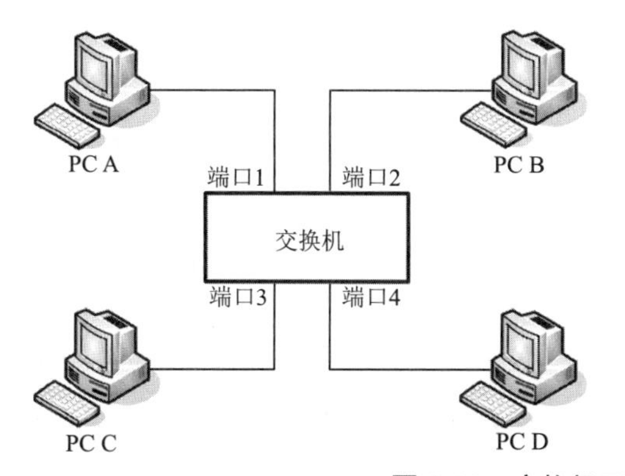

交换机MAC地址表	
端口	MAC地址
端口1	MAC A
端口2	MAC B
端口3	MAC C
端口4	MAC D

图 2-22　交换机工作原理示意图

交换机在同一时刻可进行多个端口对之间的数据传输。每一端口都可视为独立的网段，连接在其上的网络设备独自享有全部带宽，无须同其他设备竞争使用。当节点 A 向节点 D 发送数据时，节点 B 可同时向节点 C 发送数据，而且这两个传输都享有网络的全部带宽，都有着自己的虚拟连接。假使这里使用的是 10 Mbit/s 的以太网交换机，那么该交换机这时的总流通量就等于 2×10 Mbit/s=20 Mbit/s，而使用 10 Mbit/s 的共享式集线器时，一个集线器的总流通量也不会超出 10 Mbit/s。交换机与集线器的区别主要在于交换机能同一时刻进行多个端口之间的传输而集线器不能，如图 2-23 所示。

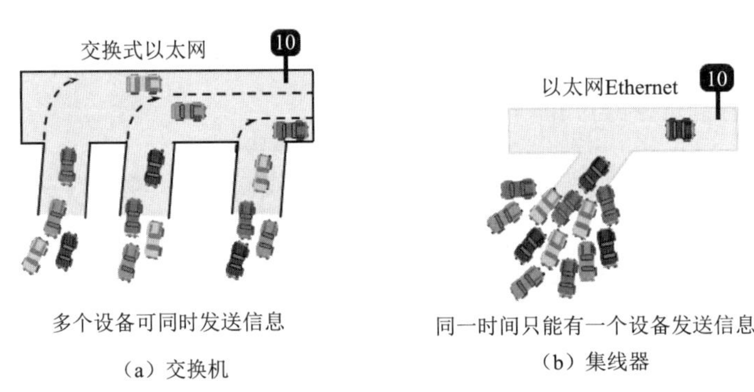

图 2-23　交换机与集线器的区别原理

总之，交换机是一种基于 MAC 地址识别、能完成封装转发数据包功能的网络设备。交换机可以“学习”MAC 地址，并把其存放在内部地址表中，通过在数据帧的始发者和目标接收者之间建立临时的交换路径，使数据帧直接由源地址到达目的地址。

2.2.3　网络层互联设备

1. 路由器

路由器工作在 OSI 参考模型中的网络层，这意味着它可以在多个网络上交换和路由数据包。路由器通过在相对独立的网络中交换具体协议的信息来实现这个目标。比起网桥，路由器不但能过滤和分隔网络信息流、连接网络分支，还能访问数据包中更多的信息。并且用来提高数据包的传输效率。

路由器不仅能够追踪网络的某个节点，而且还能和交换机一样，选择要发送接收数据的两个节点之间的最佳路径，也就是具有路由选择能力，如图 2-24 所示。

① 能够连接不同类型的网络、解析网络层的信息，并且能够找出网络上一个节点到另一个节点的最优数据传输路径。

② 路由器不需要保持两个通信网络之间的永久性连接，可以根据需要建立新的连接，提供动态带宽，并拆除闲置的连接。

路由表包含有网络地址、连接信息、路径信息和发送代价等。路由器比网桥慢，主要用于广域网或广域网与局域网的互联。桥由器（Brouter）是网桥和路由器的合并。

路由器的工作原理如图 2-25 所示。

① 从一个端口接收数据。

② 路由器开始分析数据，得出该数据源地址和目的地址。

③ 查看自身的路由表，并比对。

④ 有与目的地址相符的路由条目，则转发该数据。否则，丢弃该数据。

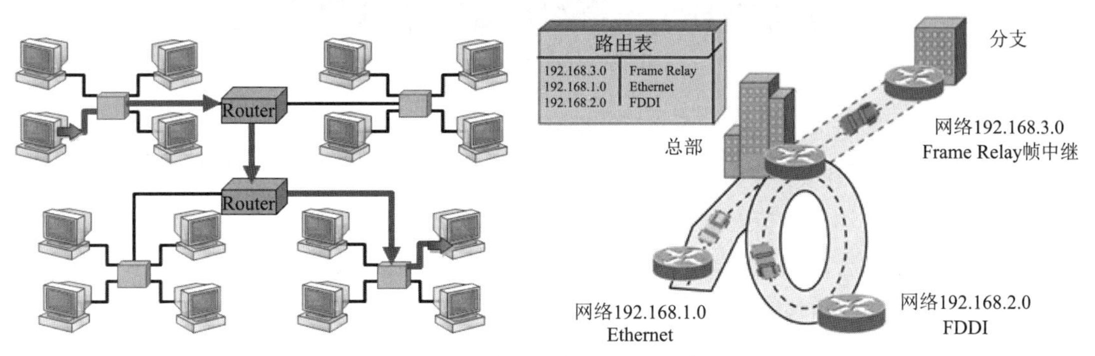

图 2-24　路由器实现网络互联

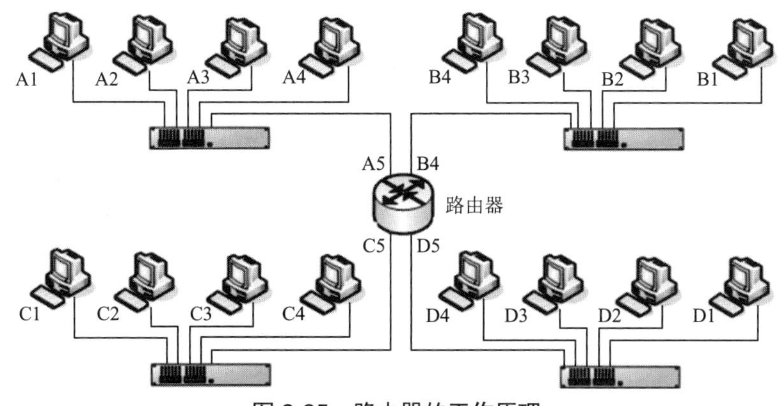

图 2-25　路由器的工作原理

2. 三层交换机

三层交换机就是具有部分路由器功能的交换机，工作在 OSI 参考模型的第三层——网络层。三层交换机的最重要目的是加快大型局域网内部的数据交换，所具有的路由功能也是为这一目的服务的，能够做到一次路由，多次转发。对于数据包转发等规律性的过程由硬件高速实现，而路由信息更新、路由表维护、路由计算、路由确定等功能由软件实现。三层交换技术就是二层交换技术 + 三层转发技术。传统交换技术是在 OSI 参考模型第二层——数据链路层进行操作的，而三层交换技术是在网络模型中的第三层实现了数据包的高速转发，既可实现网络路由功能，又可根据不同网络状况做到最优网络性能。

2.2.4　应用层互联设备

1. 防火墙

在网络设备中，防火墙（Firewall）是指硬件防火墙。硬件防火墙是指把防火墙程序做到芯片里面，由硬件执行这些功能，能减少 CPU 的负担，使路由更稳定。防火墙的外观与路由器很相似，如图 2-26 所示。

图 2-26 防火墙

硬件防火墙是保障内部网络安全的一道重要屏障，防火墙是在网络之间执行控制策略的系统，一般设置在外部网络与内部网络之间，如图 2-27 所示。它的安全和稳定直接关系到整个内部网络的安全。因此，日常例行的检查对于保证硬件防火墙的安全是非常重要的。系统中存在的很多隐患和故障在暴发前都会出现这样或那样的苗头，例行检查的任务就是要发现这些安全隐患，并尽可能将问题定位，方便问题的解决。

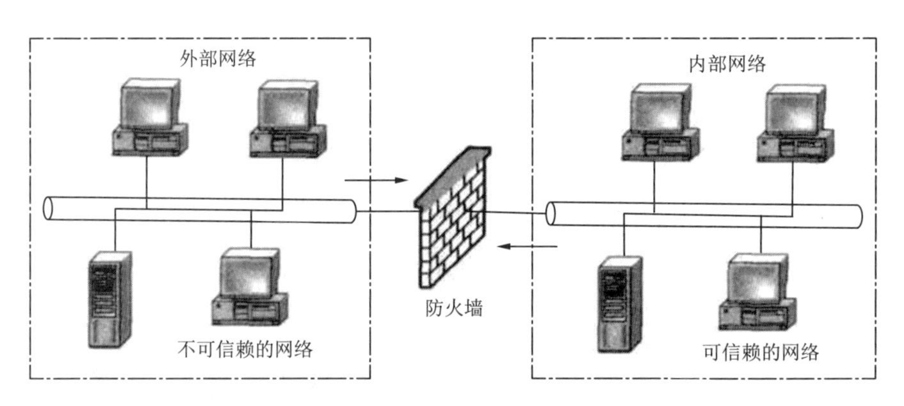

图 2-27 防火墙的位置与作用

2. 服务器

服务器指的是在网络环境下运行相应的应用软件，为网络中的用户提供共享信息资源和服务的设备。服务 器的构成与微机基本相似，有处理器、硬盘、内存、系统总线等，但服务器是针对具体的网络应用特别制定的，因而服务器与微机在处理能力、稳定性、可靠性、安全性、可扩展性、可管理性等方面存在很大差异。通常情况下，服务器比客户机拥有更强的处理能力、更多的内存和硬盘空间。服务器上的网络操作系统不仅可以管理网络上的数据，还可以管理用户、用户组、安全和应用程序。

服务器是网络的中枢和信息化的核心，具有高性能、高可靠性、高可用性、I/O 吞吐能力强、存储容量大、联网和网络管理能力强等特点。

服务器可以适应各种不同功能、不同环境，具有多种分类标准，如按应用层次进行划分（入门级、工作组级、部门级、企业级）、按处理器架构进行划分（X86\IA64\RISC）、按服务器的处理器所采用的指令系统划分（CISC\RISC\VLIW）、按用途进行划分（通用型、专用型）、按服务器的机箱架构进行划分（台式服务器、机架式服务器、机柜式服务器、刀片式服务器）等。

在选择服务器的时候要做到以下几点：

① 性能要稳定，为了保证网络能正常运转，所选择的服务器首先要确保稳定，性能稳定的服务器也意味着可以为公司节省维护费用。

② 以够用为准则。

③ 应考虑扩展性，为了减少更新服务器带来的额外开销和对工作的影响，服务器应当具有较高的可扩展性。

④ 便于操作和管理。

⑤ 满足特殊要求。

⑥ 硬件搭配合理，为了能使服务器更高效地运转，要确保所购买的服务器的内部配件的性能合理搭配。

实验1　网线制作

实验学时：

2 学时。

实验目的：

（1）掌握网线制作及连通性测试方法。

（2）掌握计算机名、工作组、IP 地址的重要性，熟悉对等网构建的方法和步骤。

（3）了解 RJ-45 接口标准。

（4）掌握压线钳的使用方法。

实验要求：

（1）制作直通线、交叉线。

（2）测试直通线、交叉线的连通性。

实验内容与实验步骤：

1. 实验准备

斜口钳一把、双绞线若干米、侧线仪一个、RJ-45 水晶头若干个。局域网及若干带有网卡的微机。

双绞线两端头通过 RJ-45 水晶头连接网卡和交换机，在双绞线上压制水晶头需使用专用压线钳（网线钳）按下述步骤制作：用卡线钳剪线刀口将线头剪齐，再将双绞线端头伸入剥线刀口，使线头触及前挡板，然后适度握紧卡线钳同时慢慢旋转双绞线（握卡线钳力度不能过大，否则会剪断芯线；剥线的长度为 15 mm 左右，不宜太长或太短），让刀口划开双绞线的保护胶皮，取出端头从而拨下保护胶皮。

双绞线由八根有色导线两两绞合而成，将其整理为 EIA/TIA 568A 或 EIA/TIA 568B 标准平行排列，整理完毕用剪线刀口将前端修齐。然后一只手捏住水晶头（将水晶头有弹片一侧向下），另一只手捏平双绞线，稍稍用力将排好的线平行插入水晶头内的线槽中，八条导线顶端应插入线槽顶端。确认所有导线都到位后，将水晶头放入卡线钳夹槽中，用力捏几下卡线钳，压紧线头即可。

2. 具体步骤

（1）了解制作双绞线的材料和工具：双绞线、RJ-45 水晶头、压线钳、测线仪，如图 2-28 所示。

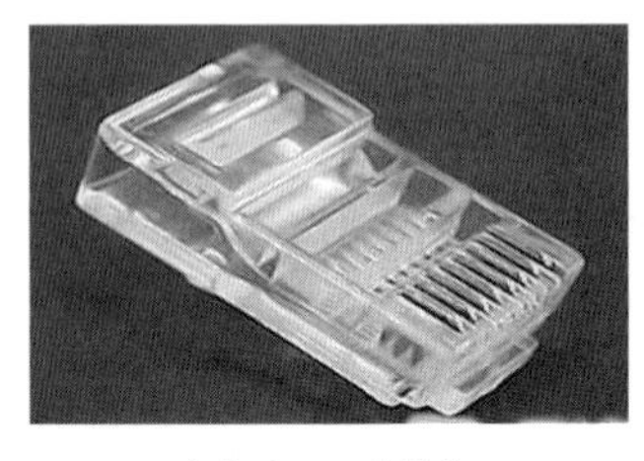

（a）RJ-45 水晶头

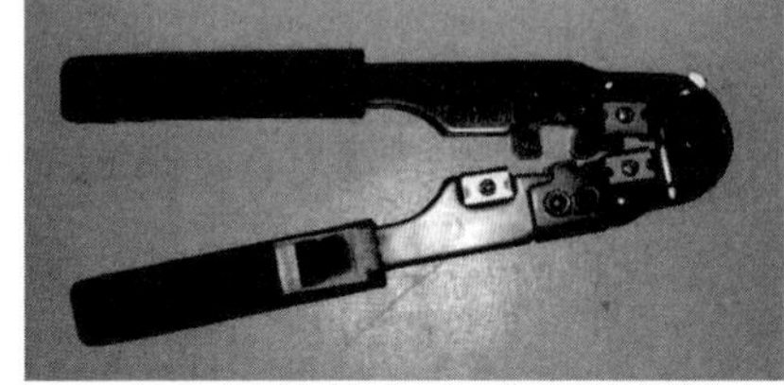

（b）压线钳

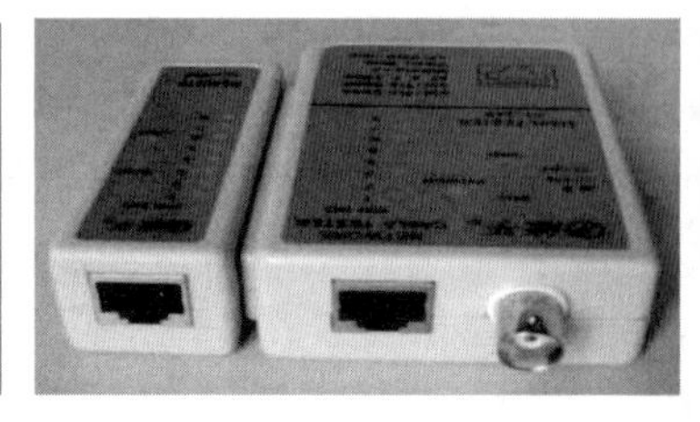

（c）测线仪

图 2-28　制作双绞线的材料和工具

（2）双绞线制作的两种标准：EIA/TIA 568A 和 EIA/TIA 568B。

（3）连接方法也有两种：

① 直通线：双绞线两边都按照 EIA/TIA 568B 标准连接。

② 交叉线：双绞线一边按照 EIA/TIA 568A 标准连接，另一边按照 EIA/TIA 568B 标准连接。

两种标准的线序（从左到右排列）如图 2-29 所示。

编号：　1　2　3　4　5　6　7　8

• 568 A：绿白、绿、橙白、蓝、蓝白、橙、棕白、棕

• 568 B：橙白、橙、绿白、蓝、蓝白、绿、棕白、棕

EIA/TIA 568A（T568A）线序标准：

序号	1	2	3	4	5	6	7	8
颜色	绿白	绿	橙白	蓝	蓝白	橙	棕白	棕

EIA/TIA 568B（T568B）线序标准：

序号	1	2	3	4	5	6	7	8
颜色	橙白	橙	绿白	蓝	蓝白	绿	棕白	棕

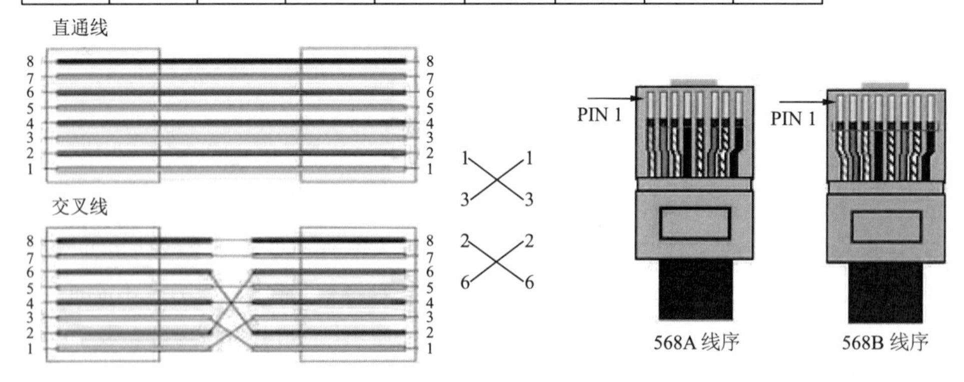

图 2-29　双绞线的直线标准线序

（4）制作直通线（两端都按照 EIA/TIA 568B 标准排线序）。

直通线适用于与交换机、路由器等设备的连接，因为在这些设备内部会进行线序交叉。

① 剪线与剥线。用斜口钳剪下所需要的双绞线长度，然后对双绞线剥线。切口处将双绞线的外皮除去 2 ~ 3 cm。有一些双绞线电缆上含有一条柔软的尼龙绳，如果在剥除双绞线的外皮时觉

得裸露出的部分太短，而不利于制作RJ-45接头时，可以紧握双绞线外皮，再捏住尼龙线往外皮的下方剥开，就可以得到较长的裸露线，如图2-30所示。

图2-30　剪线与剥线

② 排线序。将裸露的双绞线中的橙色对线拨向自己的左方，棕色对线拨向右方，绿色对线拨向前方，蓝色对线拨向后方，如图2-31所示。

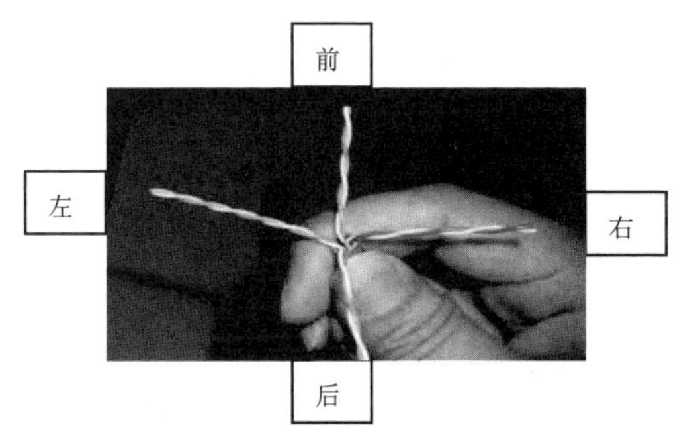

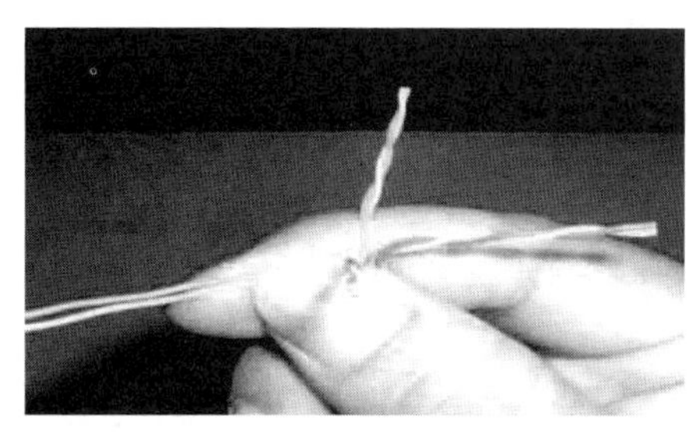

图2-31　排线序

③ 小心地剥开每一对线，遵循EIA/TIA 568B标准排列好，排列结果如图2-32所示。

④ 将裸露出的双绞线用剪刀或斜口钳剪齐。再将双绞线的每一根线依序放入RJ-45接头的引脚内，第一只引脚内应该放白橙色的线，其余类推，如图2-33所示。

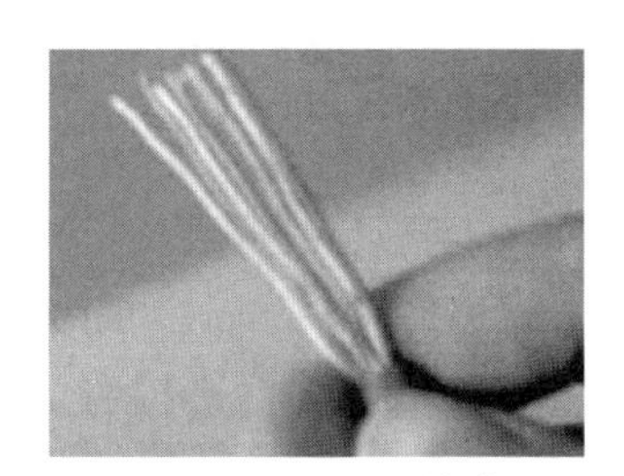

图2-32　568B线序

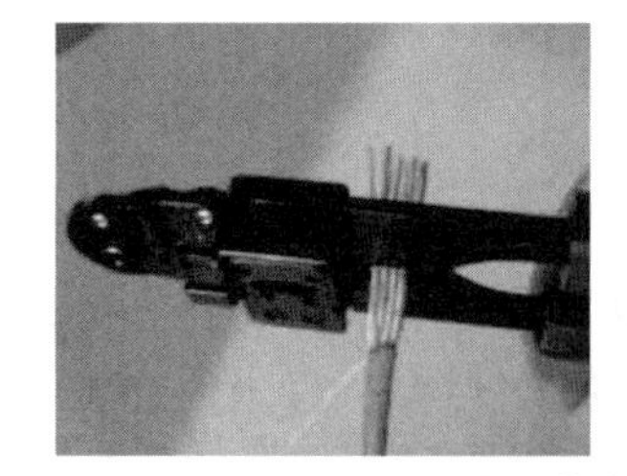
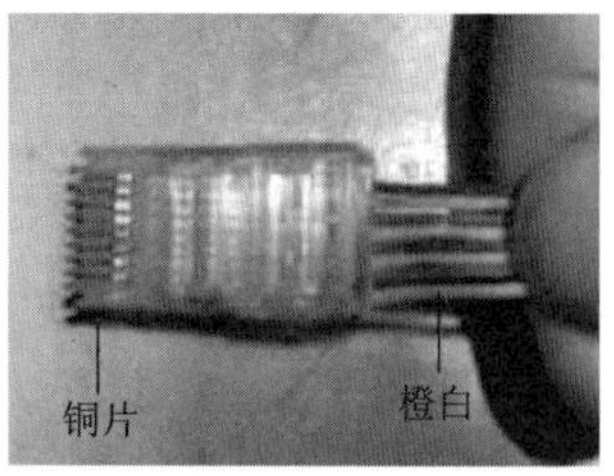

图2-33　剪齐并插入水晶头

⑤ 检查确认线序是否正确。确定双绞线的每根线是否按正确顺序放置，查看每根线是否进入到水晶头的底部位置，如图2-34所示。

⑥ 用压线钳压紧。用RJ-45压线钳压接RJ-45接头，把水晶头里的八块小铜片压下去后，使每一块铜片的尖角都触到一根铜线，如图2-35所示。

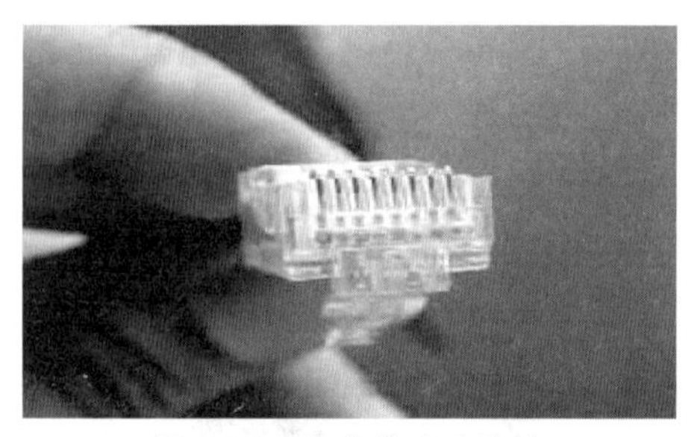
图 2-34　检查线序正确性

图 2-35　压紧水晶头

⑦ 重复步骤①～步骤⑥，再制作另一端的 RJ-45 接头。因为工作站与集线器之间是直接对接，所以另一端 RJ-45 接头的引脚接法完全一样。

⑧ 测试。将双绞线两端分别插入信号发射器和信号接收器，打开电源。如果网线制作成功，发射器和接收器上同一条线对应的指示灯依次从 1 到 8 号会亮起来。如果出现任何一个灯为红灯或黄灯，都说明存在断路或者接触不良现象。此时最好再将两端水晶头用网线钳压一次。如果故障依旧，再检查两端芯线的排列顺序是否一样。若不同，则剪掉一端并按另一端芯线排列顺序重新制作水晶头。若相同，则表明制作过程中连接不良，须照以上步骤重做。直到测试全为绿色指示灯闪过为止，如图 2-36 所示。

（5）制作交叉线。交叉线用于将计算机和计算机连接起来（不经过设备连接）。

交叉线排序说明见表 2-2。

表 2-2　交叉线排序说明

端	排　序							
端 1	橙白	橙	绿白	蓝	蓝白	绿	棕白	棕
端 2	绿白	绿	橙白	蓝	蓝白	橙	棕白	棕

由上表可以看出，端 1 为 586B 标准，端 2 是 586A 标准，其中 1 与 3 号线、2 与 6 号线实现了交叉对接。

交叉线除了线序与直通线不一样外，其他制作方法完全一样。

交叉线测试：

把在 RJ-45 两端的接口插入测试仪的两个接口之后，打开测试仪，可以看到测试仪上的两组指示灯都在闪烁，如图 2-37 所示。可以看到其中一端按 1、2、3、6 的顺序闪烁绿灯，而另外一侧则会按照 3、6、1、2 的顺序闪烁绿灯。以上信息表示网线制作成功，可以进行数据的发送和接收。

如果出现红灯或黄灯，就说明存在接触不良等现象，此时最好先用压线钳压制两端水晶头一次，再测，如果故障依旧存在，就需检查芯线的排列顺序是否正确。如果芯线顺序错误，就应重新进行制作。

（6）注意事项：

① 剥线时千万不能把芯线剪破或剪断，否则会造成芯线之间短路，或相互干扰。

② 双绞线颜色与 RJ-45 水晶头接线标准是否相符，应仔细检查，以免出错。

③ 插线一定要插到底，否则芯线与探针会接触不良。

④ 在排线过程中，左手一定要紧握已排好的芯线，否则芯线会移位，出现芯线错位现象。

⑤ 双绞线外皮是否已插入水晶头后端，并被水晶头后端夹住，这直接关系到所做线头的质量，否则在使用过程中会造成芯线松动。

⑥ 压线时一定要均匀缓慢用力，并且要用力压到底，使探针完全刺破双绞线芯线，否则会造成探针与芯线接触不良。

⑦ 测试时要仔细观察测试仪两端对应指示灯是否正确，否则表明双绞线两端排列顺序有错，不能以为灯能亮就可以。

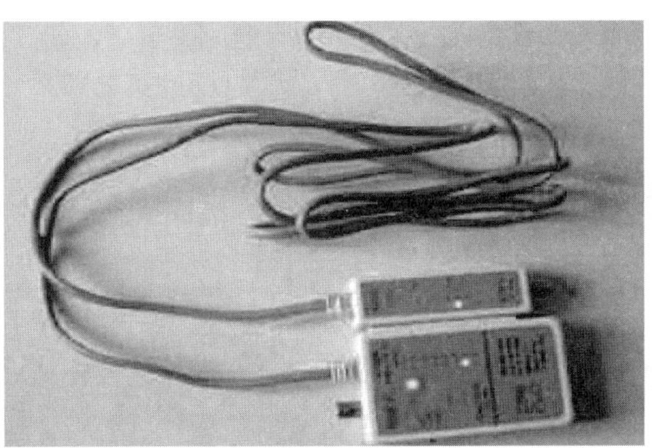

图 2-36　测试直通线

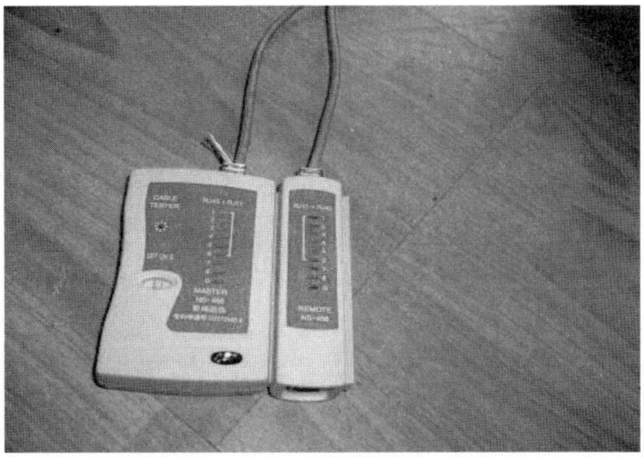

图 2-37　交叉线测试

总结经验：

线序正确→捋直且排列整齐→左手大拇指掐紧→线头剪齐→右手捏住水晶头弹片朝下→排线插入水晶头到位→用压线钳适当用力压紧。

习　题

一、填空题

1. 网卡又称________，也称网络适配器，主要用于服务器与网络连接，是计算机和传输介质的接口。

2. 网卡通常可以按________、________和________方式分类。

3. 双绞线可分为________和________。

4. 根据光纤传输点模数的不同，光纤主要分为________和________两种类型。

5. 双绞线是由________对________芯线组成的。

6. 集线器在 OSI 参考模型中属于________设备，而交换机是________设备。

7. MAC 地址也称________，是内置在网卡中的一组代码，由________个十六进制数组成，总长________位。

二、选择题

1. 下列不属于网卡接口类型的是（　　）。

A. RJ-45　　B. BNC　　C. AUI　　D. PCI

2. 下列不属于传输介质的是（　　）。

A. 双绞线　　B. 光纤　　C. 声波　　D. 电磁波

3. 下列属于交换机优于集线器的选项是（　　）。

A. 端口数量多　　B. 体积大　　C. 灵敏度高　　D. 交换传输

4. 当两个不同类型的网络彼此相连时，必须使用的设备是（　　）。

A. 交换机　　B. 路由器　　C. 收发器　　D. 中继器

5. 下列（　　）不是路由器的主要功能。

A. 网络互联　　B. 隔离广播风暴　　C. 均衡网络负载　　D. 增大网络流量

三、判断题

1. 网卡是工作在物理层的设备。（　　）
2. 集线器是工作在物理层的设备。（　　）
3. 交换机是工作在数据链路层的设备。（　　）
4. MAC 地址是内置在网卡中的一组代码，由六个十六进制数组成。（　　）
5. 交换机的各端口工作在一个广播域中。（　　）
6. 双绞线内各线芯的电气指标相同，可以互换使用。（　　）
7. 双绞线的线芯总共有四对八芯，通常只用其中的两对。（　　）
8. 路由器和交换机都可以实现不同类型局域网间的互联。（　　）
9. 卫星通信是微波通信的特殊形式。（　　）
10. 同轴电缆是目前局域网的主要传输介质。（　　）
11. 局域网内不能使用光纤作为传输介质。（　　）
12. 交换机可以代替集线器使用。（　　）
13. 红外信号每一次反射都要衰减，但能够穿透墙壁和其他一些固体。（　　）
14. 在交换机中，如果数据帧的目的 MAC 地址是单播地址，但这个 MAC 地址并不在交换机的地址表中，则向所有端口（除源端口）转发。（　　）

四、简答题

1. 简述光纤和光缆的基本结构。
2. 简述网卡 MAC 地址的含义和功用。
3. 光传输的原理是什么？
4. 光缆分为哪几种类型？
5. 微波通信具有什么特点？

项目 3

IP 地址及 TCP/IP 属性设置

项目导读

IP 地址就像是家庭住址一样，如果要写信给一个人，就要知道他的地址，这样邮递员才能把信送到。计算机发送信息就好比是邮递员，它必须知道唯一的“家庭地址”才会正确送达。只不过家庭地址是用文字来表示的，计算机的地址用二进制数字表示。本项目主要讲解 IP 地址的概念、作用及分类，如何对计算机设置 TCP/IP 属性参数。

通过对本项目的学习，可以实现下列目标。

◎了解：IP 地址的概念及作用。

◎熟悉：IP 地址的格式及分类。

◎掌握：TCP/IP 属性设置方法。

3.1 IP 地址和子网掩码

IP 地址是指互联网协议地址，又称网际协议地址，IP 地址是 IP 协议提供的一种统一的地址格式，它为互联网上的每一台主机分配一个逻辑地址，以此来屏蔽物理地址的差异。

3.1.1 IP 地址引入

2014 年 7 月 21 日，延吉市公安局公园派出所民警仅用 5 小时就破获一起涉及万元的入室盗窃案。破案的关键要从一个 IP 地址说起。

7 月 20 日 17 时许，延吉市公安局公园派出所接到居民王先生报案：家里的两台计算机被人盗走。计算机中有网银账号和密码，不法分子也登录使用过。得知情况，民警迅速出动，通过技术手段，查询到计算机被盗后，账号曾经用一个 IP 地址登录，并查到 IP 地址所在的具体住址。民警怀疑，窃贼有可能就在那里。民警赶到地址所在的公园街某小区内。办案民警调取了楼内监控录像，结合所掌握的线索，最终抓获了嫌疑人李某，也找到了前一晚王先生家被盗的计算机。警方很快将两名犯罪嫌疑人李某、韩某刑事拘留。

问题 1：该市公安局是依据什么来破案的？

IP 地址。

问题 2：IP 地址为什么能作为证据来破案？

IP 地址是唯一标识出主机所在网络及其网络中位置的编号。

IP 即网际协议，也就是为计算机网络相互连接进行通信而设计的协议。在因特网中，它是能使连接到网上的所有计算机网络实现相互通信的一套规则，规定了计算机在因特网上进行通信时应当遵守的规则。任何厂家生产的计算机系统，只要遵守 IP 协议就可以与因特网互联互通。正是因为有了 IP 协议，因特网才得以迅速发展成为世界上最大的、开放的计算机通信网络。

大家日常见到的情况是每台联网的 PC 上都需要有 IP 地址，才能正常通信。可以把 PC 比作一台电话，那么 IP 地址就相当于电话号码，而 Internet 中的路由器就相当于电信局的程控式交换机。两台 PC 的通信就相当于两个人打电话，或者是两个人通信一样，如图 3-1 所示。

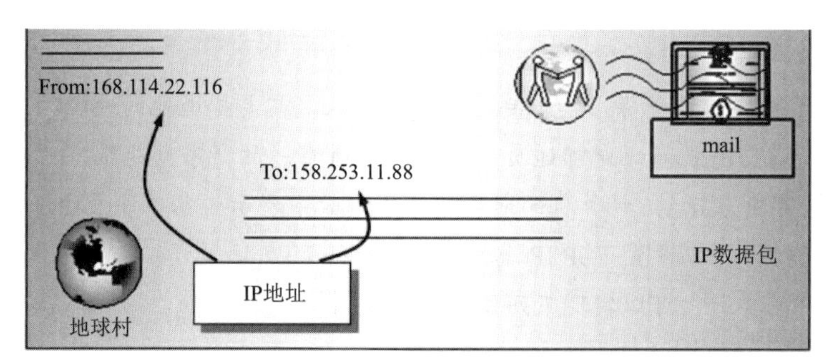

图 3-1　IP 地址可以理解为通信时的收件发件地址

IP 地址是一个 32 位的二进制数，通常被分割为四个“8 位二进制数”（也就是 4 字节），通常用“点分十进制”表示成（a.b.c.d）的形式，其中 a、b、c、d 都是 0 ~ 255 之间的十进制整数。例如，点分十进制 IP 地址 100.4.5.6 实际上是 32 位二进制数 01100100.00000100.00000101.00000110，如图 3-2 所示。

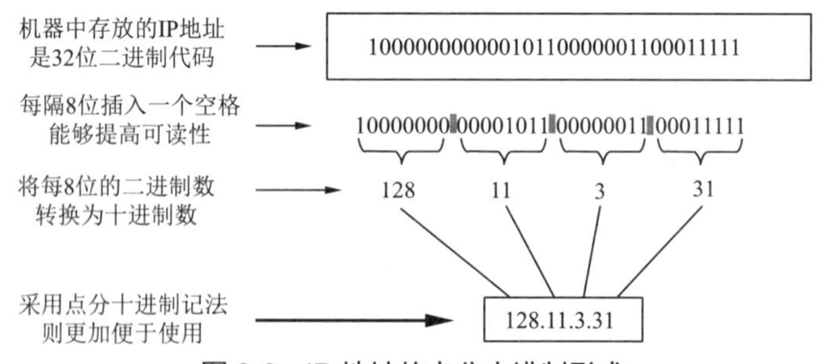

图 3-2　IP 地址的点分十进制形式

3.1.2　IP 地址的分类

IP 地址编址方案将 IP 地址空间划分为 A、B、C、D、E 五类，其中 A、B、C 是基本类；D、E 类作为多播和保留使用，具体如图 3-3 所示。

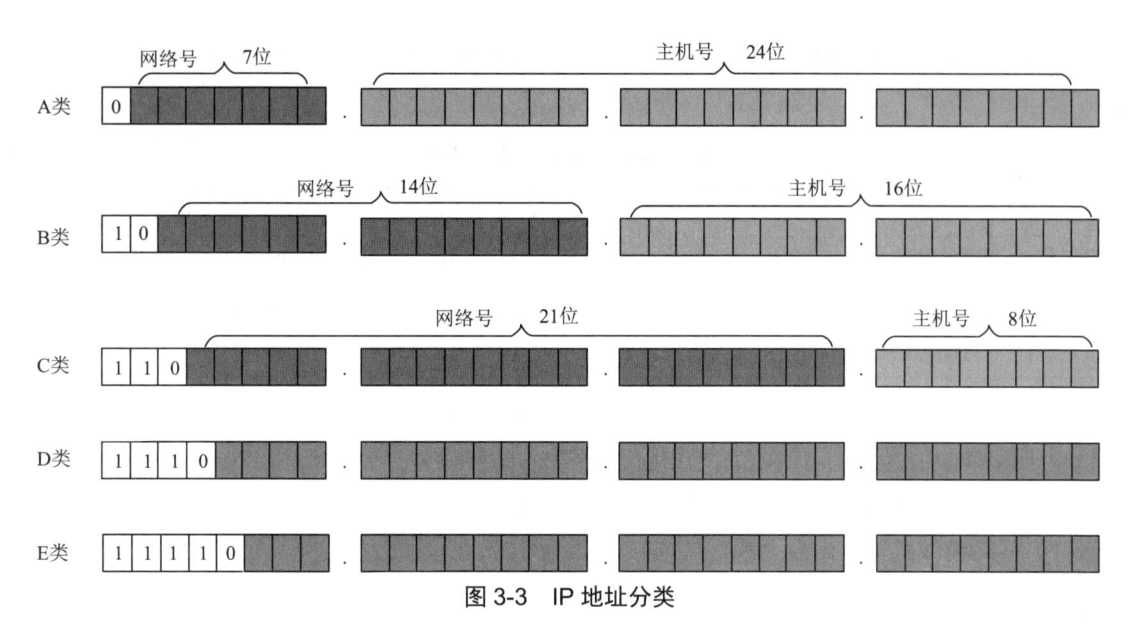

图 3-3　IP 地址分类

1. A 类 IP 地址

一个 A 类 IP 地址是指在 IP 地址的四段号码中，第一段号码为网络号码，剩下的三段号码为本地计算机的号码。如果用二进制表示 IP 地址，A 类 IP 地址就由 1 字节的网络地址和 3 字节的主机地址组成，网络地址的最高位必须是 0。A 类 IP 地址中网络的标识长度为 8 位，主机标识的长度为 24 位。A 类网络地址数量较少，有 126 个网络，每个网络可以容纳主机数达 1 600 多万台。

A 类 IP 地址的地址范围为 1.0.0.1 ～ 126.255.255.254（二进制表示为 00000001 00000000 00000000 00000001 ～ 01111111 11111111 11111111 11111110）。最后一个是广播地址。

2. B 类 IP 地址

一个 B 类 IP 地址是指在 IP 地址的四段号码中，前两段号码为网络号码。如果用二进制表示 IP 地址，B 类 IP 地址就由 2 字节的网络地址和 2 字节的主机地址组成，网络地址的最高位必须是 10。B 类 IP 地址中网络的标识长度为 16 位，主机标识的长度为 16 位。B 类网络地址适用于中等规模的网络，有 16 384 个网络，每个网络所能容纳的计算机数为 6 万多台。

B 类 IP 地址的地址范围为 128.0.0.1 ～ 191.255.255.254（二进制表示为 10000000 00000000 00000000 00000001 ～ 10111111 11111111 11111111 11111110）。最后一个是广播地址。

B 类 IP 地址的子网掩码为 255.255.0.0，每个网络支持的最大主机数为 $2^{16}-2=65\ 534$ 台。

3. C 类 IP 地址

一个 C 类 IP 地址是指在 IP 地址的四段号码中，前三段号码为网络号码，剩下的一段号码为本地计算机的号码。如果用二进制表示 IP 地址，C 类 IP 地址就由 3 字节的网络地址和 1 字节的主机地址组成，网络地址的最高位必须是 110。C 类 IP 地址中网络的标识长度为 24 位，主机标识的长度为 8 位。C 类网络地址数 量较多，有 209 万余个网络。C 类 IP 地址适用于小规模的局域网络，每个网络最多只能包含 254 台计算机。

C 类 IP 地址的地址范围为 192.0.0.1 ～ 223.255.255.254（二进制表示为 11000000 00000000 00000000 00000001 ～ 11011111 11111111 11111111 11111110）。

C 类 IP 地址的子网掩码为 255.255.255.0，每个网络支持的最大主机数为 256−2=254 台。

其中 A、B、C 三类（见表 3-1）由 Internet NIC 在全球范围内统一分配，D、E 类为特殊地址。

表 3-1　A、B、C 类地址范围

类　别	最大网络数	IP 地址范围	单个网段最大主机数	私有 IP 地址范围
A	126（2^7-2）	1.0.0.1 ~ 127.255.255.254	16 777 214	10.0.0.0 ~ 10.255.255.255
B	16 384（2^{14}）	128.0.0.1 ~ 191.255.255.254	65 534	172.16.0.0 ~ 172.31.255.255
C	2 097 152（2^{21}）	192.0.0.1 ~ 223.255.255.254	254	192.168.0.0 ~ 192.168.255.255

4. 特殊的地址

对于因特网 IP 地址中有特定的专用地址不作分配：

（1）主机地址全为 0。不论哪一类网络，主机地址全为 0 表示指向本网，常用在路由表中，一般称为网络地址。

（2）主机地址全为 1。主机地址全为 1 表示广播地址，向特定的所在网上的所有主机发送数据包。

（3）四字节 32 比特全为 1，若 IP 地址 4 字节 32 比特全为 1，一般称为有限广播地址，表示仅在本网内进行广播发送。

（4）网络号为 127 的所有地址。TCP/IP 协议规定网络号 127 不可用于任何网络，其中有一个特别地址 127.0.0.1，称为回送地址（Loopback），它将信息通过自身的接口发送后返回，可用来测试端口状态。

（5）私有地址：在 A 类地址中，10.0.0.0 ~ 10.255.255.255 是私有地址；在 B 类地址中，172.16.0.0 ~ 172.31.255.255 是私有地址；在 C 类地址中，192.168.0.0 ~ 192.168.255.255 是私有地址。可以通过“本地连接”查看到的本机地址，一般都是私有地址。如果想打开浏览器，在地址栏中输入 http://www.ip138.com，即可看到本机的公网地址。公网 IP 地址是在 Internet 使用的 IP 地址，而私有 IP 地址则是在局域网中使用的 IP 地址。

3.1.3　子网掩码

子网掩码（Subnet Mask）又称网络掩码、地址掩码、子网络遮罩，它是一种用来指明一个 IP 地址的哪些位标识的是主机所在的网络，以及哪些位标识的是主机地址的掩码。子网掩码不能单独存在，它必须结合 IP 地址一起使用。子网掩码的作用是将某个 IP 地址划分成网络地址和主机地址两部分。

RFC 950 定义了子网掩码的使用。子网掩码是一个 32 位的二进制数，其对应网络地址的所有位置都为 1，对应于主机地址的所有位置都为 0。

由此可知，A 类网络的默认子网掩码是 255.0.0.0，B 类网络的默认子网掩码是 255.255.0.0，C 类网络的默认子网掩码是 255.255.255.0。将子网掩码和 IP 地址按位进行逻辑与运算，得到 IP 地址的网络地址，剩下的部分就是主机地址，从而区分出任意 IP 地址中的网络地址和主机地址。

子网掩码常用点分十进制表示，还可以用 CIDR 的网络前缀法表示掩码，即“/< 网络地址位数 >;”。如 138.96.0.0/16 表示 B 类网络 138.96.0.0 的子网掩码为 255.255.0.0，即表示子网掩码有 16 个 1。常用的 IP 地址及子网掩码见表 3-2。

表 3-2　常用的 IP 地址及子网掩码

地 址 类 别	默认子网掩码	CIDR 表示法
A 类	255.0.0.0	/8
B 类	255.255.0.0	/16
C 类	255.255.255.0	/25

3.1.4　下一代互联网协议 IPv6

IPv6（“Internet Protocol version 6，互联网协议第 6 版）是互联网工程任务组（IETF）设计的用于替代 IPv4 的下一代 IP 协议。

IPv6 的使用，不仅能解决网络地址资源数量的问题，而且可以解决多种接入设备联入互联网的障碍。

1. 表示方法

IPv6 的地址长度为 128 位，IPv4 点分十进制格式不再适用，采用十六进制表示。IPv6 有三种表示方法。

（1）冒分十六进制表示法。格式为 X:X:X:X:X:X:X:X，其中每个 X 表示地址中的 16 位，以十六进制表示，例如：

ABCD:EF01:2345:6789:ABCD:EF01:2345:6789

这种表示法中，每个 X 的前导 0 是可以省略的，例如：

2001:0DB8:0000:0023:0008:0800:200C:417A → 2001:DB8:0:23:8:800:200C:417A

（2）0 位压缩表示法。在某些情况下，一个 IPv6 地址中间可能包含很长的一段 0，可以把连续的一段 0 压缩为“::”。但为保证地址解析的唯一性，地址中”::”只能出现一次，例如：

FF01:0:0:0:0:0:0:1101 → FF01::1101

0:0:0:0:0:0:0:1 → ::1

0:0:0:0:0:0:0:0 → ::

（3）内嵌 IPv4 地址表示法。为了实现 IPv4-IPv6 互通，IPv4 地址会嵌入 IPv6 地址中，此时地址常表示为 X:X:X:X:X:X:d.d.d.d，前 96 位采用冒分十六进制表示，而最后 32 位地址则使用 IPv4 的点分十进制表示，::192.168.0.1 与 ::FFFF:192.168.0.1 就是两个典型的例子，注意在前 96 位中，压缩 0 位的方法依旧适用。

2. 报文内容

IPv6 报文的整体结构分为 IPv6 报头、扩展报头和上层协议数据三部分。IPv6 报头是必选报文头部，长度固定为 40 B，包含该报文的基本信息；扩展报头是可选报头，可能存在 0 个、1 个或多个，IPv6 协议通过扩展报头实现各种丰富的功能；上层协议数据是该 IPv6 报文携带的上层数据，可能是 ICMPv6 报文、TCP 报文、UDP 报文或其他报文。

3. 地址类型

IPv6 协议主要定义了三种地址类型：单播地址（Unicast Address）、组播地址（Multicast Address）和任播地址（Anycast Address）。与 IPv4 地址相比，IPv6 新增了“任播地址”类型，取消了原来 IPv4 地址中的广播地址，因为在 IPv6 中的广播功能是通过组播来完成的。

IPv6 地址类型是由地址前缀部分来确定，主要地址类型与地址前缀的对应关系见表 3-3。

表 3-3　IPv6 地址主要地址类型与地址前缀的对应关系

地 址 类 型		地址前缀（二进制）	IPv6 前缀标识
单播地址	未指定地址	00…0(128 位)	::/128
	环回地址	00…1(128 位)	::1/128
	链路本地地址	1111111010	FE80::/10
	唯一本地地址	1111 110	FC00::/7（包括 FD00::/8 和不常用的 FC00::/8）
	站点本地地址（已弃用，被唯一本地地址代替）	1111111011	FEC0::/10
	全局单播地址	其他形式	—
组播地址	—	11111111	FF00::/8
任播地址	—	从单播地址空间中进行分配，使用单播地址的格式	

（1）单播地址：用来唯一标识一个接口，类似于 IPv4 中的单播地址。发送到单播地址的数据报文将被传送给此地址所标识的一个接口。

IPv6 单播地址与 IPv4 单播地址一样，都只标识了一个接口。为了适应负载平衡系统，RFC 3513 允许多个接口使用同一个地址，只要这些接口作为主机上实现的 IPv6 的单个接口出现。单播地址包括四个类型：全局单播地址、本地单播地址、兼容性地址、特殊地址。

① 全局单播地址。等同于 IPv4 中的公网地址，可以在 IPv6 Internet 上进行全局路由和访问。这种地址类型允许路由前缀的聚合，从而限制了全球路由表项的数量。

② 本地单播地址。链路本地地址和唯一本地地址都属于本地单播地址，在 IPv6 中，本地单播地址就是指本地网络使用的单播地址，也就是 IPv4 地址中局域网专用地址。每个接口上至少要有一个链路本地单播地址，另外还可分配任何类型（单播、任播和组播）或范围的 IPv6 地址。

链路本地地址（FE80::/10）仅用于单个链路（链路层不能跨 VLAN），不能在不同子网中路由。节点使用链路本地地址与同一个链路上的相邻节点进行通信。例如，在没有路由器的单链路 IPv6 网络上，主机使用链路本地地址与该链路上的其他主机进行通信。

唯一本地地址（FC00::/7）是本地全局的，应用于本地通信，但不通过 Internet 路由，将其范围限制为组织的边界。

站点本地地址（FEC0::/10 在新标准中已被唯一本地地址代替。

③ 兼容性地址。在 IPv6 的转换机制中还包括了一种通过 IPv4 路由接口以隧道方式动态传递 IPv6 包的技术。这样的 IPv6 节点会被分配一个在低 32 位中带有全球 IPv4 单播地址的 IPv6 全局单播地址。另有一种嵌入 IPv4 的 IPv6 地址，用于局域网内部，这类地址用于把 IPv4 节点当作 IPv6 节点。此外，还有一种称为 6to4 的 IPv6 地址，用于在两个通过 Internet 同时运行 IPv4 和 IPv6 的节点之间进行通信。

④ 特殊地址。包括未指定地址和环回地址。未指定地址（0:0:0:0:0:0:0:0 或 ::）仅用于表示某个地址不存在。它等价于 IPv4 未指定地址 0.0.0.0。未指定地址通常被用作尝试验证暂定地址唯一性数据包的源地址，并且永远不会指派给某个接口或被用作目标地址。环回地址（0:0:0:0:0:0:0:1 或 ::1）用于标识环回接口，允许节点将数据包发送给自己。它等价于 IPv4 环回地址 127.0.0.1。

发送到环回地址的数据包永远不会发送给某个链接，也永远不会通过 IPv6 路由器转发。

(2)组播地址:用来标识一组接口(通常这组接口属于不同的节点),类似于 IPv4 中的组播地址。发送到组播地址的数据报文被传送给此地址所标识的所有接口。

IPv6 组播地址可识别多个接口，对应于一组接口的地址（通常分属不同节点）。发送到组播地址的数据包被送到由该地址标识的每个接口。使用适当的组播路由拓扑，将向组播地址发送的数据包发送给该地址识别的所有接口。任意位置的 IPv6 节点可以侦听任意 IPv6 组播地址上的组播通信。IPv6 节点可以同时侦听多个组播地址，也可以随时加入或离开组播组。

IPv6 组播地址的最明显特征就是最高的 8 位固定为 1111 1111。IPv6 地址很容易区分组播地址，因为它总是以 FF 开始的。

(3) 任播地址：用来标识一组接口（通常这组接口属于不同的节点）。发送到任播地址的数据报文被传送给此地址所标识的一组接口中距离源节点最近（根据使用的路由协议进行度量）的一个接口。

一个 IPv6 任播地址与组播地址一样也可以识别多个接口，对应一组接口的地址。大多数情况下，这些接口属于不同的节点。但是，与组播地址不同的是，发送到任播地址的数据包被送到由该地址标识的其中一个接口。

通过合适的路由拓扑，目的地址为任播地址的数据包将被发送到单个接口（该地址识别的最近接口,最近接口定义的根据是因为路由距离最近),而组播地址用于一对多通信,发送到多个接口。一个任播地址必须不能用作 IPv6 数据包的源地址；也不能分配给 IPv6 主机，仅可以分配给 IPv6 路由器。

IPv6 解决了 IPv4 存在下述问题：

① 扩展寻址（从 32 位扩展到 128 位）和路由选择能力。

② 包头格式的简化。

③ 服务功能的质量。

④ 安全性和保密性。

⑤ 可完美兼容 IPv4。

3.2　网　关

网关（Gateway）又称网间连接器、协议转换器，网关在网络层以上实现网络互联，是最复杂的网络互联设备，仅用于两个高层协议不同的网络互联。网关既可以用于广域网互联，也可以用于局域网互联。网关是一种充当转换重任的计算机系统或设备，其使用在不同的通信协议、数据格式或语言中，甚至是体系结构完全不同的两种系统之间，充当翻译器。相比网桥只是简单地传达信息不同，网关对收到的信息要重新打包，以适应目的系统的需求。

众所周知，从一个房间走到另一个房间，必然要经过一扇门。同样，从一个网络向另一个网络发送信息，也必须经过一道“关口”，这道关口就是网关。网关就是一个网络连接到另一个网络的“关口”，也就是网络关卡。本节所讲的“网关”均指 TCP/IP 协议下的网关。

那么，网关到底是什么呢？网关实质上是一个网络通向其他网络的 IP 地址。比如，有网络 A 和网络 B，网络 A 的 IP 地址范围为 192.168.1.1 ～ 192.168.1.254，子网掩码为 255.255.255.O；网络 B 的 IP 地址范围为“192.168.2.1 ～ 192.168.2.254，子网掩码为 255.255.255.0。在没有路由器的情况下，两个网络之间是不能进行 TCP/IP 通信的，即使是两个网络连接在同一台交换机（或集线器）上，TCP/IP 也会根据子网掩码（255.255.255.0）计算出两个子网的网络号，从而判定两个网络中的主机处在不同的网络里。要实现这两个网络之间的通信，则必须通过网关。如果网络 A 中的主机发现数据包的目的主机不在本地网络中，就会把数据包转发给它自己的网关 A:192.168.1.1，由网关 A 转发给网络 B 的网关 B:192.168.2.1，网关 B 再将该数据包转发到网络 B 中的目的主机（图 3-4 所示为网络 A 向网络 B 转发数据包的过程）。

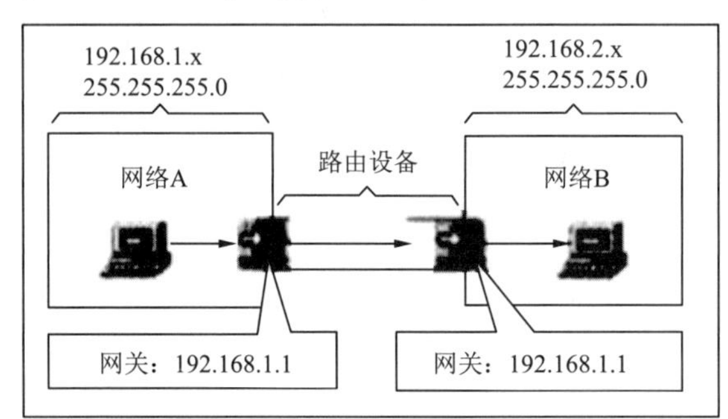

图 3-4　网关

只有设置好网关的 IP 地址，TCP/IP 协议才能实现不同网络之间的相互通信。那么，这个 IP 地址是哪台机器的 IP 地址呢？网关的 IP 地址是具有路由功能的设备的 IP 地址，具有路由功能的设备有路由器、启用了路由协议的服务器（实质上相当于一台路由器）、代理服务器（也相当于一台路由器）。

实验 2　TCP/IP 属性设置与测试

实验学时：

2 学时。

实验目的：

（1）通过实验学习局域网接入 Internet 时的 TCP/IP 属性的设置。

（2）掌握 ping、ipconfig 等命令的使用。

（3）熟悉使用相关命令测试和验证 TCP/IP 配置的正确性及网络的连通性。

实验要求：

（1）设备要求：计算机两台以上（装有 Windows 7/10 操作系统、装有网卡已联网）。

（2）分组要求：两人一组，合作完成。

实验内容与实验步骤：

本实验指导在 Windows 10 系统中完成。

1. TCP/IP 属性设置连入局域网

（1）单击“开始”菜单，如图 3-5 所示，单击“设置”打开“Windows 设置”页面，如图 3-6 所示。

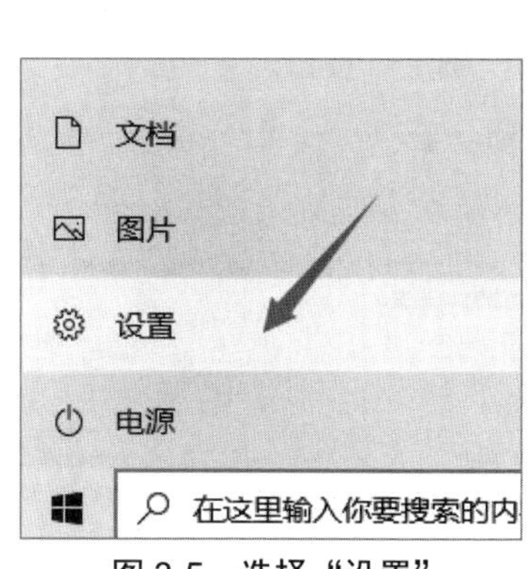

图 3-5　选择“设置”

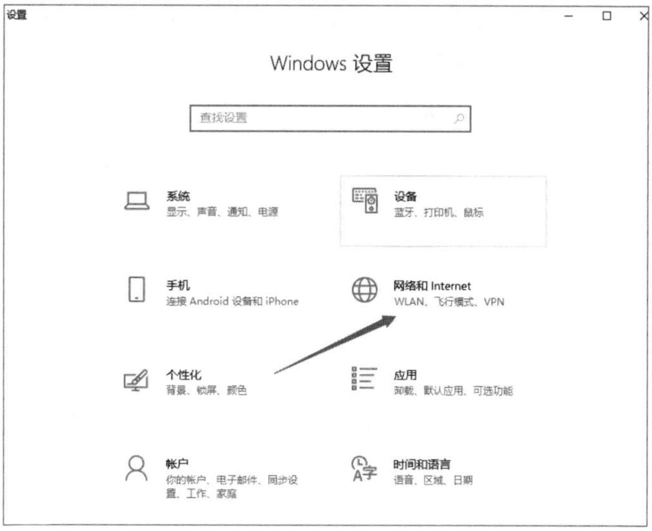

图 3-6　“Windows 设置”界面

（2）在“Windows 设置”界面中选择“网络和 Internet”，进入网络和 Internet“设置”界面，如图 3-7 所示；选择“更改适配器选项”，如图 3-8 所示；

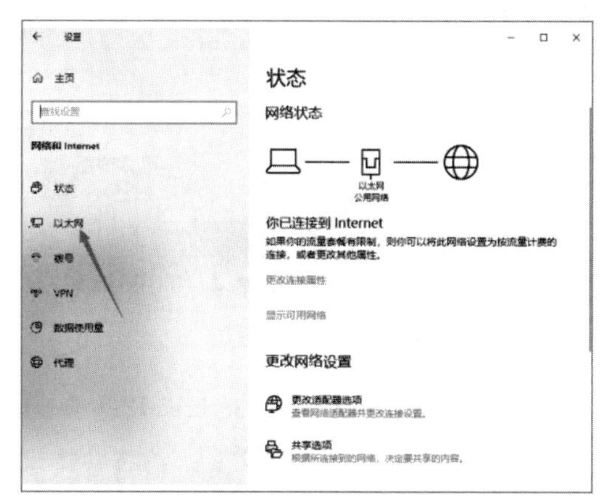

图 3-7　网络和 Internet“设置”界面

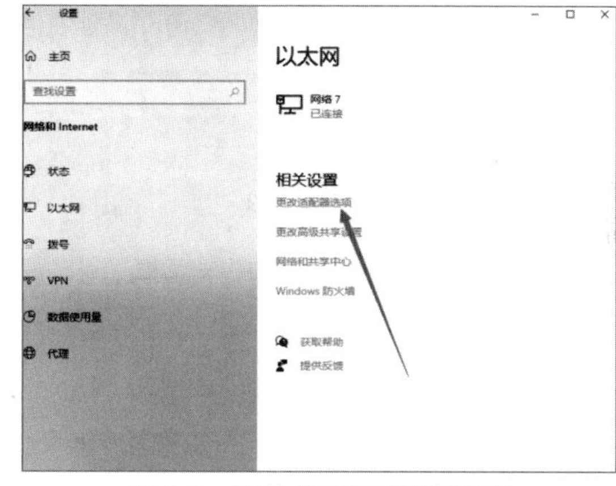

图 3-8　选择“更改适配器选项”

（3）单击进入“网络连接”窗口，选择“以太网”网卡，如图 3-9 所示。

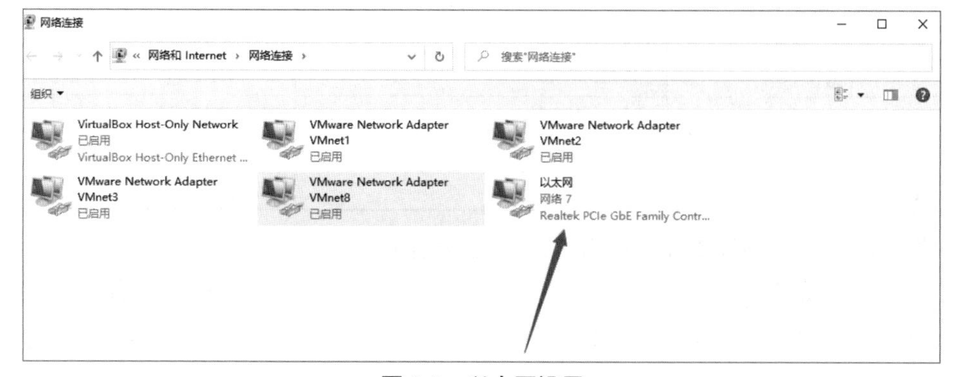

图 3-9　以太网设置

（4）右击“以太网”网卡，在弹出的快捷菜单中选择“属性”命令，弹出“以太网 属性”对话框，如图 3-10 所示。

（5）选择“Internet 协议版本 4（TCP/IPv4）”，单击“属性”按钮，弹出“Internet 协议版本 4（TCP/IPv4）属性”对话框，如图 3-11 所示。选择“使用下面的 IP 地址”单选按钮，配置本机的 IP 地址和子网掩码、默认网关和 DNS 服务器。配置完后，单击“确定”按钮。

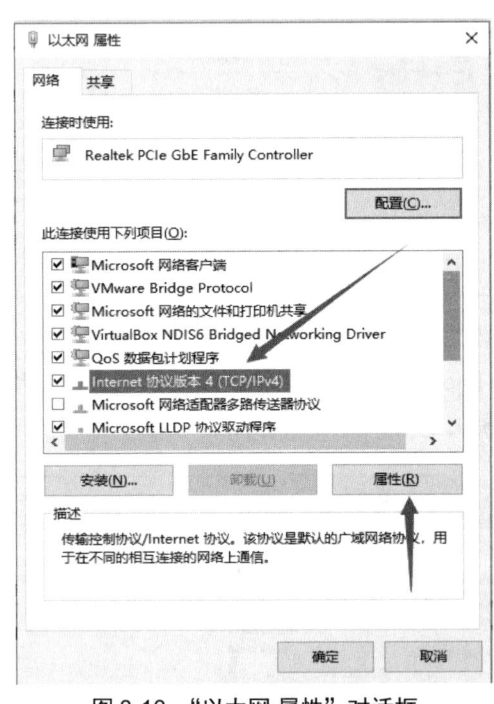

图 3-10 “以太网 属性”对话框

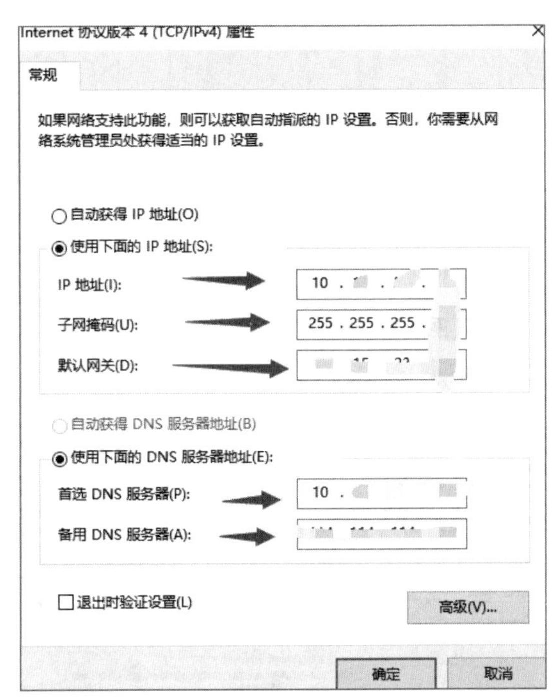

图 3-11 “Internet 协议版本 4（TCP/IPv4）属性”对话框

注意：本实验需要提前规划各计算机的 IP 地址，且网络中每台计算机的 IP 地址必须是唯一的。本实验以 172.16.20.100 为例，具体实践中可根据实验室的具体 IP 情况进行设置。请将具体设置情况记录到表 3-4（这里是假定情况，仅供参考）。

表 3-4 两台主机（TCP/IP）属性设置

属　性	主 机 1	主 机 2
IP 地址	192.168.10.10	192.168.10.20
子网掩码	255.255.255.0	255.255.255.0
默认网关	192.168.10.254	192.168.10.254
首选 DNS 服务器	192.168.20.2	192.168.20.2
备用 DNS 服务器	202.96.68.128	202.96.68.128

2. 使用 ipconfig 命令查看和验证 TCP/IP 属性设置值

（1）单击“开始”按钮，选择“运行”命令，输入 cmd 命令，然后按【Enter】键，输入 ipconfig 命令。将具体的选项情况记录到表 3-5。

表 3-5 两台主机（TCP/IP）属性设置验证

属 性	主 机 1	主 机 2
物理地址	E8-4E-06-19-8B-FC	00-E0-4C-81-08-A5
IP 地址	192.168.10.10	192.168.10.20
子网掩码	255.255.255.0	255.255.255.0
默认网关	192.168.10.254	192.168.10.254
首选 DNS 服务器	192.168.20.2	192.168.20.2
备用 DNS 服务器	202.96.68.128	202.96.68.128

（2）检查选项是否和设置相同（可对照表 3-4 和表 3-5），若不同则需重新设置。

3. 将 TCP/IP 属性值设置设置为自动获取（教师搭建一台 DHCP 服务器）

将两台主机的 IP 地址和 DNS 设置为自动获取，在命令提示符窗口查看当前地址信息。将具体信息填写到表 3-6（根据实际情况填写）。

表 3-6 主机（TCP/IP）属性自动获取设置情况

属 性	主 机 1	主 机 2
物理地址		
IP 地址		
子网掩码		
默认网关		
首选 DNS 服务器		
备用 DNS 服务器		

4. 使用 ping 命令测试网络连通性

使用 ping 命令测试网络连通性，将相关数据记录到表 3-7。根据数据分析网络的连通性（根据实际测试结果填写，除最后一项外应该都可以连通）。

表 3-7 网络连通性测试

ping	主 机 1	主 机 2
127.0.0.1	√	√
本机 IP	√	√
同组成员 IP	√	√
默认网关 IP	√	√
DNS 服务器 IP	√	√
localhost	√	√
www.sise.com.cn	×	×
网络连通性结论	网络连接正常，最后一项不能通过，可能是 WWW 服务器安装有防火墙，阻止用户进行 pingX 测试	

习　题

一、填空题

1. IP 广播有两种形式，一种是________，另一种是________。

2. IP 地址由________个二进制位构成，其组成结构为________。________类地址用前 8 位作为网络地址，后 24 位作为主机地址；B 类地址用________位作为网络地址后 16 位作为主机地址；C 类网络的最大主机数为________。

二、选择题

1. 在 Windows 操作系统的客户端可以通过（　　）命令查看 DHCP 服务器分配给本机的 IP 地址。

A. config　　B. ifconfig　　C. ipconfig　　D. route

2. 若用 ping 命令来测试本机是否安装了 TCP/IP 协议，则正确的命令是（　　）。

A. ping 127.0.0.0　　B. ping 127.0.0.1　　C. ping 127.0.1.1　　D. ping 127.1.1.1

3. 在 Windows 中，ping 命令的 -n 选项表示（　　）。

A. ping 的次数　　B. ping 的网络号

C. 数字形式显示结果　　D. 不要重复，只 ping 一次

4. 当 A 类网络地址 34.0.0.0 使用八个二进制位作为子网地址时，它的子网掩码为（　　）。

A. 255.0.0.0　　B. 255.255.0.0　　C. 255.255.255.0　　D. 255.255.255.255

5. IP 地址是一个 32 位的二进制数，它通常采用点分（　　）表示。

A. 二进制数　　B. 八进制数　　C. 十进制数　　D. 十六进制数

6. 255.255.255.255 地址称为（　　）。

A. 有限广播地址　　B. 直接广播地址　　C. 回送地址　　D. 预留地址

7. 以下 IP 地址中，属于 C 类地址的是（　　）。

A. 3.3.57.0　　B. 193.1.1.2　　C. 131.107.2.89　　D. 190.1.1.4

8. IP 地址 129.66.51.37 中表示网络号的是（　　）。

A. 129.66　　B. 129　　C. 129.66.51　　D. 37

9. 按照 TCP/IP 协议，接入 Internet 的每一台计算机都有唯一的地址标识，这个地址标识为（　　）。

A. 主机地址　　B. 网络地址　　C. IP 地址　　D. 端口地址

10. IP 地址 205.140.36.88 中表示主机号的是（　　）。

A. 205　　B. 205.104　　C. 88　　D. 36.88

11. 若 IP 地址为 172.16. 101.20，子网掩码为 255.255.255.0，则该 IP 地址中，网络地址占前（　　）位。

A. 19　　B. 21　　C. 20

D. 22　　E. 24　　F. 23

12. 有限广播是将广播限制在最小的范围内 . 该范围是（　　）。

A. 整个网络　　B. 本网络内　　C. 本子网内　　D. 本主机

13. 网络号在 IP 地址中起的作用是（　　）。

A. 它规定了主机所属的网络

B. 它规定了网络上计算机的身份

C. 它规定了网络上的哪个节点正在被寻址

D. 它规定了设备可以与哪些网络进行通信

14. 以下地址中不是子网掩码的是（　　）。

A. 255.255.255.0　　B. 255.255.0.0　　C. 255.241.0.0　　D. 255.255.254.0

15. 假设一个主机的 IP 地址为 192.168.5.121，而子网掩码为 255.255.255.248，那么该主机的网络号是（　　）。

A. 192.168.5.12　　B. 192.168.5.121　　C. 192.168.5.120　　D. 192.168.5.32

16. 网络 123.10.0.0（掩码为 255.255.0.0）的广播地址是（　　）。

A. 123.255.255.255　　B. 123.10.255.255

C. 123.13.0.0　　D. 123.1.1.1

17. 一个标准 B 类地址 129.219.51.18 中代表网络的是（　　）。

A. 129.219　　B. 129　　C. 14.1　　D. 1

三、思考题

某人配置“Internet 协议版本 4（TCP/IPv4）属性”以后，使用 ipconfig 命令验证配置的选项，其结果如图 3-12 所示，IP 地址和子网掩码选项分别是 0.0.0.0。分析可能导致这种情况的原因，并解决这个问题。

```
C:\>ipconfig/all

Windows IP Configuration

        Host Name . . . . . . . . . . . . : hr-75d67fa21b83
        Primary Dns Suffix  . . . . . . . :
        Node Type . . . . . . . . . . . . : Hybrid
        IP Routing Enabled. . . . . . . . : No
        WINS Proxy Enabled. . . . . . . . : No

Ethernet adapter 本地连接:

        Connection-specific DNS Suffix  . :
        Description . . . . . . . . . . . : Intel(R) PRO/100 VE Network Connecti
on
        Physical Address. . . . . . . . . : 00-11-11-13-45-78
        Dhcp Enabled. . . . . . . . . . . : No
        IP Address. . . . . . . . . . . . : 0.0.0.0
        Subnet Mask . . . . . . . . . . . : 0.0.0.0
        Default Gateway . . . . . . . . . :
        DNS Servers . . . . . . . . . . . : 172.16.2.1
                                            202.96.68.128

C:\>
```

图 3-12　使用 ipconfig 命令查看配置结果

项目 4

常用网络测试命令应用

项目导读

随着网络应用的日益广泛，计算机或各种网络设备出现故障在所难免。网络管理员除了使用各种硬件检测设备和测试工具之外，还可利用操作系统本身内置的一些网络命令，对所在的网络进行故障检测和维护。对于普通用户而言，掌握常用测试命令可以快速有效地排除一些简单的网络故障。本项目主要介绍常用网络测试命令 ipconfig、ping、tracert、netstat、arp 等的功能及应用。

通过对本项目的学习，可以实现下列目标。

◎了解：ipconfig、ping、tracert、netstat、arp 等命令的作用。

◎熟悉：ipconfig、ping、tracert、netstat、arp 等命令的使用方法。

◎掌握：基本的网络故障排除方法。

4.1 常用协议

网络协议是计算机网络通信的三要素之一。在使用计算机上网时，经常会碰到各种各样的网络故障，因此了解和掌握命令有助于更快地检测到网络故障，从而节省时间，提高效率，而这些命令的使用与网络协议的原理有着密不可分的关系。

4.1.1 TCP/UDP 协议

TCP 协议和 UDP 协议是传输层中最重要的两个协议。TCP 是一种面向连接的、端到端的、可靠的数据包传送协议，可将一台主机的字节流无差错地传送到目的主机。UDP 则不为主机提供可靠性、流量控制或差错恢复功能，它是不可靠的无连接协议，不要求分组顺序到达目的地。

1. TCP 报文段格式

TCP 报文段格式如图 4-1 所示。

（1）源端口号和目的端口号：各占 16 位，标识发送端和接收端的应用进程。1024 以下的端口号称为知名端口，它们被保留用于一些标准的服务。

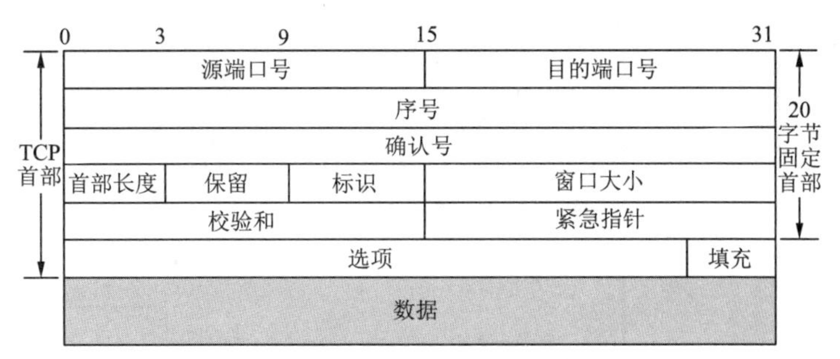

图 4-1 TCP 报文段格式

（2）序号：占 32 位，所发送的消息的第一字节的序号，用以标识从 TCP 发送端和 TCP 接收端发送的数据字节流。

（3）确认号：占 32 位，期望收到对方的下一个消息第一字节的序号。只有在“标识”字段中的 ACK 位设置为 1 时，此序号才有效。

（4）首部长度：占 4 位，以 32 位为计算单位的 TCP 报文段首部的长度。

（5）保留：占 6 位，为将来的应用而保留，目前置为 0。

（6）标识：占 6 位，有 6 个标识位（以下是设置为 1 时的意义）。

① 紧急位（URG）：紧急指针有效。

② 确认位（ACK）：确认号有效。

③ 急迫位（PSH）：接收方收到数据后，立即送往应用程序。

④ 复位位（RST）：复位由于主机崩溃或其他原因导致的错误连接。

⑤ 同步位（SYN）：SYN=1、ACK=0 表示连接请求消息，SYN=1、ACK=1 表示同意建立连接消息。

⑥ 终止位（FIN）：表示数据已发送完毕，要求释放连接。

（7）窗口大小：占 16 位，滑动窗口协议中的窗口大小。

（8）校验和：占 16 位，对 TCP 报文段首部和 TCP 数据部分的校验。

（9）紧急指针：占 16 位，当前序号到紧急数据位置的偏移量。

（10）选项：用于提供一种增加额外设置的方法，如连接建立时，双方说明最大的负载能力。

（11）填充：当“选项”字段长度不足 32 位时，需要加以填充。

（12）数据：来自高层（即应用层）的协议数据。

2. 三次握手机制

三次握手机制如图 4-2 所示。

3. 滑动窗口协议

报文 1、2、3 已发送且确认；报文 4、5 已发送，但至少报文 4 未确认。假如报文 5 先确认，报文 4 后确认，后面的报文还未确认，则窗口一次向前滑动两个位置。报文 4 确认之前，窗口是不能滑动的，报文 4 确认后窗口立即滑动，如图 4-3 所示。

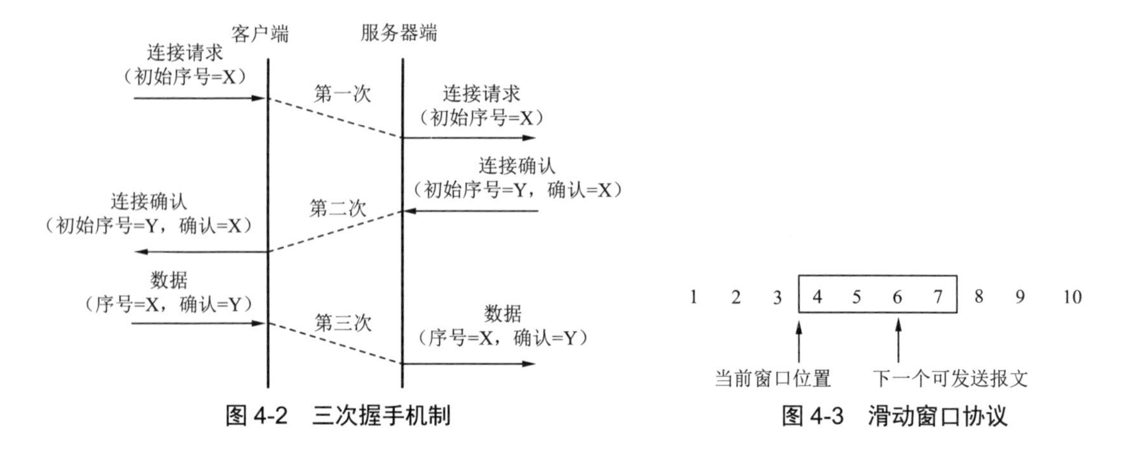

图 4-2　三次握手机制　　图 4-3　滑动窗口协议

4. 确认与重传机制

TCP 建立在一个不可靠的虚拟通信系统上，数据的丢失可能经常发生，一般发送方利用重传技术补偿数据包的丢失。

接收方正确接收数据包时，要回复一个确认信息给发送方；而发送方发送数据时启动一个定时器，在定时器超时之前，如果没有收到确认信息，则重新传送该数据。

5. UDP 数据报格式

UDP 数据报格式如图 4-4 所示。

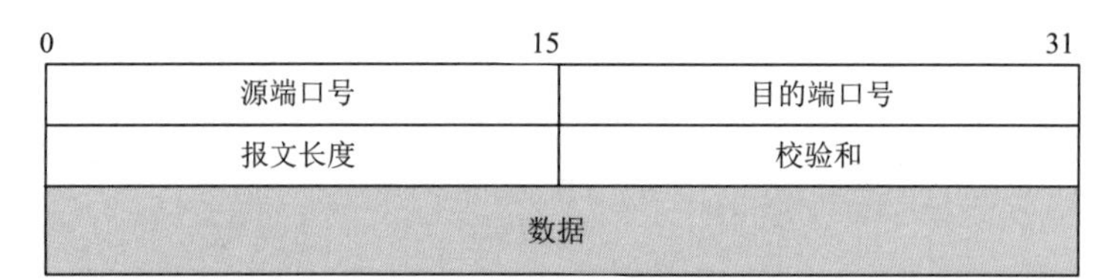

图 4-4　UDP 数据报格式

（1）源端口号和目的端口号：标识发送端和接收端的应用进程。

（2）报文长度：包括 UDP 报头和数据在内的报文长度值，以字节为单位，最小为 8。

（3）校验和：计算对象包括伪协议头、UDP 报头和数据。校验和为可选字段，如果该字段设置为 0，则表示发送者没有为该 UDP 数据报提供校验和。

6. TCP/UDP 端口

常见的 TCP/UDP 端口见表 4-1。

表 4-1　常见的 TCP/UDP 端口

TCP 端口号		UDP 端口号	
端　口　号	服　　务	端　口　号	服　　务
0	保留	0	保留
20	FTP-data	49	Login
21	FTP-command	53	DNS
23	Telnet	69	TFTP
25	SMTP	80	WWW

续表

TCP端口号		UDP端口号	
端　口　号	服　　务	端　口　号	服　　务
53	DNS	88	Kerberos
79	Finger	110	POP3
80	WWW	161	SNMP
88	Kerberos	213	IPX
139	NetBIOS	2049	NFS
443	S-HTTP	443	S-HTTP

4.1.2　ARP和RARP协议

ARP（Address Resolution Protocol，地址解析协议）实现通过IP地址得知其MAC地址。在以太网协议中规定，同一局域网中的一台主机要和另一台主机进行直接通信，必须要知道目标主机的MAC地址。

1. ARP的工作原理

在每台安装有TCP/IP协议的计算机中都有一个ARP缓存表，表里的IP地址与MAC地址是一一对应的。

以主机A（192.168.1.5）向主机B（192.168.1.1）发送数据为例。

（1）当发送数据时，主机A会在自己的ARP缓存表中寻找是否有目标IP地址。

（2）如果找到了，也就知道了目标MAC地址，直接把目标MAC地址写入帧里面，就可以发送了。

（3）如果在ARP缓存表中没有找到目标IP地址，主机A就会在网络上发送一个广播："我是192.168.1.5，我的MAC地址是00-aa-00-66-d8-13，请问IP地址为192.168.1.1的MAC地址是什么？"

（4）网络上其他主机并不响应ARP询问，只有主机B接收到这个帧时，才向主机A做出这样的回应："192.168.1.1的MAC地址是00-aa-00-62-c6-09"。

（5）这样，主机A就知道了主机B的MAC地址，它就可以向主机B发送信息了。

（6）主机A和B还同时都更新了自己的ARP缓存表（因为A在询问的时候把自己的IP和MAC地址一起告诉了B），下次A再向主机B或者B向A发送信息时，直接从各自的ARP缓存表里查找即可。

（7）ARP缓存表采用了老化机制（即设置了生存时间TTL），在一段时间内（一般为15～20 min）如果表中的某一行内容（IP地址与MAC地址的映射关系）没有被使用过，该行内容就会被删除，这样可以大大减短ARP缓存表的长度，加快查询速度。

2. RARP的工作原理

如果某站点被初始化后，只有自己的物理地址（MAC地址）而没有IP地址，则它可以通过RARP(Reverse Address Resolution Protocol,反向地址解析协议)发出广播请求,征询自己的IP地址，RARP服务器负责回答。

RARP 广泛用于无盘工作站获取 IP 地址。

RARP 的工作原理：

（1）源主机发送一个本地的 RARP 广播，在此广播包中，声明自己的 MAC 地址并且请求任何收到此请求的 RARP 服务器分配一个 IP 地址。

（2）本地网段上的 RARP 服务器收到此请求后，检查其 RARP 列表，查找该 MAC 地址对应的 IP 地址。

（3）如果存在，RARP 服务器就向源主机发送一个响应数据包，并将此 IP 地址提供给源主机使用。

（4）如果不存在，RARP 服务器对此不做任何响应。

（5）如果源主机收到 RARP 服务器的响应信息，就利用得到的 IP 地址进行通信；如果一直没有收到 RARP 服务器的响应信息，表示初始化失败。

4.1.3 ICMP 协议

在任何网络体系结构中，控制功能是必不可少的。网络层使用的控制协议是 ICMP（Internet Control Message Protocol，网际控制报文协议）。ICMP 不仅用于传输控制报文，还用于传输差错报文。实际上，ICMP 报文是作为 IP 数据报的数据部分而传输的，如图 4-5 所示。

图 4-5　ICMP 报文

1. ICMP 差错报文

ICMP 作为网络层的差错报文传输机制，最基本功能是提供差错报告。

（1）ICMP 差错报告的特点：

① 差错报告不享受特别优先权和可靠性，作为一般数据传输。在传输过程中，它有可能丢失、损坏或被丢弃。

② ICMP 差错报告数据中，除包含故障 IP 数据报报头外，还包含故障 IP 数据报报区的前 64 位数据。通常，利用这 64 位数据可以了解高层协议（如 TCP 协议）的重要信息。

③ ICMP 差错报告是伴随着丢弃出错 IP 数据报而产生的。IP 软件一旦发现传输错误，它首先把出错报文丢弃，然后调用 ICMP 向源主机报告差错信息。

（2）ICMP 差错报告包括目的地不可达报告、超时报告、参数出错报告等。

① 目的地不可达报告。路由器的主要功能是进行 IP 数据报的路由选择和转发，但是路由器的路由选择和转发并不是总能成功的。

在路由选择和转发出现错误的情况下，路由器便发出目的地不可达报告。目的地不可达可以分为网络不可达、主机不可达、协议不可达、端口不可达等多种情况。

② 超时报告。如果路由器发现当前数据报的生存时间（Time To Live，TTL）已减为 0，则该路由器将丢弃该数据报，并且向源主机发送一个 ICMP 超时差错报告，通知源主机该数据报已被丢弃。

③ 参数出错报告。路由器或目的主机在处理收到的数据报时，如果发现报头参数中存在无法

继续完成处理任务的错误，则将该丢弃该数据报，并向源主机发送参数出错报告，指出可能出现错误的参数位置。

2. ICMP 控制报文

ICMP 控制报文包括拥塞控制和路由控制两部分。

（1）拥塞控制与源抑制报文。所谓拥塞,就是路由器被大量涌入的 IP 数据报“淹没”的现象，其原因主要有：

① 路由器处理速度慢，不能完成 IP 数据报排队等日常工作。

② 路由器传入数据速率大于传出速率。

为控制拥塞，IP 软件采用“源站抑制”技术。路由器对每个接口进行监视，一旦发现拥塞，立即向相应源主机发送 ICMP 源抑制报文，请求源主机降低发送 IP 数据报的速率。

发送抑制报文的方式有三种：

① 如果路由器的某输出队列已满，在缓冲区空出之前，该队列将抛弃新来的 IP 数据报。每抛弃一个数据报，路由器就向该数据报的源主机发送一个 ICMP 源抑制报文。

② 为路由器的输出队列设定一个阈值，当队列中的数据报积累到一定数量，超过阈值后，如果再有新的数据报到来，路由器就向数据报的源主机发送 ICMP 源抑制报文。

③ 更为复杂的源站抑制技术是有选择地抑制 IP 数据报发送速率较高的源主机。

什么时候解除拥塞，路由器不通知源主机，源主机根据当前一段时间内是否收到 ICMP 源抑制报文自主决定。

（2）路由控制与重定向报文。在 IP 互联网中，主机可以在传输数据的过程中不断从相邻的路由器获得新的路由信息。通常，主机在启动时具有一定的路由信息，但路径不一定是最优的。路由器一旦检测到某 IP 数据报经非优路径传输，它一方面继续将该数据报转发出去，另一方面将向源主机发送一个重定向 ICMP 报文，通知源主机到达相应目的主机的最优路径。

ICMP 重定向报文的优点是保证主机拥有一个动态的、既小且优的路由表。

3. ICMP 回应请求与应答报文

为便于进行故障诊断和网络控制，可利用 ICMP 回应请求与应答报文来获取某些有用的信息。

（1）回应请求与应答报文：用于测试目的主机或路由器的可达性。请求者向特定目的 IP 地址发送一个包含任选数据区的回应请求，当目的主机或路由器收到该请求后，返回相应的回应应答。

如果请求者收到一个成功的应答，则说明传输路径以及数据传输正常。

（2）时间戳请求与应答报文:利用该请求与应答报文,可以从其他机器获得其时钟的当前时间，经估算后再同步时钟。

（3）掩码请求与应答报文：当主机不知道自己所在网络的子网掩码时，可向路由器发送掩码请求报文，路由器收到请求后发回掩码应答报文，告知主机所在网络的子网掩码。

4.2 常用网络测试命令

在使用计算机上网时，经常会碰到各种各样的网络故障，了解和掌握命令有助于更快地检测到网络故障，从而节省时间，提高效率。

4.2.1 ipconfig 命令

ipconfig 实用程序可用于显示当前的 TCP/IP 配置的设置值（如 IP 地址、网关、子网掩码等），这些信息一般用来检验人工配置的 TCP/IP 设置是否正确。而且，如果计算机和所在的局域网使用了动态主机配置协议 DHCP，那么使用 ipconfig 命令可以了解到计算机是否成功地租用了一个 IP 地址。如果已经租用到，则可以了解它目前得到的是什么地址，包括 IP 地址、子网掩码和默认网关等网络配置信息。

下面给出最常用的选项：

（1）ipconfig：当使用不带任何参数选项的 ipconfig 命令时，可显示每个已经配置了的接口的 IP 地址，子网掩码和默认网关值。

（2）ipconfig/all：当使用 all 选项时，ipconfig 能为 DNS 和 WINS 服务器显示它已配置且所有使用的附加信息，并且能够显示内置于本地网卡中的 MAC 地址。如果 IP 地址是从 DHCP 服务器租用的，那么 ipconfig 命令将显示 DHCP 服务器分配的 IP 地址和租用地址预计失效的日期。图 4-6 为运行 ipconfig/all 命令的结果窗口。

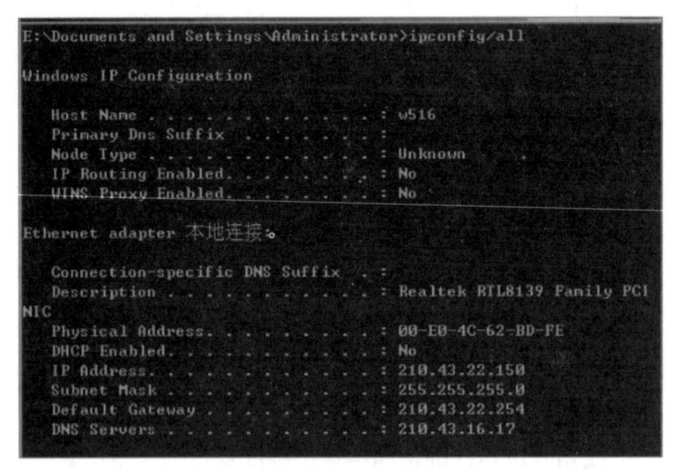

图 4-6　ipconfig 命令

（3）ipconfig/release 和 ipconfig/renew：这两个附加选项，只能在向 DHCP 服务器租用 IP 地址的计算机使用。如果输入 ipconfig/release 命令，那么该主机租用的 IP 地址便重新交付给 DHCP 服务器（归还 IP 地址）；如果用户输入 ipconfig/renew 命令，那么该主机便设法与 DHCP 服务器取得联系，并租用一个 IP 地址。大多数情况下，网卡将被重新赋予和以前所赋予的相同的 IP 地址。

（4）ipconfig/? 用于显示帮助。

4.2.2　ping 命令

ping 命令使用频率极高，主要用于确定网络的连通性，是利用回应请求 / 应答 ICMP 报文来测试目的主机或路由器的可达性的。这对确定网络是否正确连接，以及网络连接的状况十分有用。如果 ping 运行正确，大体上就可以排除网络访问层、网卡、Modem 的输入 / 输出线路、电缆和路由器等存在的故障，从而缩小问题的范围。

通过执行 ping 命令可获得如下信息：

① 监测网络的连通性，检验与远程计算机或本地计算机的连接。

② 确定是否有数据报被丢失、复制或重传。ping 命令在所发送的数据报中设置唯一的序列号（Sequence Number），以此检查其接收到应答报文的序列号。

③ ping 命令在其所发送的数据报中设置时间戳（Timestamp），根据返回的时间戳信息可以计算数据包交换的时间，即 RTT（Round Trip Time）。

④ ping 命令校验每一个收到的数据报，据此可以确定数据报是否损坏。

ping 能够以毫秒为单位显示发送请求到返回应答之间的时间量。如果应答时间短，表示数据不必通过太多的路由器或网络，连接速度比较快。

1. 命令格式

```
ping [-t][-a][-n count][-l size][-f][-i TTL][-v TOS][-r count][-s count]
[[-j host-list]|[-k host-list]][-w timeout] 目的 IP 地址
```

ping 命令的选项很多，不同选项具有不同的功能，常用选项及功能见表 4-2。

表 4-2　ping 命令的常用选项及功能

选　项	功　能
-a	Audible ping，即每 ping 一次都会有声音提示
-A	自适应 ping，根据 ping 包往返时间确定 ping 的速度
-b	允许 ping 一个广播地址
-B	不允许 ping 改变包头的源地址
-c count	ping 指定次数后停止 ping
-i interval	设定间隔几秒发送一个 ping 包，默认一秒 ping 一次
-n	只有数字形式 IP 地址值的输出，不通过查询 DNS 获知 IP 地址对应的主机名，以节省时间
-r	绕过一般的路由表而直接向一个连接着的主机发送报文。如果主机不是通过直接连接的网络相连，则会出现错误。这个选项可以用来 ping 一个没有通过路由相连而是通过一个接口相连(假设也使用了 -I 选项)的本地主机
-s packetsize	指定每次 ping 发送的数据字节数，默认为 56 字节 +28 字节的 ICMP 头，一共是 84 字节。包头 + 内容不能大于 65 535，所以最大值为 65 507（Linux:65507，Windows:65500）
-t ttl	设置 TTL 为指定的值。该字段指定 IP 包被路由器丢弃之前允许通过的最大网段数
-v	使 ping 处于 verbose 方式，它要 ping 命令除了打印 ECHO-RESPONSE 数据包之外，还打印其他所有返回的 ICMP 数据包
W timeout	等待回复的时间，单位是毫秒。这个选项只在没有接到任何回复的情况下有效，只要接到了一个回复，就将等待时间设置为两倍的 RTT。如果没有设置，则等待时间设置为一个最大值

如图 4-7 所示，使用 ping 命令检查到 IP 地址为 114.114.114.114 的计算机的连通性，该例为连接正常，共发送了四个测试数据包，正确接收到四个数据包。

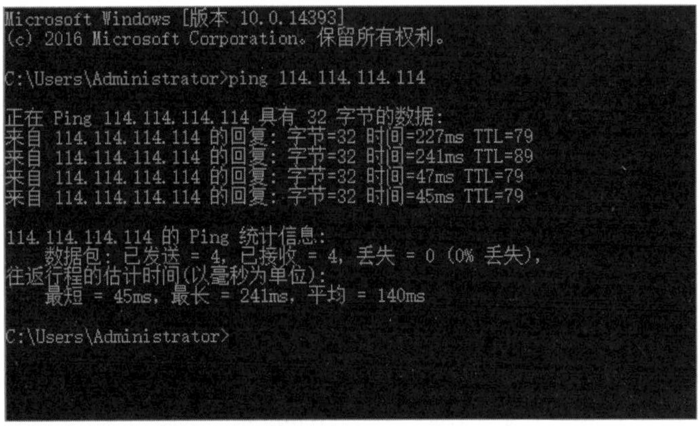

```
Microsoft Windows [版本 10.0.14393]
(c) 2016 Microsoft Corporation。保留所有权利。

C:\Users\Administrator>ping 114.114.114.114

正在 Ping 114.114.114.114 具有 32 字节的数据:
来自 114.114.114.114 的回复: 字节=32 时间=227ms TTL=79
来自 114.114.114.114 的回复: 字节=32 时间=241ms TTL=89
来自 114.114.114.114 的回复: 字节=32 时间=47ms TTL=79
来自 114.114.114.114 的回复: 字节=32 时间=45ms TTL=79

114.114.114.114 的 Ping 统计信息:
    数据包: 已发送 = 4，已接收 = 4，丢失 = 0 (0% 丢失)，
往返行程的估计时间(以毫秒为单位):
    最短 = 45ms，最长 = 241ms，平均 = 140ms

C:\Users\Administrator>
```

图 4-7　ping 命令

2. ping 命令的基本应用

一般情况下，用户可以通过使用一系列 ping 命令来查找问题出在什么地方，或检验网络运行的情况。

下面给出一个典型的检测次序及对应的可能故障：

（1）ping 127.0.0.1，如果测试成功，表明网卡、TCP/IP 协议的安装、IP 地址、子网掩码的设置正常。如果测试不成功，就表示 TCP/IP 的安装或设置存在问题。

（2）ping 本机 IP 地址。如果测试不成功，则表示本地配置或安装存在问题，应对网络设备和通信介质进行测试，检查并排除。

（3）ping 局域网内其他 IP。如果测试成功，表明本地网络中的网卡和载体运行正确。如果收到 0 个回送应答，那么表示子网掩码不正确或网卡配置错误或电缆系统有问题。

（4）ping 网关 IP。如果应答正确，表示局域网中的网关运行正常。

（5）ping 远程 IP。如果收到正确应答，表示成功使用了默认网关，而对于拨号上网用户则表示能够成功地访问 Internet（但不排除 ISP 的 DNS 会有问题）。

（6）ping localhost。local host 是系统的网络保留名，它是 127.0.0.1 的别名，每台计算机都应该能够将该名字转换成该地址，否则表示主机文件（/Windows/host）中存在问题。

（7）ping www.yahoo.com（一个著名网站域名）。对此域名执行 ping 命令，计算机必须先将域名转换成 IP 地址，通常是通过 DNS 服务器。如果这里出现故障，则表示本机 DNS 服务器的 IP 地址配置不正确，或它所访问的 DNS 服务器有故障。

如果上面所列出的所有 ping 命令都能正常运行，则表明计算机进行本地和远程通信基本没有问题。但是，这些命令的成功并不表示所有的网络配置都没有问题。例如，某些子网掩码错误就可能无法用这些方法检测到。

4.2.3　arp 命令

ARP（Address Resolution Protocol）是 TCP/IP 协议族中的一个重要协议，用于确定对应 IP 地址的网卡物理地址。使用 arp 命令，能够查看本地计算机或另一台计算机的 ARP 高速缓存中的当前内容此外。使用 arp 命令可以以人工方式设置静态的网卡物理地址 /IP 地址对，使用这种方式可

以为默认网关和本地服务器等常用主机进行本地静态配置，这有助于减少网络上的信息量按照默认设置时，ARP 高速缓存中的项目是动态的，每当向指定地点发送数据并且高速缓存中不存在当前项目时，ARP 便会自动添加该项目。

常用命令选项：

（1）arp -a：用于查看高速缓存中的所有项目，如图 4-8 所示。

```
C:\Documents and Settings\Administrator>arp -a

Interface: 192.168.1.2 --- 0x2
  Internet Address      Physical Address      Type
  192.168.1.1           00-1b-9e-02-2f-a2     dynamic

C:\Documents and Settings\Administrator>
```

图 4-8　arp 命令

（2）arp –a IP：如果有多个网卡，那么使用 arp -a 加上接口的 IP 地址，就可以只显示与该接口相关的 ARP 缓存项目。

（3）arp -s IP 物理地址：向 ARP 高速缓存中人工输入一个静态项目。该项目在计算机引导过程中将保持有效状态，而在出现错误时，人工配置的物理地址将自动更新该项目，如图 4-9 所示。

```
C:\Documents and Settings\huang>arp -a

Interface: 192.168.1.106 --- 0x2
  Internet Address      Physical Address      Type
  192.168.1.254         00-23-cd-76-fe-b0     dynamic

C:\Documents and Settings\huang>arp -s 192.168.1.110 00-23-cd-e4-5a-68

C:\Documents and Settings\huang>arp -a

Interface: 192.168.1.106 --- 0x2
  Internet Address      Physical Address      Type
  192.168.1.110         00-23-cd-e4-5a-68     static
  192.168.1.254         00-23-cd-76-fe-b0     dynamic

C:\Documents and Settings\huang>
```

图 4-9　添加 ARP 表项

（4）arp -d IP：使用本命令能够人工删除一个静态项目，如图 4-10 所示。

```
C:\Documents and Settings\huang>arp -a

Interface: 192.168.1.106 --- 0x2
  Internet Address      Physical Address      Type
  192.168.1.110         00-23-cd-e4-5a-68     static
  192.168.1.254         00-23-cd-76-fe-b0     dynamic

C:\Documents and Settings\huang>arp -d 192.168.1.110

C:\Documents and Settings\huang>arp -a

Interface: 192.168.1.106 --- 0x2
  Internet Address      Physical Address      Type
  192.168.1.254         00-23-cd-76-fe-b0     dynamic

C:\Documents and Settings\huang>
```

图 4-10　删除 ARP 表项

4.2.4 tracert 命令

tracert（跟踪路由）是路由跟踪实用程序，用于获得 IP 数据报访问目标时从本地计算机到目的主机的路径信息，即用来显示数据包到达目的主机所经过的路径。

tracert 命令的基本用法是在命令提示符后输入 tracert host_name 或 tracert ip-address，其中，tracert 是 traceroute 在 Windows 操作系统上的称呼。

tracert 命令的语法格式为：

```
tracert [-d] [-h MaximumHops] [-j HostList] [-w Timeout] [-R] [-S SrcAddr]
[-4][-6] TargetName
```

（1）要跟踪名为 www.qq.com 的主机的路径，可执行 tracert www.qq.com 命令，结果如图 4-11 所示。

（2）要跟踪名为 www.qq.com 的主机的路径，并防止将每个 IP 地址解析为它的名称，可执行 tracert -d www.qq.com 命令，结果如图 4-12 所示。

```
C:\Documents and Settings\huang>tracert www.qq.com

Tracing route to www.qq.com [222.73.78.181]
over a maximum of 30 hops:

  1    10 ms     8 ms    10 ms  61.175.78.91
  2     9 ms     9 ms     9 ms  61.175.78.91
  3     8 ms     8 ms     9 ms  61.175.92.77
  4     9 ms     9 ms     8 ms  61.175.81.69
  5    14 ms    15 ms    13 ms  61.175.79.245
  6    15 ms    15 ms    17 ms  202.97.55.5
  7    19 ms    17 ms    17 ms  61.152.86.173
  8    19 ms    20 ms    20 ms  124.74.254.222
  9    17 ms    18 ms    15 ms  222.73.102.242
 10    16 ms    15 ms    15 ms  222.73.78.181

Trace complete.

C:\Documents and Settings\huang>
```

图 4-11　tracert 命令 1

```
C:\Documents and Settings\huang>tracert -d www.qq.com

Tracing route to www.qq.com [222.73.78.181]
over a maximum of 30 hops:

  1    10 ms    10 ms     9 ms  61.175.78.91
  2     9 ms     8 ms     8 ms  61.175.78.91
  3     9 ms     8 ms     9 ms  61.175.92.77
  4     9 ms     8 ms     9 ms  61.175.81.69
  5    13 ms    14 ms    13 ms  61.175.79.245
  6    15 ms    15 ms    15 ms  202.97.55.5
  7    19 ms    17 ms    17 ms  61.152.86.173
  8    20 ms    21 ms    19 ms  124.74.254.222
  9    17 ms    17 ms    17 ms  222.73.102.242
 10    17 ms    16 ms    15 ms  222.73.78.181

Trace complete.

C:\Documents and Settings\huang>
```

图 4-12　tracert 命令 2

输出共有五列：

第一列是描述路径的第 n 跳的数值，即沿着该路径的路由器序号。

第二列是第一次往返时延。

第三列是第二次往返时延。

第四列是第三次往返时延。

第五列是路由器的名字及其输入端口的 IP 地址。

如果源从任何给定的路由器接收到的报文少于三条（由于网络中的分组丢失），那么 tracert 命令会在该路由器号码后面放一个星号，并报告到达那台路由器的少于三次的往返时间。此外，tracert 命令还可以用来查看网络在连接站点时经过的步骤或采取哪种路线，如果是网络出现故障，则可以通过这条命令查看出现问题的位置。

4.2.5 nslookup 命令

nslookup 命令的功能是查询任何一台机器的 IP 地址和其对应的域名。它通常需要一台域名服务器来提供域名。如果用户已经设置好域名服务器，就可以用这个命令查看不同主机的 IP 地址对应的域名。

（1）在本地机上使用 nslookup 命令查看本机的 IP 及域名服务器地址。直接输入命令，系统返回本机的服务器名称（带域名的全称）和 IP 地址，并进入以“>”为提示符的操作命令行状态；输入“?”可查询详细命令参数；若要退出，需输入 exit 命令，如图 4-13 所示。

```
C:\Documents and Settings\Administrator>nslookup
Default Server:  bogon
Address:  192.168.1.1

> exit

C:\Documents and Settings\Administrator>
```

图 4-13　nslookup 命令

（2）查看 www.haut.edu.cn 的 IP。在提示符后输入要查询的 IP 地址或域名按【Enter】键即可，如图 4-14 所示。

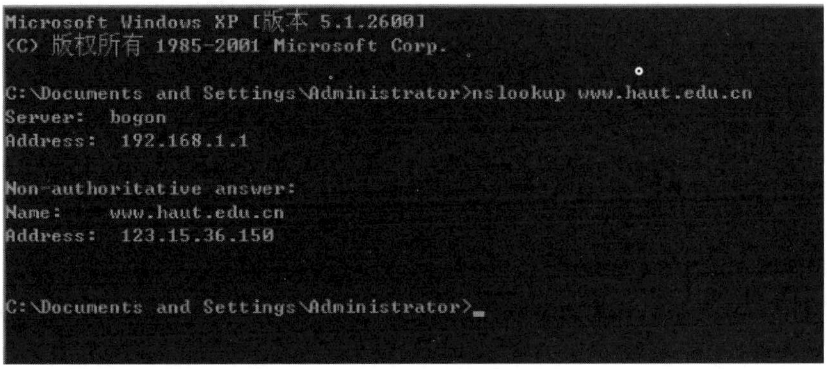

```
Microsoft Windows XP [版本 5.1.2600]
(C) 版权所有 1985-2001 Microsoft Corp.

C:\Documents and Settings\Administrator>nslookup www.haut.edu.cn
Server:  bogon
Address:  192.168.1.1

Non-authoritative answer:
Name:    www.haut.edu.cn
Address:  123.15.36.150

C:\Documents and Settings\Administrator>
```

图 4-14　nslookup 命令

4.2.6　netstat 命令

netstat 命令可以显示当前活动的 TCP 连接、计算机侦听的端口、以太网统计信息、IP 路由表、IPv4 统计信息、IPv6 统计信息等。

netstat 命令的语法格式为：

```
netstat [-a] [-e] [-n] [-o] [-p Protocol] [-r] [-s] [Interval]
```

netstat 命令的常用选项及功能见表 4-3。

表 4-3　netstat 命令的常用选项及功能

选　项	功　能
-s	本选项能够按照各个协议分别显示其统计数据。如果应用程序（如 Web 浏览器）运行速度比较慢，或者不能显示 Web 页，那么就可以用本选项来查看所显示的信息。需要仔细查看统计数据，找到出错的关键字，进而确定问题所在
-e	本选项用于显示关于以太网的统计数据。它列出的项目包括传送的数据报的总字节数、错误数、删除数、数据报的数量和广播的数量。这些统计数据既有发送的数据报数量，也有接收的数据报数量。这个选项可以用来统计一些基本的网络流量）

续表

选　　项	功　　能
-a	本选项显示一个所有的有效连接信息列表，包括已建立的连接（ESTABLISHED），也包括监听连接请求（LISTENING）的那些连接
-r	本选项可以显示关于路由表的信息。除了显示有效路由外，还显示当前有效的连接
-n	显示所有已建立的有效连接

（1）要显示所有活动的 TCP 连接以及计算机侦听的 TCP 和 UDP 端口，可执行 netstat –a 命令，结果如图 4-15 所示。

```
C:\Documents and Settings\huang>netstat -a

Active Connections

  Proto  Local Address          Foreign Address        State
  TCP    X2:epmap               X2:0                   LISTENING
  TCP    X2:microsoft-ds        X2:0                   LISTENING
  TCP    X2:912                 X2:0                   LISTENING
  TCP    X2:1027                X2:0                   LISTENING
  TCP    X2:1032                X2:0                   LISTENING
  TCP    X2:netbios-ssn         X2:0                   LISTENING
  TCP    X2:1618                61.164.136.37:7708     ESTABLISHED
  TCP    X2:1680                220.181.20.158:http    ESTABLISHED
  TCP    X2:1688                114.80.130.46:http     TIME_WAIT
  TCP    X2:1689                114.80.130.39:http     TIME_WAIT
  TCP    X2:1710                220.181.20.133:http    ESTABLISHED
  TCP    X2:1719                219.234.81.44:http     TIME_WAIT
  TCP    X2:1735                114.80.130.33:http     TIME_WAIT
  UDP    X2:microsoft-ds        *:*
  UDP    X2:1038                *:*
  UDP    X2:1632                *:*
```

图 4-15　netstat –a 命令

（2）要显示以太网统计信息，如发送和接收的字节数、数据包数等，可执行 netstat –e –s 命令，结果如图 4-16 所示。

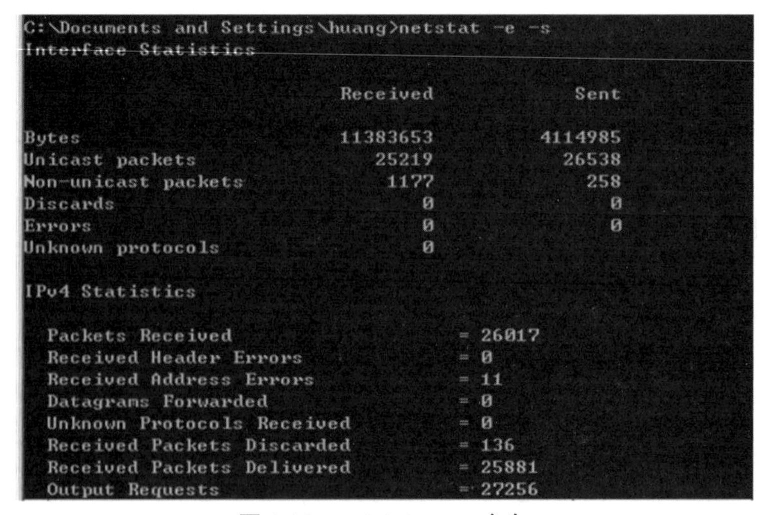

图 4-16　netstat –e –s 命令

实验3 常用网络测试命令应用

实验学时：

2学时。

实验目的：

（1）熟悉基本的网络测试命令操作：学会 ping、tracert、route、ipconfig、arp、netstat、net 等网络测试命令的功能与基本用法。

（2）为后续其他实验奠定基础。

实验要求：

（1）设备要求：计算机两台以上（装有 Windows 7/10 操作系统、装有网卡且已联网）。

（2）分组要求：两人一组，合作完成。

实验内容与实验步骤：

1. 使用 ping 命令测试网络的连通性

（1）ping 127.0.0.1。

（2）ping 本机 IP。

（3）ping 局域网内其他 IP。

（4）ping 网关 IP。

（5）ping 远程 IP。

（6）ping www.yahoo.com。

（7）连续 ping 六个包。

（8）发出去的每个包数据部分包含 1 000 字节。

2. 使用 ipconfig 命令查看计算机的 TCP/IP 配置

在命令提示符状态分别输入 ipconfig、ipconfig/all 命令，查看并记录当前计算机的基本 TCP/IP 参数设置，观察两次命令所显示的内容有什么不同。

3. 使用 arp 命令显示和修改本地计算机上的 ARP 高速缓存

（1）在实验机上输入 arp –a（或 arp –g）命令显示当前计算机的 ARP 缓存。

（2）执行 arp –d 命令，再次输入 arp –a 命令，观察显示结果。

（3）查找隔壁主机的 IP 地址，在实验机上输入“ping 隔壁主机 IP 地址”命令，再输入 arp –a 命令，观察显示结果。

（4）重复步骤（2）清空 ARP 缓存，然后输入“arp –s 隔壁主机 IP 地址”以及错误的 MAC 地址。用 arp –a 命令显示结果。

（5）重复步骤（3），再次观察显示结果。

4. 使用 tracert 命令跟踪路由

在实验机上输入 tracert www.sina.com.cn 命令，跟踪数据报从本地机到达 www.sina.com.cn 所经过的路径。

步骤：

1. 使用 ping 命令测试网络的连通性

（1）在命令提示符窗口中输入 ping 127.0.0.1 命令，如图 4-17 所示。

```
Microsoft Windows XP [版本 5.1.2600]
(C) 版权所有 1985-2001 Microsoft Corp.

C:\Documents and Settings\dell>ping 127.0.0.1

Pinging 127.0.0.1 with 32 bytes of data:

Reply from 127.0.0.1: bytes=32 time<1ms TTL=128
Reply from 127.0.0.1: bytes=32 time<1ms TTL=128
Reply from 127.0.0.1: bytes=32 time<1ms TTL=128
Reply from 127.0.0.1: bytes=32 time<1ms TTL=128

Ping statistics for 127.0.0.1:
    Packets: Sent = 4, Received = 4, Lost = 0 (0% loss),
Approximate round trip times in milli-seconds:
    Minimum = 0ms, Maximum = 0ms, Average = 0ms

C:\Documents and Settings\dell>
```

图 4-17　ping 127.0.0.1

结果分析：127.0.0.1 是回送地址，指本地机，主要用于网络软件测试以及本地机进程间通信，无论什么程序，一旦使用回送地址发送数据，协议软件立即返回之，不进行任何网络传输。ping 通 127.0.0.1 回送地址，说明本机 IP 协议正常。

（2）ping 本机 IP，如图 4-18 所示。

```
Ethernet adapter 本地连接:

        Connection-specific DNS Suffix  . :
        IP Address. . . . . . . . . . . . : 192.168.6.90
        Subnet Mask . . . . . . . . . . . : 255.255.255.0
        Default Gateway . . . . . . . . . : 192.168.6.254

C:\Documents and Settings\dell>ping 192.168.6.90

Pinging 192.168.6.90 with 32 bytes of data:

Reply from 192.168.6.90: bytes=32 time<1ms TTL=128
Reply from 192.168.6.90: bytes=32 time<1ms TTL=128
Reply from 192.168.6.90: bytes=32 time<1ms TTL=128
Reply from 192.168.6.90: bytes=32 time<1ms TTL=128

Ping statistics for 192.168.6.90:
    Packets: Sent = 4, Received = 4, Lost = 0 (0% loss),
Approximate round trip times in milli-seconds:
    Minimum = 0ms, Maximum = 0ms, Average = 0ms

C:\Documents and Settings\dell>
```

图 4-18　ping 本机 IP

结果分析：本地 IP ping 通，说明本地网卡正常。

（3）ping 局域网内其他 IP，如图 4-19 所示。

```
C:\Documents and Settings\dell>ping 192.168.6.83

Pinging 192.168.6.83 with 32 bytes of data:

Reply from 192.168.6.83: bytes=32 time<1ms TTL=128
Reply from 192.168.6.83: bytes=32 time<1ms TTL=128
Reply from 192.168.6.83: bytes=32 time<1ms TTL=128
Reply from 192.168.6.83: bytes=32 time<1ms TTL=128

Ping statistics for 192.168.6.83:
    Packets: Sent = 4, Received = 4, Lost = 0 (0% loss),
Approximate round trip times in milli-seconds:
    Minimum = 0ms, Maximum = 0ms, Average = 0ms

C:\Documents and Settings\dell>_
```

图 4-19　ping 局域网内其他 IP

结果分析：未丢失包，说明能 ping 通局域网内 192.168.6.83 这台机器，说明本机与之网络通畅。

（4）ping 网关 IP，如图 4-20 所示。

```
C:\Documents and Settings\dell>ping 192.168.6.254

Pinging 192.168.6.254 with 32 bytes of data:

Reply from 192.168.6.254: bytes=32 time=1ms TTL=255
Reply from 192.168.6.254: bytes=32 time=1ms TTL=255
Reply from 192.168.6.254: bytes=32 time=1ms TTL=255
Reply from 192.168.6.254: bytes=32 time=1ms TTL=255

Ping statistics for 192.168.6.254:
    Packets: Sent = 4, Received = 4, Lost = 0 (0% loss),
Approximate round trip times in milli-seconds:
    Minimum = 1ms, Maximum = 1ms, Average = 1ms

C:\Documents and Settings\dell>
```

图 4-20　ping 网关 IP

结果分析：ping 本地网关通，说明本机到路由器网络通畅。

（5）ping 远程 IP，如图 4-21 所示。

```
H:\Users\huziping>ping 61.135.169.121

正在 Ping 61.135.169.121 具有 32 字节的数据:
来自 61.135.169.121 的回复: 字节=32 时间=24ms TTL=51
来自 61.135.169.121 的回复: 字节=32 时间=24ms TTL=52
来自 61.135.169.121 的回复: 字节=32 时间=24ms TTL=52
来自 61.135.169.121 的回复: 字节=32 时间=24ms TTL=51

61.135.169.121 的 Ping 统计信息:
    数据包: 已发送 = 4, 已接收 = 4, 丢失 = 0 (0% 丢失),
往返行程的估计时间(以毫秒为单位):
    最短 = 24ms, 最长 = 24ms, 平均 = 24ms
```

图 4-21　ping 远程 IP

结果分析：能成功 ping 通 61.135.169.121 这个远程 IP。说明本机与 61.135.169.121 网络通畅。

（6）ping www.yahoo.com，如图 4-22 所示。

```
H:\Users\huziping>ping www.yahoo.com

正在 Ping fd-fp3.wg1.b.yahoo.com [202.43.192.109] 具有 32 字节的数据:
来自 202.43.192.109 的回复: 字节=32 时间=66ms TTL=46
来自 202.43.192.109 的回复: 字节=32 时间=66ms TTL=46
来自 202.43.192.109 的回复: 字节=32 时间=67ms TTL=46
来自 202.43.192.109 的回复: 字节=32 时间=66ms TTL=46

202.43.192.109 的 Ping 统计信息:
    数据包: 已发送 = 4, 已接收 = 4, 丢失 = 0 (0% 丢失),
往返行程的估计时间(以毫秒为单位):
    最短 = 66ms, 最长 = 67ms, 平均 = 66ms
```

图 4-22　ping www.yahoo.com

结果分析：能成功 ping 通 yahoo 网站，说明本机与 yahoo 服务器网络通畅。

（7）连续 ping 六个包，如图 4-23 所示。

```
C:\Documents and Settings\dell>ping -n 6 192.168.6.83

Pinging 192.168.6.83 with 32 bytes of data:

Reply from 192.168.6.83: bytes=32 time<1ms TTL=128
Reply from 192.168.6.83: bytes=32 time<1ms TTL=128
Reply from 192.168.6.83: bytes=32 time<1ms TTL=128
Reply from 192.168.6.83: bytes=32 time<1ms TTL=128
Reply from 192.168.6.83: bytes=32 time<1ms TTL=128
Reply from 192.168.6.83: bytes=32 time<1ms TTL=128

Ping statistics for 192.168.6.83:
    Packets: Sent = 6, Received = 6, Lost = 0 (0% loss),
Approximate round trip times in milli-seconds:
    Minimum = 0ms, Maximum = 0ms, Average = 0ms

C:\Documents and Settings\dell>_
```

图 4-23　连续 ping 六个包

结果分析：图 4-23 所示结果表明成功发送了六个包。

（8）发出去的每个包数据部分包含 1 000 字节，如图 4-24 所示。

```
C:\Documents and Settings\dell>ping -l 1000 192.168.6.83

Pinging 192.168.6.83 with 1000 bytes of data:

Reply from 192.168.6.83: bytes=1000 time<1ms TTL=128
Reply from 192.168.6.83: bytes=1000 time<1ms TTL=128
Reply from 192.168.6.83: bytes=1000 time=1ms TTL=128
Reply from 192.168.6.83: bytes=1000 time<1ms TTL=128

Ping statistics for 192.168.6.83:
    Packets: Sent = 4, Received = 4, Lost = 0 (0% loss),
Approximate round trip times in milli-seconds:
    Minimum = 0ms, Maximum = 1ms, Average = 0ms

C:\Documents and Settings\dell>
```

图 4-24　发出去的每个包数据部分包含 1 000 个字节

结果分析：图 4-24 所示结果表明成功发送了四个 1 000 字节的数据包。

2. 使用 ipconfig 命令查看计算机的 TCP/IP 配置

在命令提示符状态分别输入 ipconfig、ipconfig/all 命令，查看并记录当前计算机的基本 TCP/

IP 参数设置，观察两次命令所有显示的内容有何不同，如图 4-25 和图 4-26 所示。

```
C:\Documents and Settings\dell>ipconfig

Windows IP Configuration

Ethernet adapter 本地连接:

        Connection-specific DNS Suffix  . :
        IP Address. . . . . . . . . . . . : 192.168.6.90
        Subnet Mask . . . . . . . . . . . : 255.255.255.0
        Default Gateway . . . . . . . . . : 192.168.6.254

C:\Documents and Settings\dell>
```

图 4-25　ipconfig 命令

```
C:\Documents and Settings\dell>ipconfig/all

Windows IP Configuration

        Host Name . . . . . . . . . . . . : T090
        Primary Dns Suffix  . . . . . . . :
        Node Type . . . . . . . . . . . . : Unknown
        IP Routing Enabled. . . . . . . . : No
        WINS Proxy Enabled. . . . . . . . : No

Ethernet adapter 本地连接:

        Connection-specific DNS Suffix  . :
        Description . . . . . . . . . . . : Realtek RTL8139 Family PCI Fast Ethe
rnet NIC
        Physical Address. . . . . . . . . : 00-E0-4C-33-C1-39
        Dhcp Enabled. . . . . . . . . . . : No
        IP Address. . . . . . . . . . . . : 192.168.6.90
        Subnet Mask . . . . . . . . . . . : 255.255.255.0
        Default Gateway . . . . . . . . . : 192.168.6.254
        DNS Servers . . . . . . . . . . . : 202.114.64.2
                                            202.114.24.68
```

图 4-26　ipconfig/all

结果分析：使用 ipcongfig 命令显示了 IP 地址、子网掩码和默认网关值；使用 ipconfig/all 命令比 ipcongfig 命令多显示了主机名，DNS、NIC 解析，内置于本地网卡中的 MAC 地址等。

3. 使用 arp 命令显示和修改本地计算机上的 ARP 高速缓存

（1）在实验机上输入 arp –a（或 arp -g）命令显示当前计算机的 ARP 缓存，如图 4-27 所示。

```
C:\Documents and Settings\dell>arp -a

Interface: 192.168.6.90 --- 0x2
  Internet Address      Physical Address      Type
  192.168.6.47          00-09-4c-21-15-ba     dynamic
  192.168.6.68          00-09-4c-21-15-b7     dynamic
  192.168.6.80          00-09-4c-30-9a-23     dynamic
  192.168.6.150         00-09-4c-11-ff-d5     dynamic
  192.168.6.254         cc-cc-81-54-81-e7     dynamic

C:\Documents and Settings\dell>_
```

图 4-27　arp –a 命令

结果分析：从图 4-27 可以看出，当前与本机通信的主机有五台，其 IP 地址以及对应的物理地址均显示在结果中。

（2）执行 arp –d 命令，再次输入 arp –a 命令，观察显示结果，如图 4-28 所示。

```
C:\Documents and Settings\dell>arp -d

C:\Documents and Settings\dell>arp -a

Interface: 192.168.6.90 --- 0x2
  Internet Address      Physical Address      Type
  192.168.6.46          00-09-4c-30-9a-6d     dynamic
  192.168.6.47          00-09-4c-21-15-ba     dynamic
  192.168.6.80          00-09-4c-30-9a-23     dynamic
  192.168.6.254         cc-cc-81-54-81-e7     dynamic
```

图 4-28 arp –d 命令

结果分析：执行 arp –d 命令清除 ARP 缓存后再输入 arp –a 命令查看 ARP 缓存。

(3)查找隔壁主机的 IP 地址，在实验机上输入“ping 隔壁主机 IP 地址”命令，再输入 arp –a 命令，观察显示结果，如图 4-29 所示。

```
C:\Documents and Settings\dell>ping T083

Pinging T083 [192.168.6.83] with 32 bytes of data:

Reply from 192.168.6.83: bytes=32 time<1ms TTL=128
Reply from 192.168.6.83: bytes=32 time<1ms TTL=128
Reply from 192.168.6.83: bytes=32 time<1ms TTL=128
Reply from 192.168.6.83: bytes=32 time<1ms TTL=128

Ping statistics for 192.168.6.83:
    Packets: Sent = 4, Received = 4, Lost = 0 (0% loss),
Approximate round trip times in milli-seconds:
    Minimum = 0ms, Maximum = 0ms, Average = 0ms

C:\Documents and Settings\dell>ping 192.168.6.83

Pinging 192.168.6.83 with 32 bytes of data:

Reply from 192.168.6.83: bytes=32 time<1ms TTL=128
Reply from 192.168.6.83: bytes=32 time<1ms TTL=128
Reply from 192.168.6.83: bytes=32 time<1ms TTL=128
Reply from 192.168.6.83: bytes=32 time<1ms TTL=128

Ping statistics for 192.168.6.83:
    Packets: Sent = 4, Received = 4, Lost = 0 (0% loss),
Approximate round trip times in milli-seconds:
    Minimum = 0ms, Maximum = 0ms, Average = 0ms

C:\Documents and Settings\dell>arp -a

Interface: 192.168.6.90 --- 0x2
  Internet Address      Physical Address      Type
  192.168.6.4           00-09-4c-b5-d1-58     dynamic
  192.168.6.15          00-09-4c-51-ce-64     dynamic
  192.168.6.22          00-09-4c-30-9a-68     dynamic
  192.168.6.25          00-e0-4c-1e-1b-9b     dynamic
  192.168.6.46          00-09-4c-30-9a-6d     dynamic
  192.168.6.47          00-09-4c-21-15-ba     dynamic
  192.168.6.68          00-09-4c-21-15-b7     dynamic
  192.168.6.77          00-09-4c-30-9a-21     dynamic
  192.168.6.80          00-09-4c-30-9a-23     dynamic
  192.168.6.83          00-09-4c-30-9a-6b     dynamic
  192.168.6.150         00-09-4c-11-ff-d5     dynamic
  192.168.6.254         cc-cc-81-54-81-e7     dynamic
```

图 4-29 ARP 缓存增加了隔壁主机的 IP 地址及物理地址

结果分析：利用 ping+ 主机名的方法获得隔壁主机的 IP 地址，再 ping 该 IP，再输入 arp –a 命令查看 ARP 缓存可以发现其 ARP 列表中多了隔壁主机的 IP 地址及 MAC 地址。

（4）用步骤（2）清空 ARP 缓存，然后输入“arp –s 隔壁主机 IP 地址”命令以及错误的 MAC 地址。用 arp –a 命令显示结果，如图 4-30 所示。

```
C:\Documents and Settings\dell>arp -a

Interface: 192.168.6.90 --- 0x2
  Internet Address      Physical Address      Type
  192.168.6.15          00-09-4c-51-ce-64     dynamic
  192.168.6.21          00-e0-4c-01-3d-e6     dynamic
  192.168.6.22          00-09-4c-30-9a-68     dynamic
  192.168.6.25          00-e0-4c-1e-1b-9b     dynamic
  192.168.6.46          00-09-4c-30-9a-6d     dynamic
  192.168.6.47          00-09-4c-21-15-ba     dynamic
  192.168.6.61          00-09-4c-21-15-f6     dynamic
  192.168.6.62          00-e0-4c-92-22-3e     dynamic
  192.168.6.68          00-09-4c-21-15-b7     dynamic
  192.168.6.77          00-09-4c-30-9a-21     dynamic
  192.168.6.80          00-09-4c-30-9a-23     dynamic
  192.168.6.83          02-e0-fc-fe-01-b9     static
  192.168.6.150         00-09-4c-11-ff-d5     dynamic
  192.168.6.254         cc-cc-81-54-81-e7     dynamic
```

图 4-30　清空 ARP 缓存后的效果

结果分析：在 ARP 缓存中添加隔壁主机 IP 地址以及错误的 MAC 地址，再使用 arp –a 命令查看 ARP 缓存列表，可以发现列表中包含了所添加的记录，但同时，其 Type 为 static，与其他不同。

（5）重复步骤（3），再次观察显示结果，如图 4-31 所示。

```
C:\Documents and Settings\dell>ping 192.168.6.83

Pinging 192.168.6.83 with 32 bytes of data:

Reply from 192.168.6.83: bytes=32 time<1ms TTL=128
Reply from 192.168.6.83: bytes=32 time<1ms TTL=128
Reply from 192.168.6.83: bytes=32 time<1ms TTL=128
Reply from 192.168.6.83: bytes=32 time<1ms TTL=128

Ping statistics for 192.168.6.83:
    Packets: Sent = 4, Received = 4, Lost = 0 (0% loss),
Approximate round trip times in milli-seconds:
    Minimum = 0ms, Maximum = 0ms, Average = 0ms

C:\Documents and Settings\dell>arp -a

Interface: 192.168.6.90 --- 0x2
  Internet Address      Physical Address      Type
  192.168.6.15          00-09-4c-51-ce-64     dynamic
  192.168.6.21          00-e0-4c-01-3d-e6     dynamic
  192.168.6.22          00-09-4c-30-9a-68     dynamic
  192.168.6.25          00-e0-4c-1e-1b-9b     dynamic
  192.168.6.46          00-09-4c-30-9a-6d     dynamic
  192.168.6.47          00-09-4c-21-15-ba     dynamic
  192.168.6.61          00-09-4c-21-15-f6     dynamic
  192.168.6.62          00-e0-4c-92-22-3e     dynamic
  192.168.6.68          00-09-4c-21-15-b7     dynamic
  192.168.6.77          00-09-4c-30-9a-21     dynamic
  192.168.6.80          00-09-4c-30-9a-23     dynamic
  192.168.6.83          02-e0-fc-fe-01-b9     static
  192.168.6.150         00-09-4c-11-ff-d5     dynamic
  192.168.6.254         cc-cc-81-54-81-e7     dynamic
```

图 4-31　重复步骤（3）显示结果

结果分析：再次 ping 隔壁主机的 IP：192.168.6.83，可以发现其物理地址仍是错误的（步骤（4）中输入的错误地址），Type 也为 static 不变。

4. 使用 tracert 命令跟踪路由

在实验机上输入 tracert www.sina.com.cn 命令，跟踪数据报从本地机到达 www.sina.com.cn 所经过的路径，如图 4-32 所示。

```
H:\Users\huziping>tracert www.sina.com.cn

通过最多 30 个跃点跟踪
到 polaris.sina.com.cn [202.108.33.60] 的路由:

  1     1 ms     1 ms     1 ms  222.20.235.1
  2    <1 毫秒   <1 毫秒    1 ms  huziping-PC [172.17.2.154]
  3     1 ms    <1 毫秒   <1 毫秒 huziping-PC [172.16.254.42]
  4     1 ms     1 ms     1 ms  huziping-PC [172.18.0.254]
  5     5 ms     1 ms     1 ms  113.57.arpa.hb.cnc.cn [113.57.148.129]
  6     4 ms     6 ms     2 ms  218.106.127.201
  7     4 ms     1 ms     2 ms  58.19.arpa.hb.cnc.cn [58.19.112.9]
  8    19 ms    19 ms    19 ms  219.158.15.53
  9    27 ms    25 ms    24 ms  202.96.12.46
 10    18 ms    18 ms    18 ms  61.148.143.22
 11    18 ms    18 ms    18 ms  210.74.178.198
 12    18 ms    18 ms    19 ms  202.108.33.60

跟踪完成。
```

图 4-32 tracert www.sina.com.cn

结果分析：路由跟踪命令 tracert 用来跟踪数据报从本地机到达目标主机所经过的路径，并显示到达每个中间路由器的时间，实现网络路由状态的实时探测。该命令可以帮助确定网络故障的位置。从图 4-32 可以看出：输入 tracert www.sina.com.cn 命令，本机共经过了 11 个路由最终到达 sina 服务器。

习　题

选择题

1. 检查网络连通性的命令是（　　）。

   A. ping　　B. arp　　C. bind　　D. dns

2. 在 TCP/IP 协议配置好以后，ipconfig 命令显示结果不包括（　　）。

   A. 本机的 IP 地址　　B. 网关的 IP 地址
   C. 子网掩码　　D. 首选 DNS 服务器的 IP 地址

3. 在 Windows 10 系统中，查看高速缓存中 IP 地址和 MAC 地址映射表的命令是（　　）。

   A. arp –a　　B. tracert　　C. ping　　D. ipconfig

4. 删除 ARP 表项可以通过（　　）命令进行。

   A. arp –a　　B. arp –s　　C. arp –t　　D. arp –d

5. 在 Windows 10 中，查看有关 IP 设置的命令是（　　）。

   A. ping　　B. ARP　　C. net view　　D. ipconfig/all

6. ping 命令就是利用（　　）协议来测试网络的连通性。

   A. TCP　　B. ICMP　　C. ARP　　D. IP

7. 在 Windows 10 中，用于显示本机路由表的命令是（　　）。

   A. route print　　B. tracert　　C. ping　　D. ipconfig

项目 5

局域网资源共享

项目导读

局域网已经成为现代企事业单位办公环境的重要组成部分。局域网资源共享极大地方便了用户，也有效地利用了网络资源，节省了网络资源的开销，防止了资源的重复与浪费。资源共享将人们由烦琐的传统办公中解放出来，使工作更高效，沟通更快捷。不过，局域网中的计算机也需要进行必要的设置才能互相访问，实现资源共享。本项目简要介绍局域网的概念及特点、构成和互联设备，以实验方式详细介绍如何实现与配置局域网资源共享。

通过对本项目的学习，可以实现下列目标。

◎了解：局域网的概念及特点。

◎熟悉：局域网的构成和互联设备。

◎掌握：局域网资源共享配置方法。

5.1 局域网的概念及特点

1. 局域网的概念

局域网（LAN）是指在较小的地理范围内，将有限的通信设备互联起来的计算机通信网络。局域网可以实现文件管理、应用软件共享、打印机共享、工作组内的日程安排、电子邮件和传真通信服务等功能。

2. 局域网的特点

局域网具有以下几个特点：

（1）地理范围有限，用户个数有限。通常局域网仅为一个单位服务，只在一个相对独立的局部范围内联网，如一座楼或集中的建筑群内。

（2）传输速率高，误码率低。因近距离传输，所以误码率很低，时延较低，一般低于 10^{-9}，能支持计算机之间的高速通信。

（3）具有广播式通信功能。从一个主机可以很方便地访问局域网上连接的所有可共享的各种硬件和软件资源。

（4）具有相对简单和规范的拓扑结构。

5.2 局域网的构成

局域网由网络硬件和网络软件两部分构成。网络硬件主要包括网络服务器、客户机、外围设备等，网络软件主要包括网络操作系统（NOS）和网络协议等。

1. 网络服务器

网络服务器是整个网络系统的核心，它为网络用户提供服务并管理整个网络，在其上运行的操作系统是网络操作系统。

网络服务器可以按功能进行分类：

（1）文件服务器：文件服务器能将大量的磁盘存储区划分给网络上的合法用户使用，接收客户机提出的数据处理和文件存取请求。

（2）打印服务器：接收客户机提出的打印要求，及时完成相应的打印服务。

（3）通信服务器：负责局域网与局域网之间的通信连接功能。

服务器一般由一台或几台高性能的微机、小型机、中型机或大型机等来担当。

2. 客户机

网络中计算机一部分充当服务器，一部分充当客户机。

工作站又称客户机。当一台计算机连接到局域网上时，这台计算机就成为局域网的一个客户机。

客户机与服务器区别：服务器是为网络上许多网络用户提供服务以共享它的资源，而客户机仅对操作该客户机的用户提供服务。客户机是用户和网络的接口设备，用户通过它可以与网络交换信息，共享网络资源。客户机通过网卡、通信介质以及通信设备连接到网络服务器。客户机只是一个接入网络的设备，它的接入和离开对网络不会产生多大的影响，它不像服务器那样一旦失效，可能会造成网络的部分功能无法使用，导致正在使用这一功能的网络都会受到影响。

现在的客户机都用具有一定处理能力的个人计算机来承担。

3. 外围设备

外围设备是连接服务器与工作站的一些传输介质和连接设备，常用的传输介质一般可分为有线通信介质和无线通信介质两类。有线通信介质主要有双绞线、同轴电缆和光纤，无线通信介质主要有红外线、微波等；连接设备主要有网卡、集线器、交换机、路由器等。

4. 网络操作系统和网络协议

网络操作系统安装并运行在网络服务器上，它可以控制服务器的操作和共享资源的管理，并提供了网络环境下的各种服务功能。目前国内用户熟悉的网络操作系统主要有 Windows Server、Linux 和 UNIX 等。网络操作系统的水平决定着整个网络的水平，使所有网络用户都能有效地利用计算机网络的功能和资源。

网络协议是网络中通信各方共同遵循的一组通信规则。计算机局域网中一般使用的协议主要有 NetBEUI、TCP/IP 和 IPX/SPX 等。

5.3 局域网拓扑结构

计算机网络中通信线路（包括有线介质和无线介质）和各种节点（如主机、集线器、交换机等）之间的连接形式称为计算机网络的拓扑结构，即网络的布线形式，它是网络规划基本的设计方案，对整个网络的设计、性能、可靠性和费用有着决定性的影响，也是网络施工、网络管理与维护以及今后网络扩展的重要依据。

常见的局域网拓扑结构有星状拓扑结构、环状拓扑结构、总线结构和树状拓扑结构。

5.4 局域网互联设备

计算机网络中有各种互联设备，用于将网络中的各个部件连接在一起。

1. 网络适配器

网络适配器也就是俗称的网卡。

（1）网卡的功能：

- 接口功能。
- 串 - 并转换功能。
- 数据缓存。
- 支持以太网协议。

（2）网卡的类型：

- 按连接速度划分，如 10M/100M/1 000M。
- 按总线类型划分，如 PCI/PCMCIA/USB。

2. 集线器

（1）集线器的结构。集线器将所有计算机通过一些集中的端口连接在一起，这样网络的扩展和管理就方便了很多。集线器实际上是对总线电缆的一种浓缩，将总线电缆缩成集线器的内部总线并模块化，通过端口向外提供多个连接，只需要利用标准的接头直接将电缆插接在集线器的端口上即可。

（2）集线器的工作原理。集线器是一个多端口的中继器，它工作在物理层。

因为集线器同一时间里只允许一个用户来发送数据，如果当一个用户在发送数据的时候另一个用户也发送了数据，这时候就产生了冲突，双方发送均失败。另外，集线器不认识 MAC 地址，更不认识 IP 地址，所以它的数据传递只能通过广播的方式来传递，也就是向网中每一个用户发送一个，当然最终只会有一个正确的用户收到数据，但是，在网络负荷比较重的情况下，这些广播数据包将会严重阻碍数据的正常通信，便形成了广播风暴。

3. 交换机

交换机是基于 MAC 地址识别，能完成封装转发数据包功能的网络设备，属于数据链路层设备，故称为二层交换机。

（1）交换机的主要作用。

交换机工作在数据链路层，是一个多端口的网桥。

交换机可以有效地隔离广播风暴，减少误包和错包的出现，避免共享冲突。一些高档交换机还具备一些新的功能，如对 VLAN（虚拟局域网）的支持、对链路汇聚的支持，有的还具有防火墙和路由的功能。

（2）交换机的性能特点：

- 独占带宽。
- 全双工通信。

4. 路由器

路由器工作在网络层。所谓路由是指通过相互连接的网络把分组从源主机发送到目标主机的行为过程，而路由器正是执行这种行为过程的网络设备。事实上，路由器是一台特殊的计算机，它有 CPU、存储介质以及 IOS（Internetwork Operating System，互联网际操作系统）。

5. 网关

网关是最复杂的网络互联设备，仅用于两个高层协议不同的网络互联。

实验 4　局域网资源共享

实验学时：

2 学时。

实验目的：

（1）掌握对等网的组建与配置。

（2）掌握文件夹在局域网的共享设置。

（3）掌握映射网络驱动器的使用方法。

实验要求：

（1）设备要求：计算机两台以上（装有 Windows 7/10 操作系统、装有网卡已联网）。

（2）分组要求：两人一组，合作完成。

实验内容与实验步骤：

1. 构建对等网

在学校计算机中心每间机房中，有一台教师机和几十台学生机，这些机器在局域网络中的地位是平等的，它们属于网络中的同一工作组，即是说它们的工作组名被设置成同一个名字。一个同名工作组中的计算机构成一个对等网（地位对等，既使用资源也提供资源），可以相互共享软硬件资源，如打印机、硬盘、文件、文件夹等，所谓共享就是相互可以使用和传递上述资源。

（1）用制作好的交叉线连接计算机。每两台微机为一组构建对等网（邻近两位学生为一组），由于学校同一间机房中的计算机的工作组名都已经设置成相同的，即是每间机房是一个工作组。

现在可以打开桌子后盖，拔去原有网线，将制作好的交叉线两头分别插入两台微机的网卡 RJ-45 接口中。

（2）对等网中主机的计算机名与工作组名的检查、修改。

在桌面上右击“计算机”图标，在弹出的快捷菜单中选择“属性系统”窗口，如图 5-1 所示。检查“工作组”是否同名，若不同，则必须更改（工作组名一定要相同）。检查“计算机”是否同名，若相同，则必须更改（计算机名相同会发生冲突）。

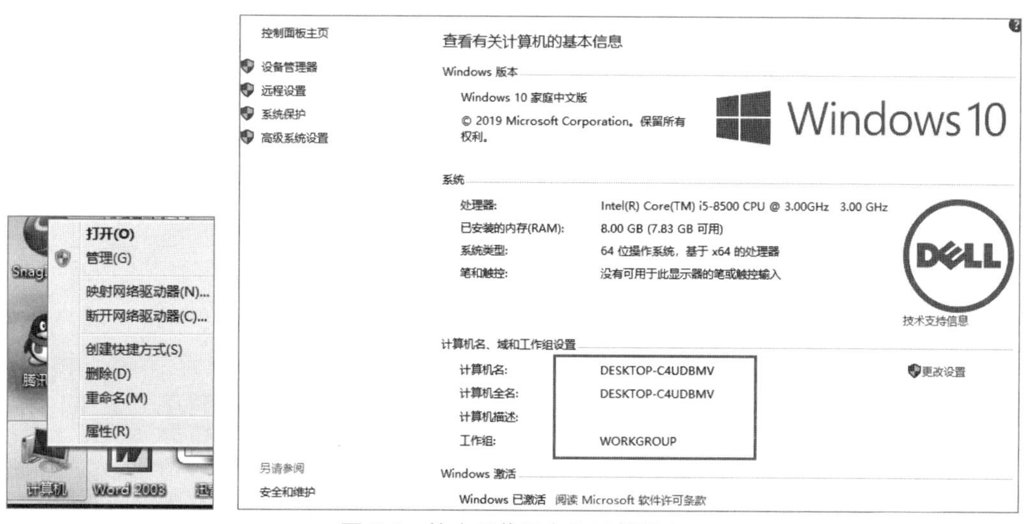

图 5-1　检查工作组名和计算机名

若要修改，则单击“更改设置”，弹出图 5-2（a）所示的对话框；单击“更改”按钮，弹出图 5-2（b）所示的对话框，可对工作组和计算机名进行修改。

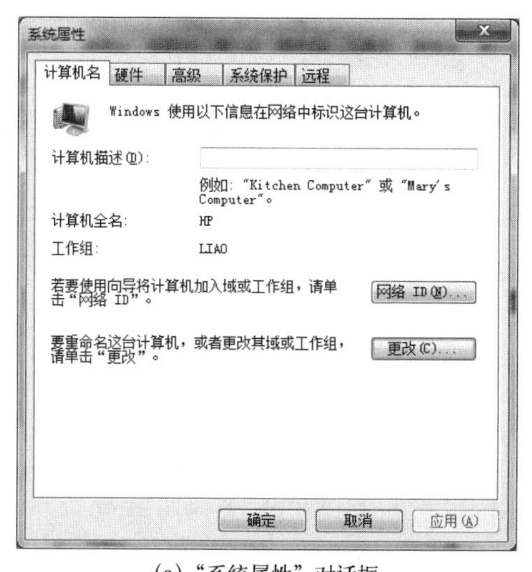

（a）“系统属性”对话框

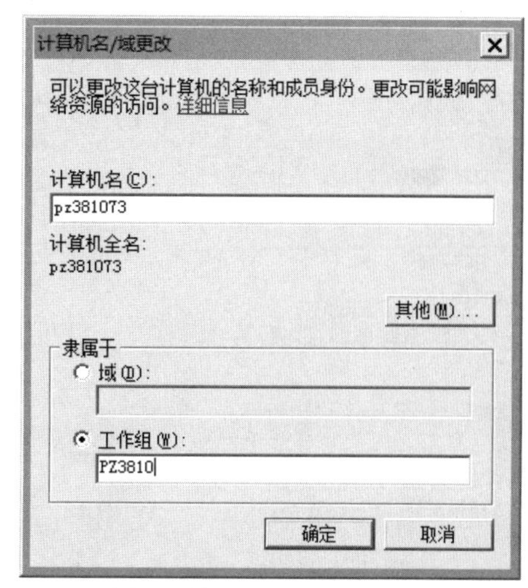

（b）“计算机名 / 域更改”对话框

图 5-2　修改工作组名和计算机名

（3）对等网中主机 IP 地址的检查、修改。

在桌面上单击“网络”图标，或右击屏幕右下角的网络图标并在弹出的快捷菜单中选择“打开网络和共享中心”命令，打开“网络和共享中心”窗口，如图 5-3 所示。

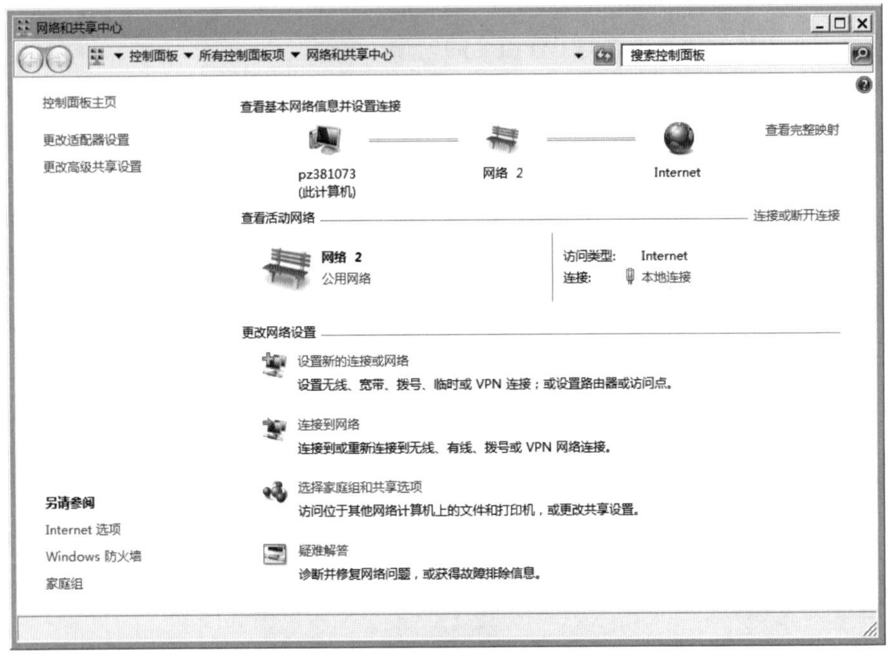

图 5-3 “网络和共享中心”窗口

单击“本地连接”,弹出“本地连接 状态”对话框,如图 5-4 所示。单击“属性”按钮,弹出“本地连接 属性”对话框，如图 5-5 所示。

（也可以双击“网络”图标，再依次单击“网络和共享中心”→“更改适配器设置”→“本地连接”→“属性”）

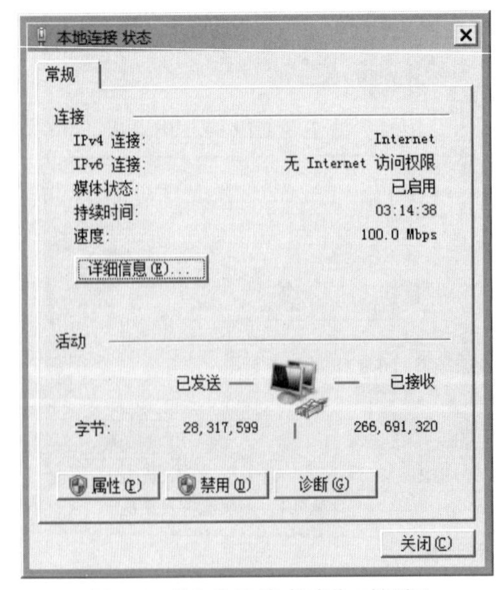

图 5-4 “本地连接 状态”对话框

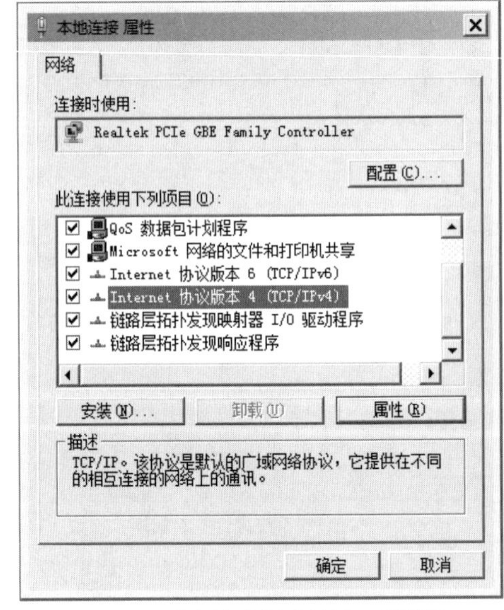

图 5-5 “本地连接 属性”对话框

选中“Internet 协议版本 4 (TCP/IP4)”，单击“属性”按钮，弹出“Internet 协议版本 4（TCP

(Pv4）属性”对话框，如图 5-6 所示。

注意：在对等网中，由于不涉及网关和域名解析服务，所以网关和 DNS 可以不填。而对等网中所有机器的 IP 地址一定不能相同。

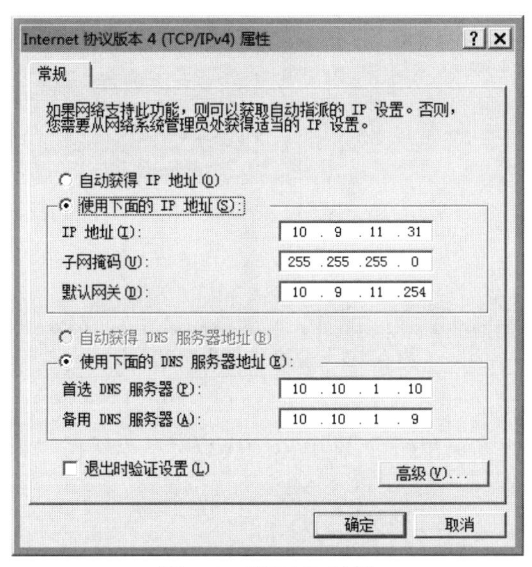

图 5-6　填写 IP 地址

2. 两台计算机的逻辑盘进行资源共享

由于机器上安装的 Windows 7 的系统版本不同，资源共享进行的操作会有所不同。如下的操作是针对 3709、3801 等机房的配置环境而言。

① 开通 Guest 来宾账户。在桌面上右击“计算机”图标，在弹出的快捷菜单中选择“管理”命令，打开“计算机管理”窗口，如图 5-7 所示，单击“本地用户和组”→“用户”，如图 5-8 和图 5-9 所示，右击 Guest，在弹出的快捷菜单中选择“属性”命令，弹出“Guest 属性”对话框，取消选中“账户已禁用”复选框，如图 5-10 所示，单击“确定”按钮。

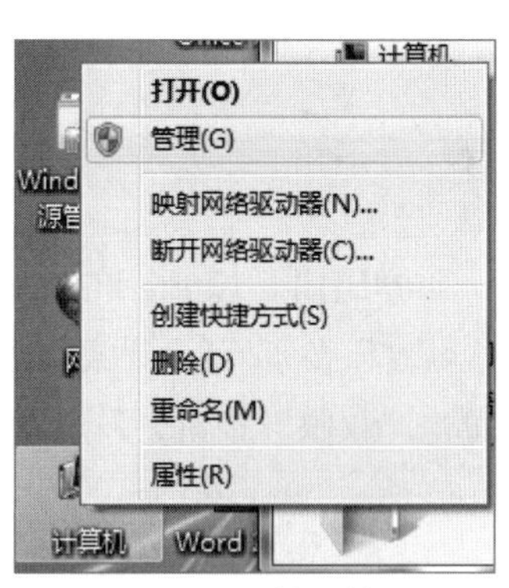

图 5-7　计算机管理

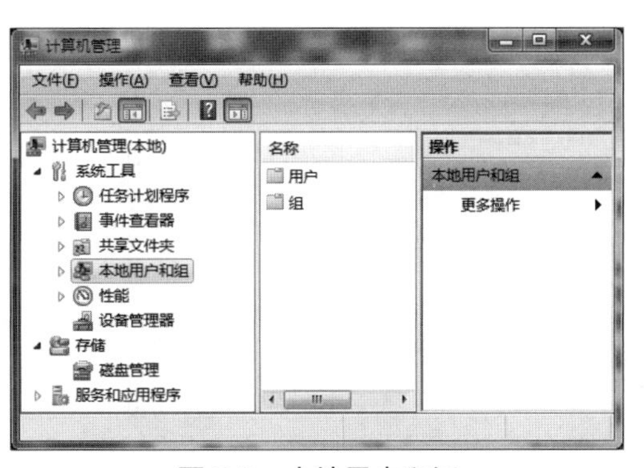

图 5-8　本地用户和组

图 5-9　修改 Guest 用户属性

图 5-10　去掉“账户已禁用”

② 设置逻辑盘共享。

在对等网的主机中，右击某一逻辑盘，在弹出的快捷菜单中选择“共享”→“高级共享”命令，如图 5-11 所示。

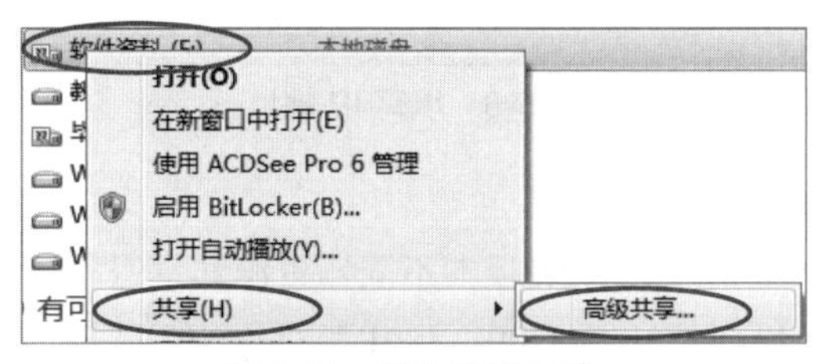

图 5-11　进入高级共享

弹出图 5-12 所示的对话框，可见到 F: 盘的共享状况为没有共享，如图 5-12 (a) 所示。单击“高级共享”按钮，可设置或修改该盘的“共享名”如图 5-12 (b) 所示，然后在共享后被操作时的权限，单击“权限”按钮，弹出图 5-13 所示的对话框。

（a）

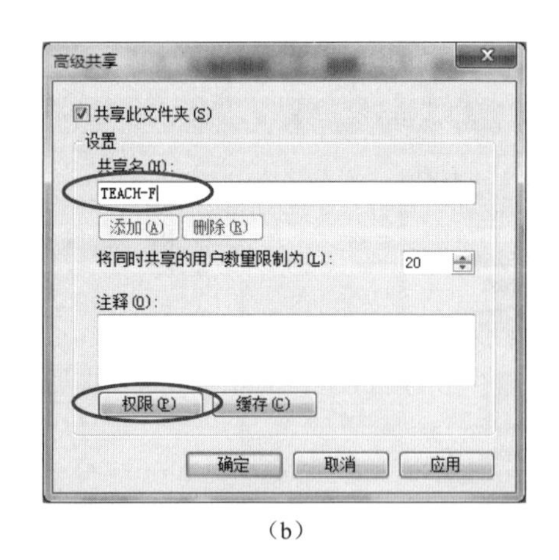

（b）

图 5-12　设置逻辑盘的共享名

在图 5-13 中，单击“添加”按钮可以添加共享本逻辑盘的其他用户。可以选中 Everyone，让大家都可使用。可以勾选下方的三种权限。为了安全起见，一般只允许别人“读取”自己的资源。若勾选修改或完全控制，则有很大风险。

设置好用户和权限后，依次单击“确定”→“确定”→“关闭”按钮，然后单击“计算机”，可以看到被共享的逻辑盘前面多了一个图标，如图 5-14 所示。

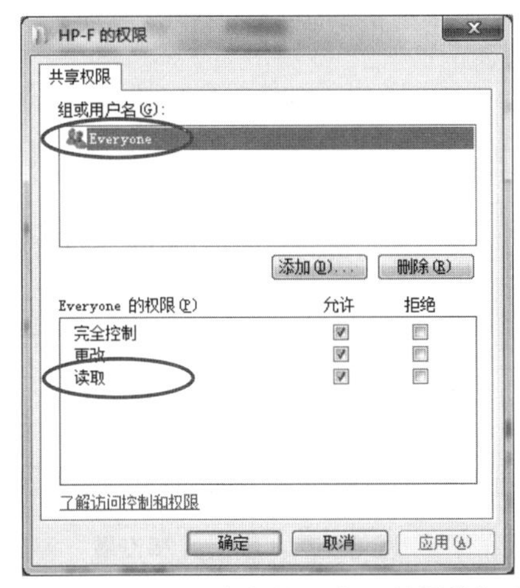

图 5-13　设置共享盘的用户及其操作权限

图 5-14　共享磁盘

在对等网中的其他主机中打开“计算机”→“网络”窗口，就可以看到并使用被共享的逻辑盘了。

③ 两台计算机逻辑盘中文件夹的资源共享。

参照上述逻辑盘的共享设置步骤，选中某一文件夹，进行类似操作即可。

④ 修改同组中两台机器的 IP 地址。

设内部 IP 地址有三套，除 10.0.0.0 外，还可以使用 192.168.0.0 和 172.16.0.0。

将 IP 地址修改成为图 5-15 所示的值，然后再相互复制粘贴文件，进行资源共享操作。

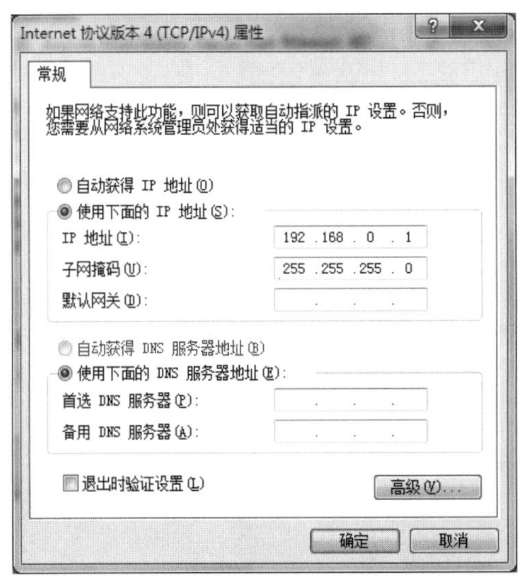

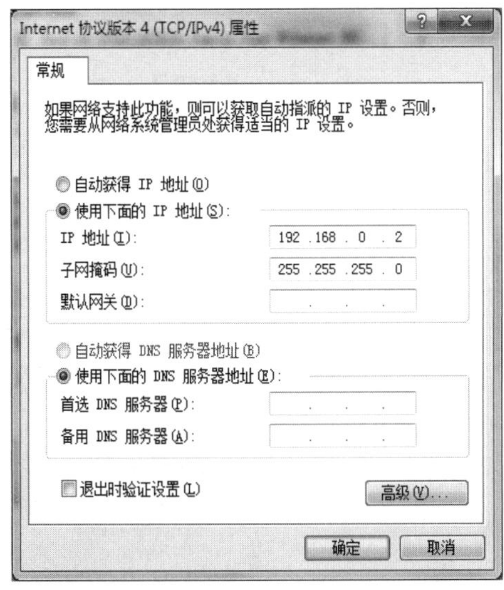

图 5-15　修改 IP 地址进行共享

3. 网络与共享中心参数设置

双击“网络”图标打开“网络和共享中心”窗口，如图 5-16 所示，可以看到本网络属于“公用网络”。单击“更改高级共享设置”，打开“高级共享设置”窗口，如图 5-17 所示，展开“公用”并修改其中相关参数。

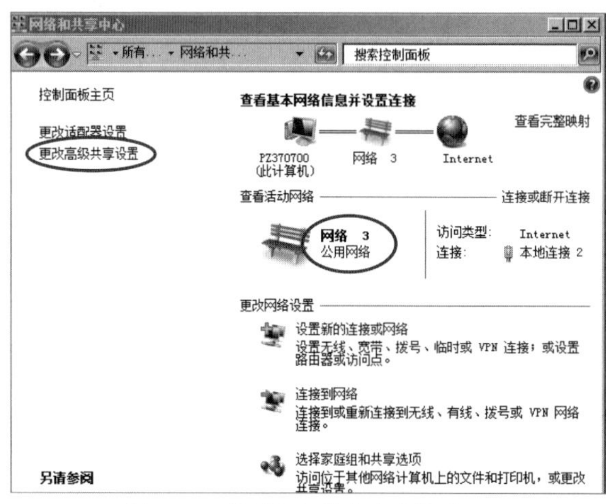

图 5-16 “网络和共享中心”窗口

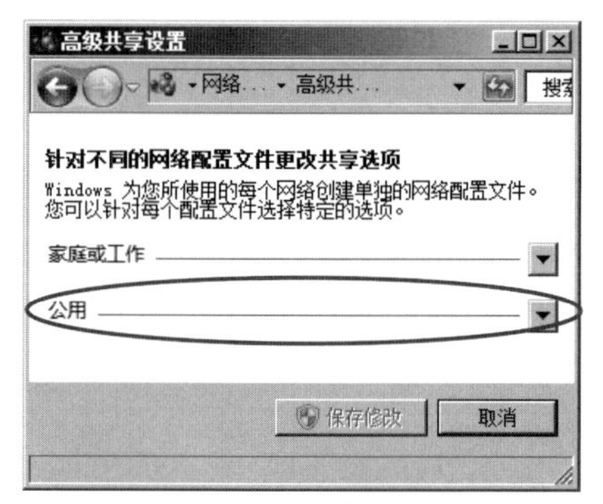

图 5-17 “高级共享设置”窗口

“公用”选项的设置如图 5-18 所示，单击“保存修改”按钮。

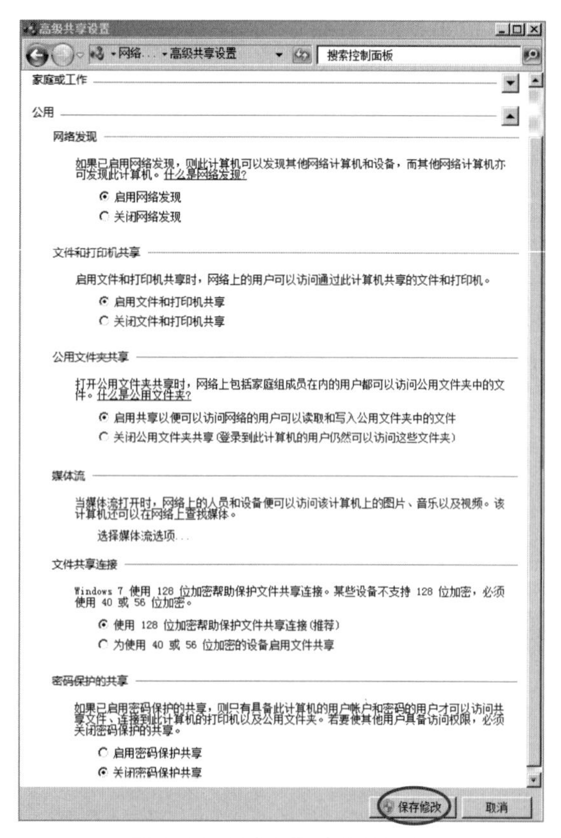

图 5-18 “公用”选项的设置

4. 将共享的逻辑盘或文件夹映射成网络逻辑盘

每次都需要通过双击“网络”图标而找到并访问其他计算机上的共享磁盘或文件夹，在操作上较太烦琐。事实上，可以将其他计算机的共享磁盘或文件夹映射成本地计算机的网络驱动器，就可以像操作本地磁盘一样来操作网络上其他计算机的共享逻辑盘或文件夹。

在F盘上新建一个名为myfile的文件夹，并将自己的F盘和myfile文件夹设置成“共享”。接下来学生每两人一组进行操作（以PZ370907和PZ370908两位同学为例）：

① 双击“网络”图标，找到同组另一学生的主机（如PZ370908），双击该主机名，打开图5-19所示的窗口，显示已设置成共享的逻辑盘F和文件夹myfile。

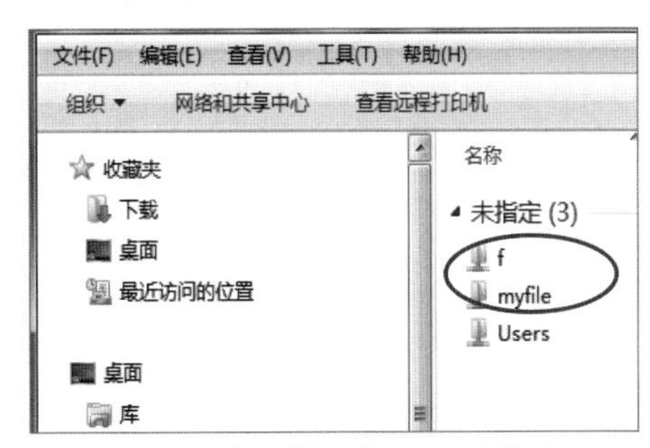

图5-19　被共享的逻辑盘F: 和文件夹myfile

② 右击F盘符，在弹出的快捷菜单中选择“映射网络驱动器”命令，如图5-20所示，将对方的逻辑盘F映射成自己的网络盘T（可在文本框中选择并命名盘符）。

③ 单击“完成”按钮。双击桌面上的“计算机”图标，会看到除本地的逻辑盘外，还有网络位置盘即网盘f（\\PZ370908）(T:)，如图5-21所示。

映射成功，今后只要对方开机，双击该盘符T即可操作该网络盘。

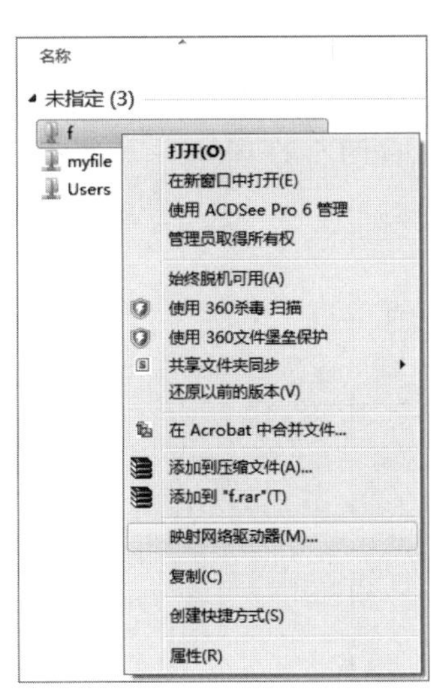

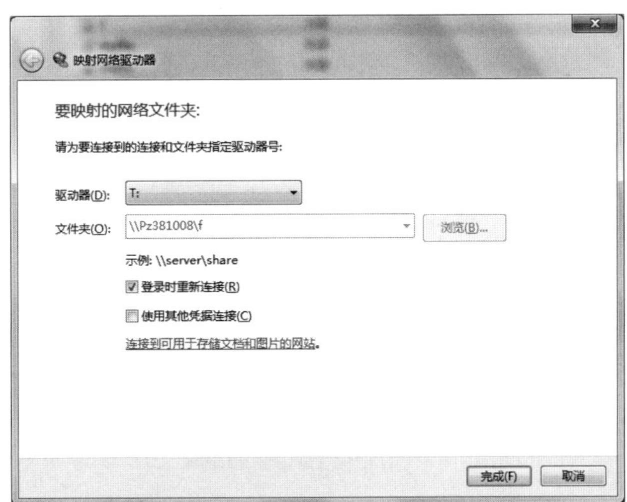

图5-20　映射网络驱动器

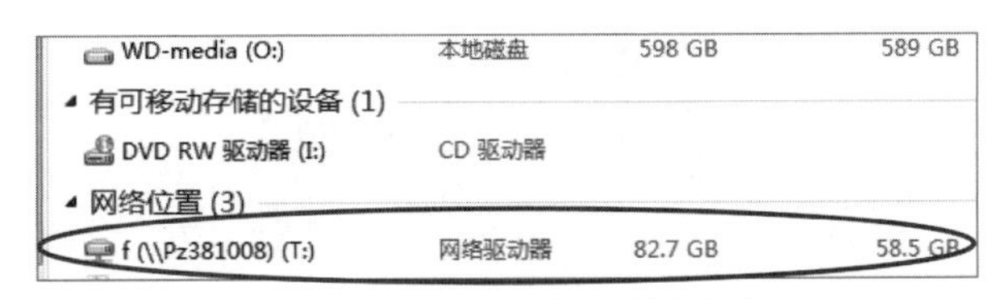

图5-21　网络驱动器映射成功

④ 用同样的方法，将对方的myfile文件夹映射成自己的网络盘Y，双击盘符Y即可操作对

方的 myfile 文件夹，如图 5-22 所示。

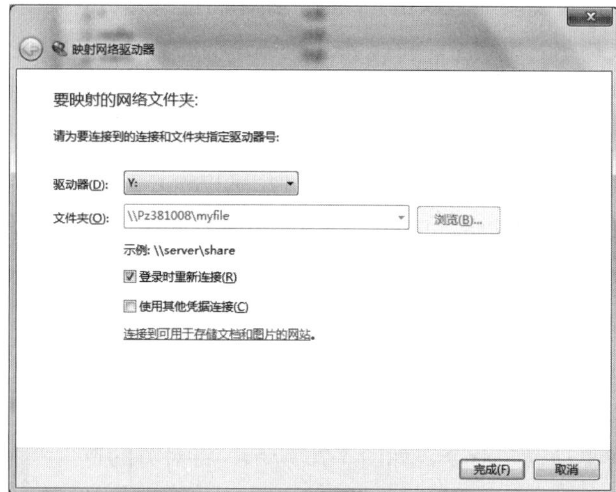

图 5-22 映射文件夹

5. 断开网络驱动器

右击网络驱动器，在弹出的快捷菜单中选择“断开”命令，如图 5-23 所示。

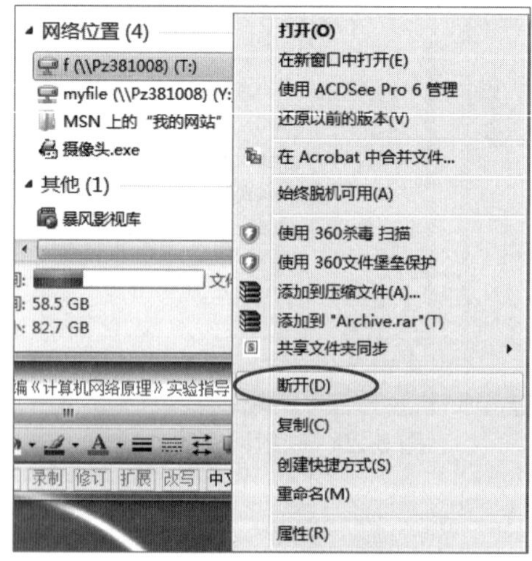

图 5-23 断开网络驱动器

习 题

选择题

1. Internet属于（　　）。

A. 局域网　B. 城域网　C. 广域网　D. 校园网

2. 局域网的缩写是（　　）。

A. WAN　B. LAN　C. VLAN　D. MAN

3. 以太网是局域网中的一种，它属于（　　）标准系列。

A. IEEE 802.1　B. IEEE 802.2　C. IEEE 802.3　D. IEEE 802.4

4. 交换式局域网的核心是（　　）。

A. 集线器　B. 中继器　C. 服务器和工作站　D. 交换机

5. 下列不是网络操作系统的是（　　）。

A. Windows Server 2016　B. MS-DOS

C. UNIX　D. Linux

6. 在局域网标准IEEE 802标准中，定义了无线局域网技术的标准是（　　）。

A. IEEE 802.3　B. IEEE 802.8　C. IEEE 802.10　D. IEEE 802.11

7. 要让别人能够浏览自己的文件却不能修改文件，一般将包含这些文件的文件夹共享属性的访问类型设置为（　　）。

A. 隐藏　B. 更改　C. 只读　D. 不共享

8. 为了保证系统安全，通常采用（　　）格式。

A. NTFS　B. FAT　C. FAT32　D. FAT16

9. 以下不属于对等网络优点的是（　　）。

A. 对等网中同步使用的计算机性能上升　B. 对等网容易建立和维护

C. 对等网建立和维护的成本比较低　D. 对等网可以实现多种服务应用

10. 划分VLAN的常用方法有（　　）、基于MAC地址划分和基于网络层协议划分。

A. 按IP地址划分　B. 按端口划分　C. 按帧划分　D. 按信元交换

项目 6

无线局域网组建和网络打印机的安装及配置

项目导读

无线局域网对于一些安装电缆太麻烦的场地具有特别的优势。本项目简要介绍无线局域网及其优点与不足、拓扑结构、组网要求、组网模式和硬件设备。并以实验方式详细介绍在局域网中安装打印机和设置网络打印机。

通过对本项目的学习，可以实现下列目标。

◎了解：无线局域网的概念及优缺点。

◎熟悉：无线局域网的组网要求、组网模式和硬件设备。

◎掌握：局域网打印机的安装及配置方法。

6.1 无线局域网概述

6.1.1 无线局域网简介

无线局域网（WLAN）是在几千米范围内的公司楼群或是商场内的计算机互相连接所组建的计算机网络，一个无线局域网能支持几台到几千台计算机的使用。现如今无线局域网的应用已经越来越多。无线局域网的应用为人们的生活和工作都带来了很大的帮助，不仅能够快速传输人们所需要的信息，还能让人们的联系更加快捷方便。

无线局域网的一个标准为 IEEE 802.11，俗称 Wi-Fi。目前使用最多的是 802.11n（第四代）和 802.11ac（第五代）标准，它们既可以工作在 2.4 GHz 频段，也可以工作在 5 GHz 频段上，传输速率可达 600 Mbit/s（理论值）。

6.1.2 无线局域网的优点与不足

1. 无线局域网的优点

（1）灵活性和移动性。在有线网络中，网络设备的安放位置受网络位置的限制，而无线局域网在无线信号覆盖区域内的任何一个位置都可以接入网络。无线局域网的另一个优点在于其移动性，连接到无线局域网的用户可以移动且能同时与网络保持连接。

（2）安装便捷。无线局域网可以免去或最大限度地减少网络布线的工作量，一般只要安装一个或多个接入点设备，就可建立覆盖整个区域的局域网络。

（3）易于进行网络规划和调整。对于有线网络来说，办公地点或网络拓扑的改变通常意味着重新建网。重新布线是一个昂贵、费时、浪费和琐碎的过程，无线局域网可以避免或减少以上情况的发生。

（4）故障定位容易。有线网络一旦出现物理故障，尤其是由于线路连接不良而造成的网络中断，往往很难查明，而且检修线路需要付出很大的代价。无线网络则很容易定位故障，只需更换故障设备即可恢复网络连接。

（5）易于扩展。无线局域网有多种配置方式，可以很快从只有几个用户的小型局域网扩展到上千用户的大型网络，并且能够提供节点间"漫游"等有线网络无法实现的特性。由于无线局域网有以上诸多优点，因此其发展十分迅速。最近几年，无线局域网已经在企业、医院、商店、工厂和学校等场合得到广泛的应用。

2. 无线局域网的不足

无线局域网在给网络用户带来便捷和实用的同时，也存在着一些缺陷。无线局域网的不足之处体现在以下几个方面：

（1）性能。无线局域网是依靠无线电波进行传输的。这些电波通过无线发射装置进行发射，而建筑物、车辆、树木和其他障碍物都可能阻碍电磁波的传输，所以会影响网络的性能。

（2）速率。无线信道的传输速率与有线信道相比要低得多。无线局域网的最大传输速率为1 Gbit/s，只适合于个人终端和小规模网络应用。

（3）安全性。本质上无线电波不要求建立物理的连接通道，无线信号是发散的。从理论上讲，很容易监听到无线电波广播范围内的任何信号，造成通信信息泄漏。

6.2 无线局域网拓扑结构

基于 IEEE 802.11 标准的无线局域网允许在局域网络环境中使用可以不必授权的 ISM 频段中的2.4 GHz或5 GHz射频波段进行无线连接。它们被广泛应用，从家庭到企业再到Internet接入热点。

在家庭无线局域网最通用和最便宜的例子是，一台设备可作为防火墙、路由器、交换机和无线接入点。这些无线路由器可以提供广泛的功能，如保护家庭网络远离外界的入侵。允许共享一个 ISP（Internet 服务提供商）的单一 IP 地址。可为四台计算机提供有线以太网服务，但是也可以和另一个以太网交换机或集线器进行扩展。通常基本模块提供 2.4 GHz 802.11b/g 操作的 Wi-Fi，而更高端模块将提供双波段 Wi-Fi 或高速 MIMO 性能。

双波段接入点提供 2.4 GHz 802.11b/g/n 和 5.8 GHz 802.11a 性能，而 MIMO 接入点在 2.4 GHz 范围中可使用多个射频以提高性能。双波段接入点本质上是两个接入点为一体并可以同时提供两个非干扰频率，而更新的 MIMO 设备在 2.4 GHz 范围或更高的范围提高了速度。2.4 GHz 范围经常拥挤不堪，而且由于成本问题，厂商避开了双波段 MIMO 设备。双波段设备不具有最高性能或范围，但是允许在相对不那么拥挤的 5.8 GHz 范围操作，并且如果两个设备在不同的波段，允许它们同时全速操作。

6.3 无线组网要求

由于无线局域网需要支持高速、突发的数据业务，在室内使用还需要解决多径衰落以及各子网间串扰等问题。具体来说，无线局域网必须实现以下技术要求：

（1）可靠性：无线局域网的系统分组丢失率应该低于 10^{-5}，误码率应该低于 10^{-8}。

（2）兼容性：对于室内使用的无线局域网，应尽可能使其与现有的有线局域网在网络操作系统和网络软件上相互兼容。

（3）数据速率：为了满足局域网业务量的需要，无线局域网的数据传输速率应该在 54 Mbit/s 以上。

（4）通信保密：由于数据通过无线介质在空中传播，因此无线局域网必须在不同层次采取有效的措施以提高通信保密和数据安全性能。

（5）移动性：支持全移动网络或半移动网络。

（6）节能管理：当无数据收发时使站点机处于休眠状态，当有数据收发时再激活，从而达到节省电力消耗的目的。

（7）小型化、低价格：这是无线局域网得以普及的关键。

（8）电磁环境：无线局域网应考虑电磁对人体和周边环境的影响问题。

在组建无线局域网时，往往需要仔细考虑许多细节因素，才能成功搭建无线局域网，并保证其有很高的工作性能。

（1）在通过无线局域网连接远程局域网时，远程局域网所在的建筑物应该尽量可视，如果无线局域网要穿过高大的建筑物或茂密的树木等障碍物，那么搭建的无线局域网传输性能就会受影响，毕竟那些障碍物会直接影响无线局域网数据信号的正常传输。

（2）当远程网络与本地局域网之间的距离比较远时，可以适当降低网络传输带宽，达到远距离数据传输的目的如果确实需要进行远距离无线传输的话，可以尝试在中间设立无线局域网中继中转站，以便让上网信号绕过障碍物。在无线局域网中，网络信号进行近距离传输时。为了确保能够获取最大的传输带宽，就要将几个无线网桥互相集成在一起，同时无线局域网的天线高度基本不会受到影响。

（3）无线局域网的天线高度进行合适设置也是非常重要的，倘若没有将无线局域网设备的天线高度设置合适，单纯依靠增大天线增益或增大功率放大等方法，获取的无线传输效果将十分有限。可以考虑将无线节点设备的天线布置在建筑物的顶层，并且尽量利用小型天线以便确保无线电波的相对集中，这样有利于有效避免来自其他无线局域网信号的干扰。

（4）尽管无线局域网传输采用了跳频技术，但上网信号的频率载波很难被检测到，如此一来，只有当双方无线设置了相同的网络 ID 号，才能进行无线上网信号的安全传输。如果要进一步保证无线局域网的运行安全性，还可以对无线上网信号进行加密。

6.4 无线组网模式

将 WLAN 中的几种设备结合在一起使用，就可以组建出多层次、无线和有线并存的计算机网络。一般说来，无线局域网有无固定基站的 WLAN 和有固定基站的 WLAN 两种组网模式。

1. 无固定基站的 WLAN

无固定基站的 WLAN 也称无线对等网，是最简单的一种无线局域网结构。无固定基站的 WLAN 是一种无中心的拓扑结构，通过网络连接的各个设备之间的通信关系是平等的，但仅适用于较少数的计算机无线连接方式（通常是五台主机或设备之内）。

无固定基站的 WLAN 是一种自足网络，主要适用于在安装无线网卡的计算机之间组成的对等状态的网络。这种组网模式不需要固定的设施，只需要在每台计算机中安装无线网卡就可以实现，因此非常适用于一些临时网络的组建。

2. 有固定基站的 WLAN

当网络中的计算机用户到达一定数量时，或者是当需要建立一个稳定的无线网络平台时，一般会采用以 AP（Access Point）为中心的组网模式。

以 AP 为中心的组网模式也是无线局域网最为普遍的一种组网模式，在这种模式中，需要有一个 AP 充当中心站，所有站点对网络的访问都受该中心的控制。

有固定基站的 WLAN 类似于移动通信的机制，安装无线网卡的计算机通过基站（无线 AP 或者无线路由器）接入网络，这种网络的应用比较广泛，通常用于有线局域网覆盖范围的延伸或者作为宽带无线互联网的接入方式。

6.5 无线组网硬件设备

1. 无线网卡

无线网卡的作用和以太网中的网卡的作用基本相同，它作为无线局域网的接口，能够实现无线局域网各客户机间的连接与通信。

2. 无线 AP

无线 AP（Access Point）就是无线局域网的接入点、无线网关，它的作用类似于有线网络中的集线器。

3. 无线天线

当无线网络中各网络设备相距较远时，随着信号的减弱，传输速率会明显下降以致无法实现无线网络的正常通信，此时就要借助无线天线对所接收或发送的信号进行增强。

实验5 局域网打印机的安装及配置

实验学时：

2 学时。

实验目的：

（1）了解网络打印机的概念及作用。

（2）掌握网络打印机的安装。

（3）掌握网络打印机的配置方法。

实验要求：

（1）设备要求：计算机两台以上（装有 Windows 7/10 操作系统、装有网卡已联网）及打印机。

（2）分组要求：两人一组，合作完成。

实验内容与实验步骤：

1. 设置共享打印机

（1）单击“开始”按钮，选择“设备和打印机”，如图 6-1 所示。

图 6-1 选择“设备和打印机”

（2）在打开的窗口中找到想共享的打印机（前提是打印机已正确连接，驱动已正确安装），右击该打印机，在弹出的快捷菜单中选择“打印机属性”命令，如图 6-2 所示。

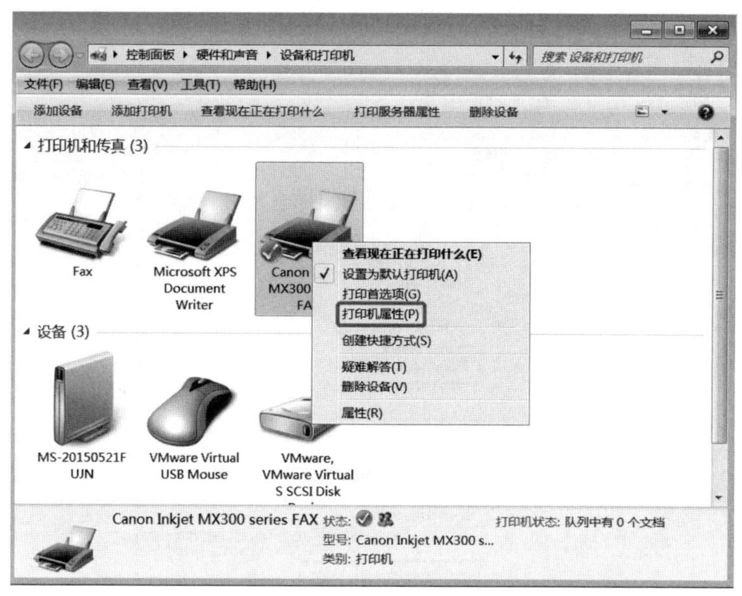

图 6-2　选择“打印机属性”

（3）弹出打印机属性对话框，切换到“共享”选项卡，勾选“共享这台打印机”复选框，并且设置一个共享名（请记住该共享名，后面的设置可能会用到），如图 6-3 所示。

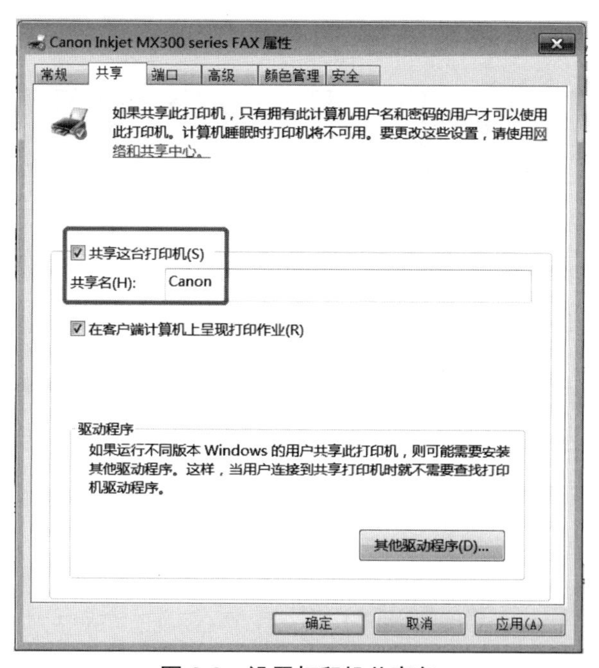

图 6-3　设置打印机共享名

2. 进行高级共享设置

（1）右击系统桌面右下角的网络连接图标，选择“打开网络和共享中心”，如图 6-4 所示。

图 6-4　打开网络和共享中心

（2）记住所处的网络类型（这里选“工作网络”或“家庭网络”，

公用网络是共享不了的)，接着在打开的窗口中单击“选择家庭组和共享选项”，如图 6-5 所示。

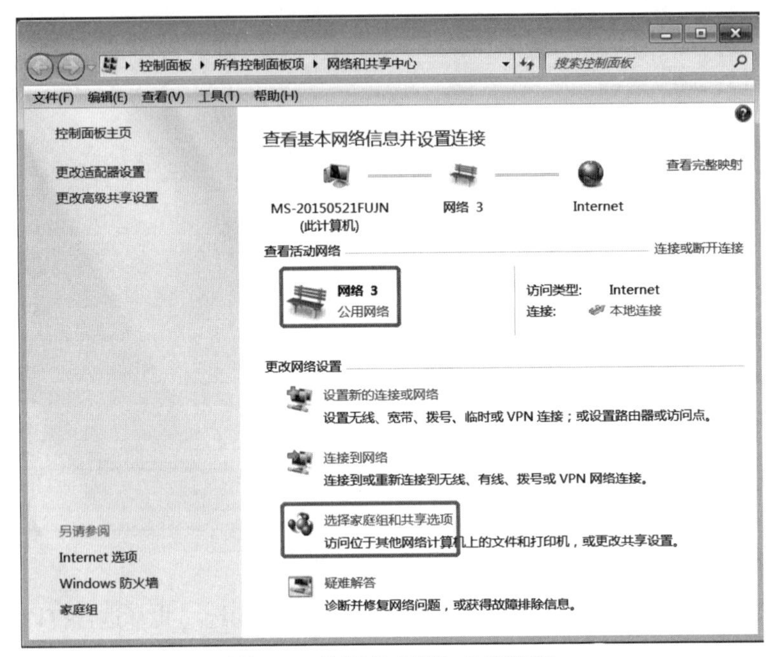

图 6-5 选择家庭组和共享选项

(3) 单击“更改高级共享设置”，如图 6-6 所示。

图 6-6 更改高级共享设置

(4) 如果是家庭或工作网络，高级共享设置的具体设置可参考图 6-7，其中的关键选项已经用矩形框标示，设置完成后不要忘记保存修改。

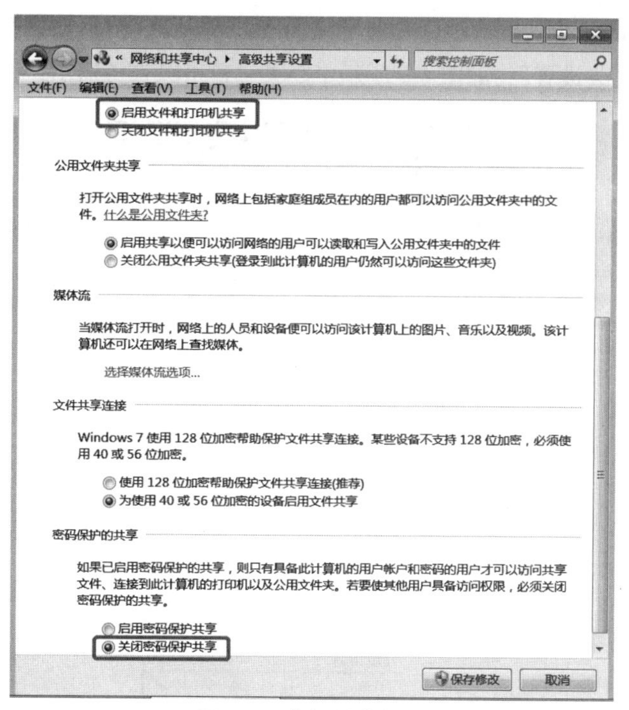

图 6-7　高级共享设置

3. 设置工作组

在添加目标打印机之前，首先要确定局域网内的计算机是否都处于同一个工作组。具体过程如下：

（1）右击“开始”菜单或桌面中的“计算机”，在弹出的快捷菜单中选择“属性”命令，如图 6-8 所示。

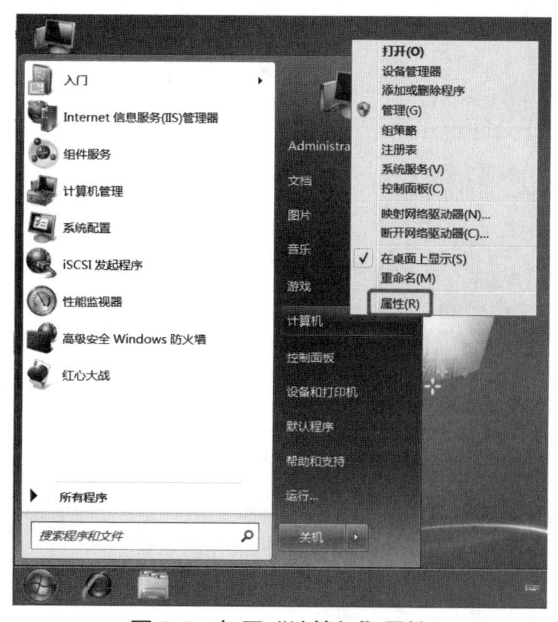

图 6-8　打开“计算机”属性

（2）在弹出的窗口中找到工作组，一般默认为 WORKGROUP，如果有的计算机的工作组设置不一致，可单击“更改设置”，如图 6-9 所示；如果一致可以直接退出。

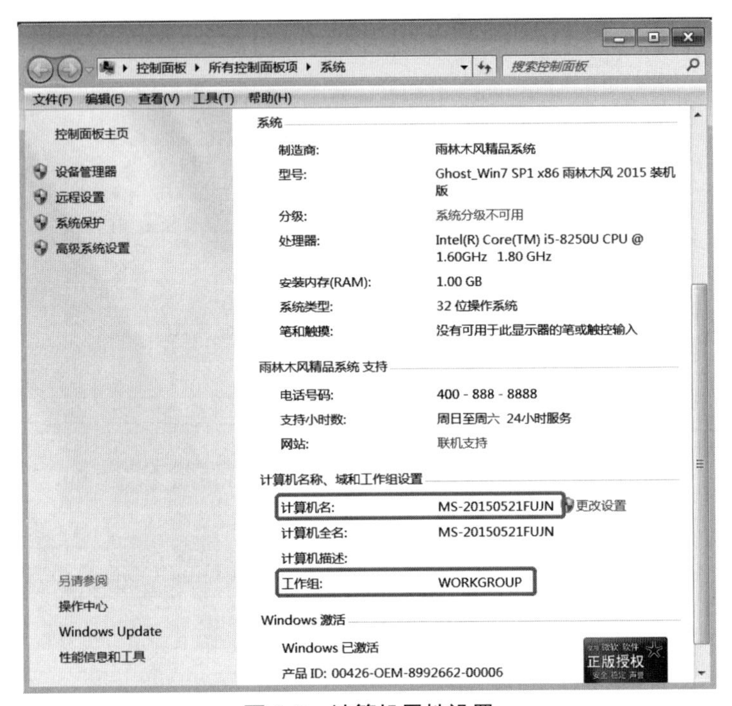

图 6-9　计算机属性设置

（3）如果处于不同的工作组，可以在图 6-10 所示的对话框中进行设置。

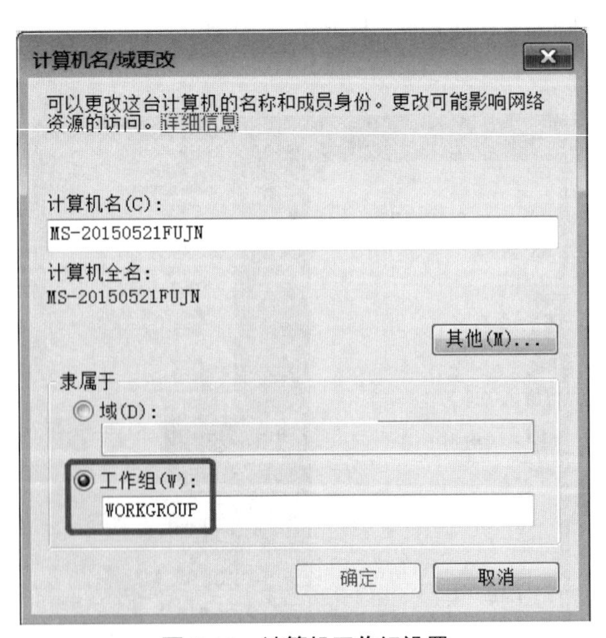

图 6-10　计算机工作组设置

注意：此设置要在重启计算机后才能生效。

4. 在其他计算机中添加目标打印机

(1) 依次打开“控制面板”→“所有控制面板项”→“设备和打印机”窗口，单击“添加打印机”，如图 6-11 所示。

图 6-11 添加打印机

(2) 选择“添加网络、无线或 Bluetooth 打印机”，单击“下一步”按钮，如图 6-12 所示。

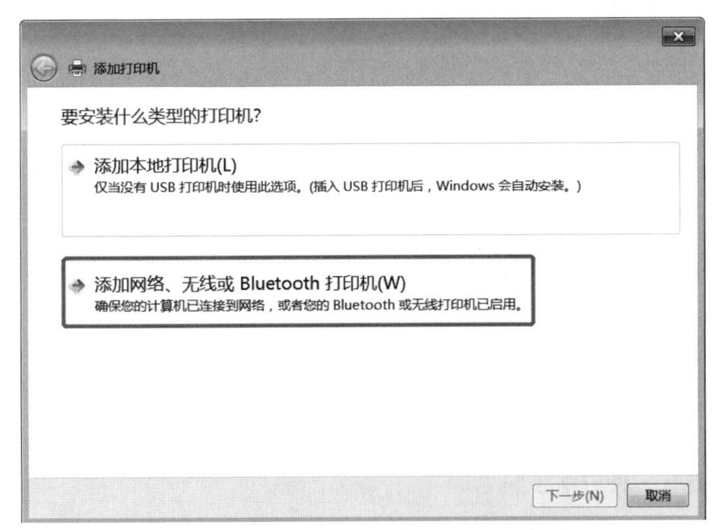

图 6-12 添加网络、无线或 Bluetooth 打印机

(3) 单击“下一步”按钮，系统会自动搜索可用的打印机。

如果前面的几步设置都正确，那么只要耐心等待，一般系统都能找到，接下来只需跟着提示一步步操作即可。

如果耐心地等待后系统还是找不到所需要的打印机，可以单击“我需要的打印机不在列表中”，然后单击“下一步”按钮，如图 6-13 所示。

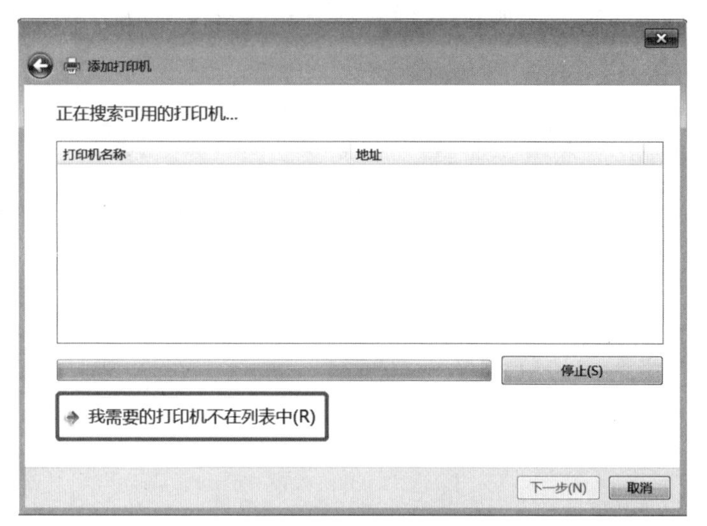

图 6-13　搜索打印机

（4）如果没有什么耐性，可以直接单击“停止”按钮，然后单击“我需要的打印机不在列表中”，接着单击“下一步”按钮，如图 6-14 所示。

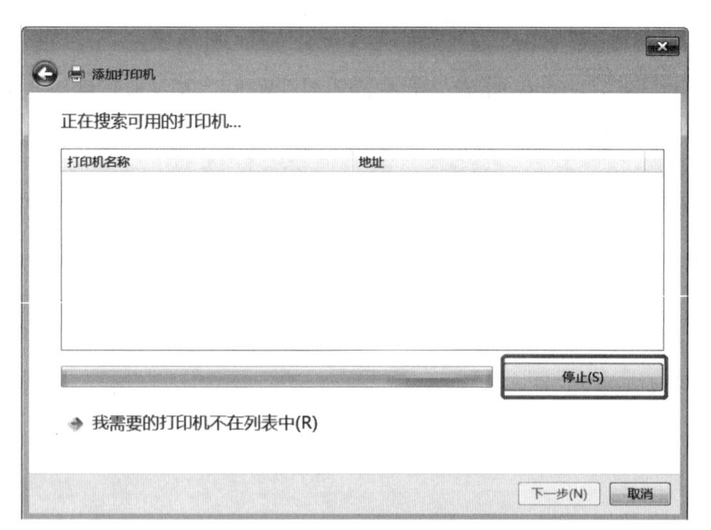

图 6-14　停止搜索打印机

接下来的设置就有多种方法了。

第一种方法：

（1）选择“浏览打印机”，单击“下一步”按钮，如图 6-15 所示。

（2）找到连接着打印机的计算机，单击“选择”按钮，如图 6-16 所示。

（3）选择目标打印机，单击“选择”按钮，如图 6-17 所示。

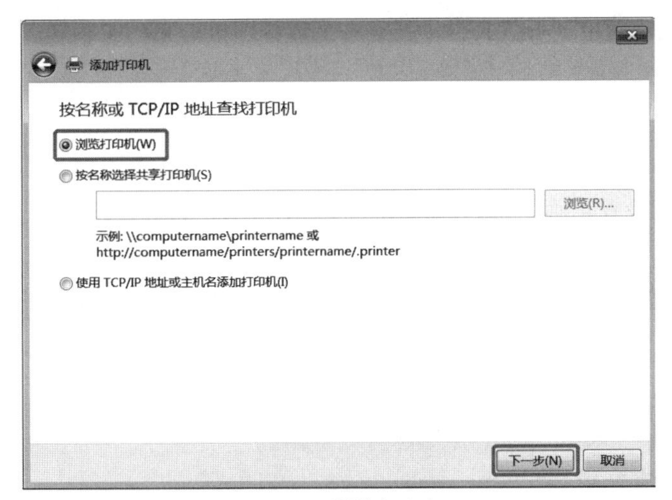

图 6-15　浏览打印机

图 6-16　选择连接共享打印机的计算机

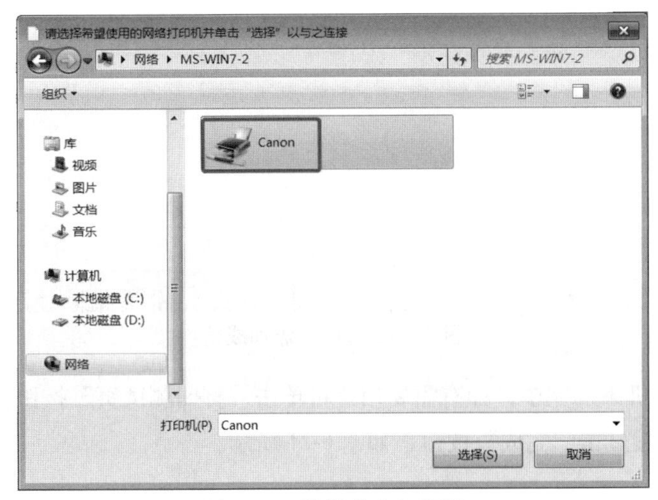

图 6-17　选择共享打印机

接下来的操作比较简单，系统会自动找到并把该打印机的驱动安装好。至此，打印机已成功添加。

第二种方法：

（1）在“添加打印机”对话框中选择“按名称选择共享打印机”，并且输入“\\计算机名\打印机名”。如果前面的设置正确，当输入完系统就会给出提示，如图 6-18 所示。接着单击“下一步”按钮。

（2）接下来，和第一种方法一样，系统会找到该设备并安装好驱动，只需耐性等待即可，如图 6-19 所示。

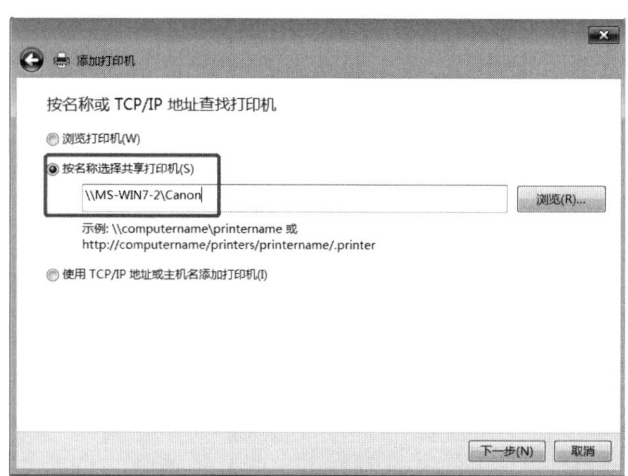

图 6-18　按名称选择共享打印机

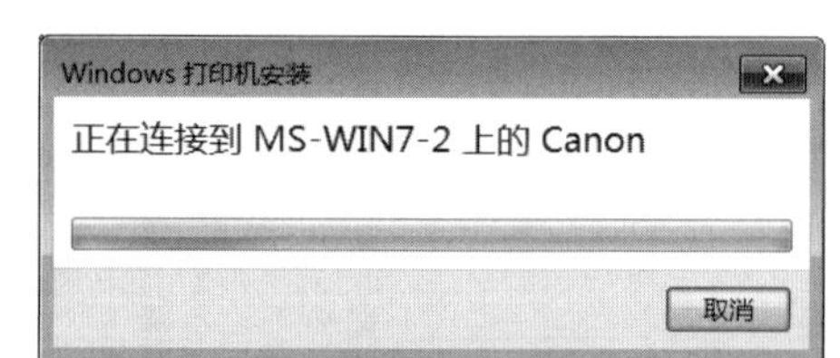

图 6-19　查找打印机并安装驱动

（3）接着系统会给出提示，告诉用户打印机已成功添加，直接单击“下一步”按钮，如图 6-20 所示。

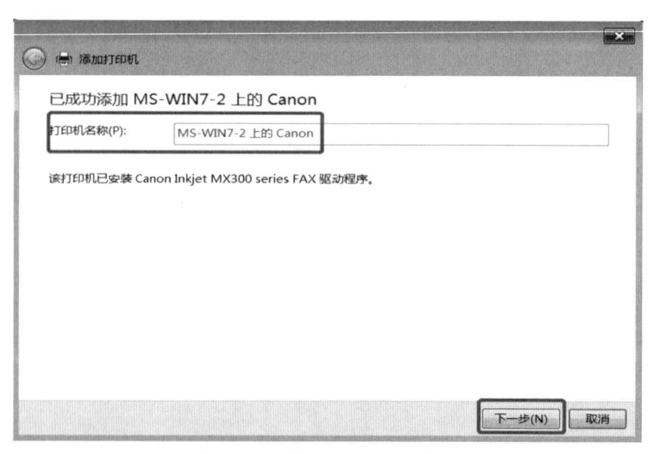

图 6-20　打印机添加成功

（4）至此，打印机添加完毕，如有需要用户可单击“打印测试页”按钮，测试打印机是否能正常工作，也可以直接单击“完成”按钮，如图 6-21 所示。

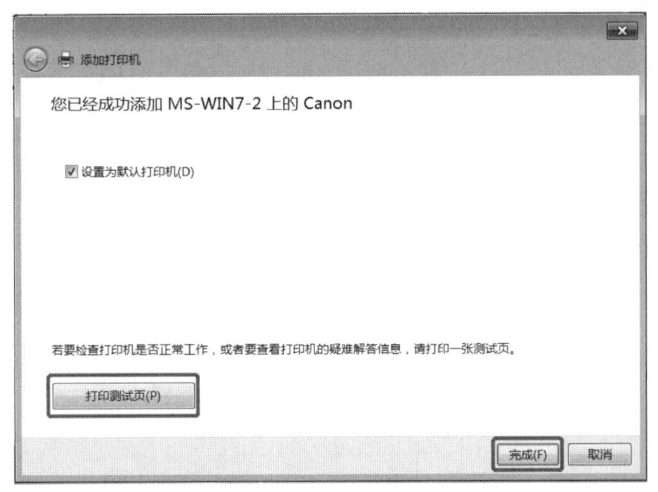

图 6-21　打印机安装完成

（5）成功添加后，在“设备和打印机”窗口中，可以看到新添加的打印机，如图 6-22 所示。

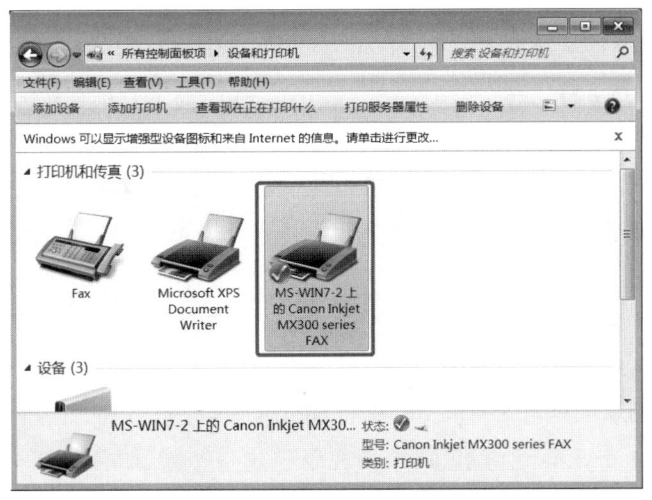

图 6-22　“设备和打印机”窗口

至此，整个过程完成。也可以使用 TCP/IP 地址或主机名添加打印机，过程类似。

习　题

选择题

1. WLAN 技术使用的介质是（　　）。

   A. 无线电波　　B. 双绞线　　C. 光波　　D. 沙浪

2. 下列对 2.4 GHz 的 RF 信号的阻碍作用最小的是（　　）。

   A. 混凝土　　B. 金属　　C. 钢　　D. 干墙

3. 天线主要工作在 OSI 参考模型的（　　）。

A. 第1层　　B. 第2层　　C. 第3层　　D. 第4层

4. 安全的主要目的是（　　）。

A. 阻止入侵者　　B. 给用户好印象

C. 拥有更好的设备　　D. 维护网络及商业流程

5. 根据FCC管制域，可用于2.4 GHz的WLAN设计方案的信道是（　　）。

A. 信道3、5和7　　B. 信道2、6和11

C. 信道1、6和11　　D. 信道1、5和9

6. 保障网络环境不出问题的关键因素是（　　）。

A. 形成文档　　B. 规划　　C. 沟通　　D. 以上都是

7. 无线桥接可做到点到（　　）。

A. 2点　　B. 3点

C. 4点　　D. 4点以上都可以

8. 下列不属于无线网卡接口类型的是（　　）。

A. PCI　　B. PCMCIA　　C. IEEE 1394　　D. USB

9. DHCP协议的功能是（　　）。

A. 为客户自动进行注册　　B. 为客户机自动配置IP地址

C. 使DNS名字自动登录　　D. 为WINS提供路由

10. 将双绞线制作成交叉线（一端按EIA/TIA 568A线序，另一端按EIA/TLA 568B线序），该双绞线连接的两个设备可为（　　）。

A. 网卡与网卡

B. 网卡与交换机

C. 网卡与集线器

D. 交换机的以太口与下一级交换机的UPLINK口

项目 7

家用无线路由器配置及应用

项目导读

无线路由器就是一个带路由功能的无线 AP，接入 ADSL 宽带线路，通过路由器的功能实现自动拨号接入网络，并通过无线功能，建立一个独立的无线局域网。本项目将详细介绍无线路由器的原理、功能、配置及使用方法。

通过对本项目的学习，可以实现下列目标。

◎了解：家用无线路由器的作用。

◎熟悉：家用无线路由器的功能。

◎掌握：家用无线路由器的配置及应用。

7.1 无线路由器简介

随着经济的发展，每个家庭可能拥有多部手机、多台平板电脑或者笔记本电脑。如何使家里的这些设备都接入网络中，这也成为每个家庭必须解决的问题。因此，几乎每个家庭都有了自己的无线路由器，以供对网络的应用。

无线路由器是用于用户上网、带有无线覆盖功能的路由器。无线路由器可以看作一个转发器，将家中墙上接出的宽带网络信号通过天线转发给附近的无线网络设备（笔记本电脑、支持 Wi-Fi 的手机、平板电脑以及所有带有 Wi-Fi 功能的设备）。市场上流行的无线路由器一般支持 15 ～ 20 个以内的设备同时在线使用。它还具有其他一些网络管理的功能，如 DHCP 服务、NAT 防火墙、MAC 地址过滤、动态域名等功能。一般的无线路由器信号范围为半径 50 m，已经有部分无线路由器的信号范围达到了半径 300 m。

7.2 无线路由器的功能

无线路由器的功能当然不能与真正的路由器（Router）相比。因为路由器是基于处理器和内存的硬件并在其之上运行软件的设备，可以根据固件和插件实现不同类型的功能。本节只介绍无线路由器几个比较重要和常见的功能。

1. DHCP

DHCP（Dynamic Host Configuration Protocol，动态主机配置协议）可以为客户机自动分配 IP 地址、子网掩码以及默认网关、DNS 服务器的 IP 地址等 TCP/IP 参数，简单来说，就是在 DHCP 服务器上有一个数据库，存放着 IP 地址、网关、DNS 等参数。当客户端请求使用时，服务器则负责将相应的参数分配给客户端。以避免客户端手动指定 IP 地址等。特别是在一些大规模的网络中，客户端数目较多，使用 DHCP 可以方便对这些机器进行管理，为客户机提供 TCP/IP 参数配置，如 IP 地址、网关地址和 DNS 服务器等，不仅效率高，而且不存在 IP 地址冲突的情况。现在的无线路由器默认都带有 DHCP 功能，也就是说一个无线路由器同时也是一个 DHCP 服务器。图 7-1 展示了无线路由器通过 DHCP 给客户机分配了一个 IP 地址。其中无线路由器的 IP 地址为 192.168.0.1，客户机的 IP 地址为 192.168.0.103。

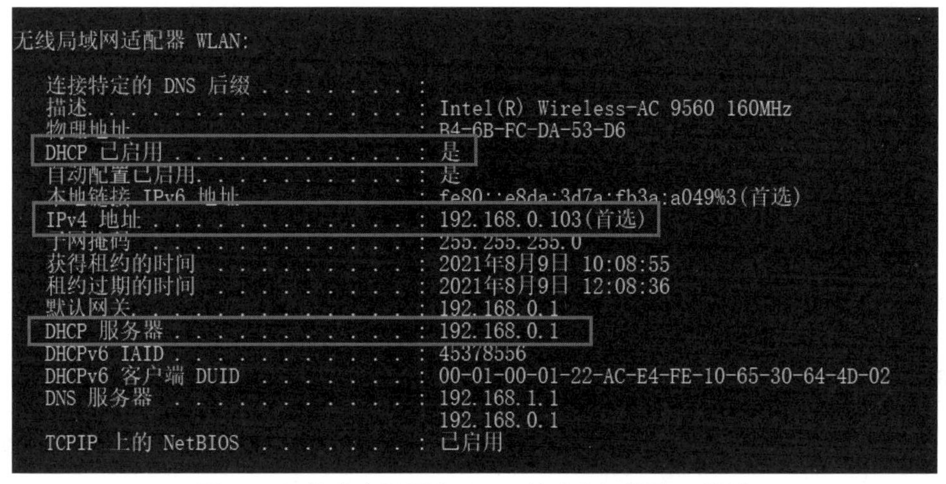

图 7-1　无线路由器通过 DHCP 给客户机分配 IP 地址

2. NAT

路由器的 LAN 口及 WLAN（Wi-Fi）组成了一个局域网，无线路由器会给接入的设备分配不同的 IP 地址。这些 IP 地址一般以 192.168 开头，如图 7-1 所示。这些地址属于私有地址，只能在局域网内部使用。如果这些设备想要上网，则需要一个公网地址。运营商会给用户提供一个公网 IP 地址。无线路由器的 NAT（Network Address Translation，网络地址转换）功能可以将设备的私有 IP 地址转换成外网的公共 IP 地址（也就是运营商提供的 IP 地址）。NAT 可以把多个私有地址转换为公有地址，这样一来多个设备就可以共享同一个公有 IP 上网，如图 7-2 所示。

NAT 有三种实现方式：静态转换、动态转换、端口多路复用。

（1）静态转换是指将内部网络的私有 IP 地址转换为公有 IP 地址，IP 地址对是一对一的，是一成不变的，某个私有 IP 地址只转换为某个公有 IP 地址。借助静态转换，可以实现外部网络对内部网络中某些特定设备（如服务器）的访问，如图 7-3 所示。

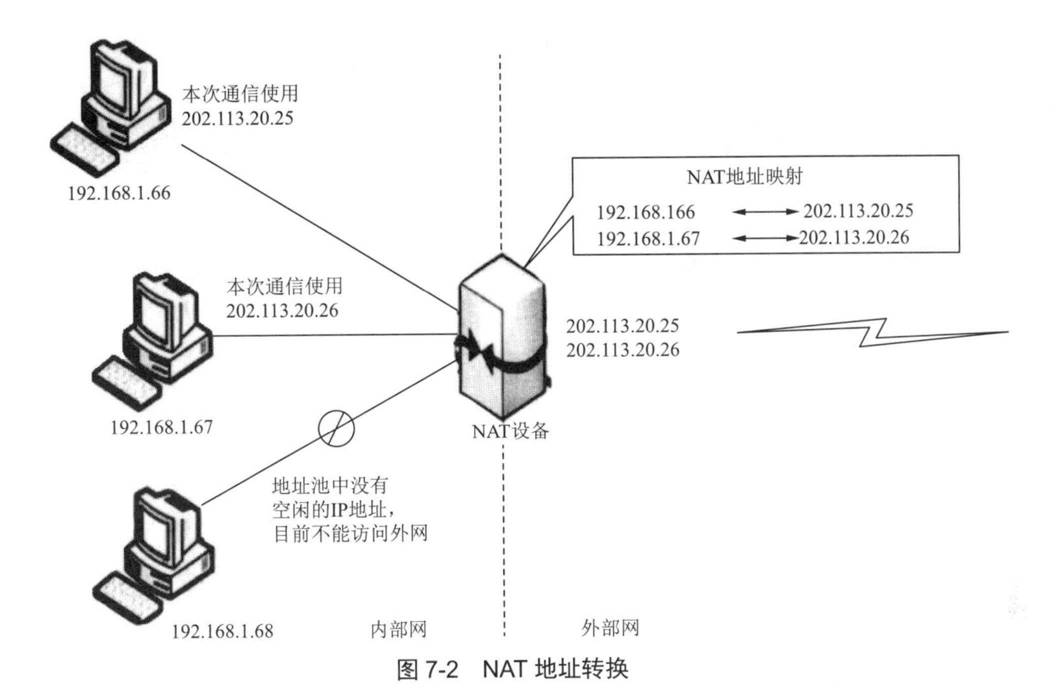

图 7-2　NAT 地址转换

（2）动态转换是指将内部网络的私有 IP 地址转换为公用 IP 地址时，IP 地址是不确定的，是随机的，所有被授权访问上 Internet 的私有 IP 地址可随机转换为任何指定的合法 IP 地址。也就是说，只要指定哪些内部地址可以进行转换，以及用哪些合法地址作为外部地址时，就可以进行动态转换。动态转换可以使用多个合法外部地址集。当 ISP 提供的合法 IP 地址略少于网络内部的计算机数量时，可以采用动态转换的方式，如图 7-4 所示。

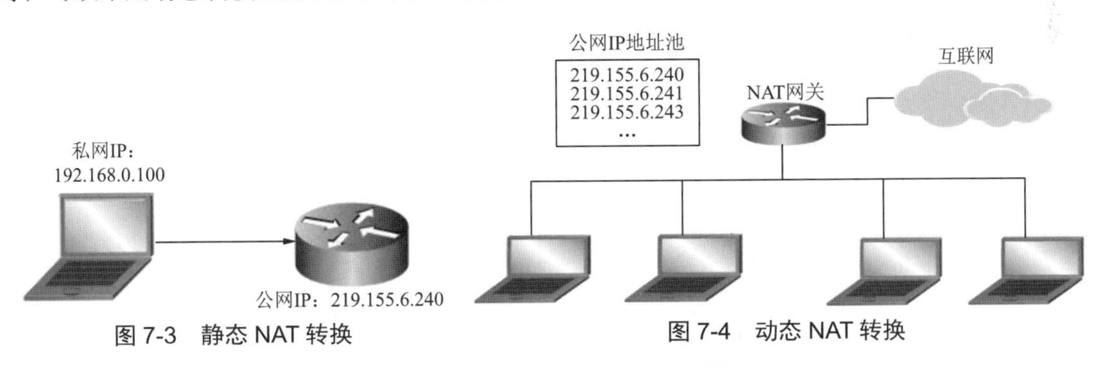

图 7-3　静态 NAT 转换　　图 7-4　动态 NAT 转换

（3）端口多路复用（Port address Translation，PAT）是指改变外出数据包的源端口并进行端口转换。面对私网内部数量庞大的主机，如果 NAT 只进行 IP 地址的简单替换，就会产生一个问题：当有多个内部主机去访问同一个服务器时，从返回的信息不足以区分响应应该转发到哪个内部主机。PAT 采用端口多路复用方式，内部网络的所有主机均可共享一个合法外部 IP 地址实现对 Internet 的访问，从而可以最大限度地节约 IP 地址资源。同时，又可隐藏网络内部的所有主机，有效避免来自 Internet 的攻击。因此，网络中应用最多的就是端口多路复用方式，如图 7-5 所示。

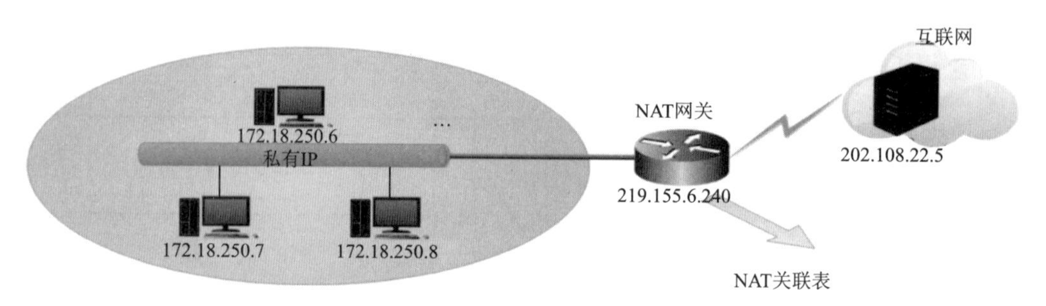

协议	私网的私有IP地址	公网IP+端口号	目的地址IP+端口号
TCP	172.18.250.6	219.155.6.240：1723	202.108.22.5:80
TCP	172.18.250.7	219.155.6.240：1026	202.108.22.5:80
TCP	172.18.250.8	219.155.6.240：1492	202.108.22.5:80

图 7-5　PAT 转换

3. PPPoE

一般情况下，用户办理家庭宽带时，运营商会为用户分配一个账户，具体表现就是一个用户名和密码，这就是用户接入互联网的通行证。

无线路由器上的 WAN 口用于连接光调制解调器，之后就可以在 WAN 口配置里，选择上网接入方式。如果选择 PPPoE(Point-to-Point Protocol over Etherne，基于以太网的点对点通信协议) 拨号，再输入用户名和密码之后，运营商会给用户分配一个 IP 地址，路由器就成功联网了，如图 7-6 所示。

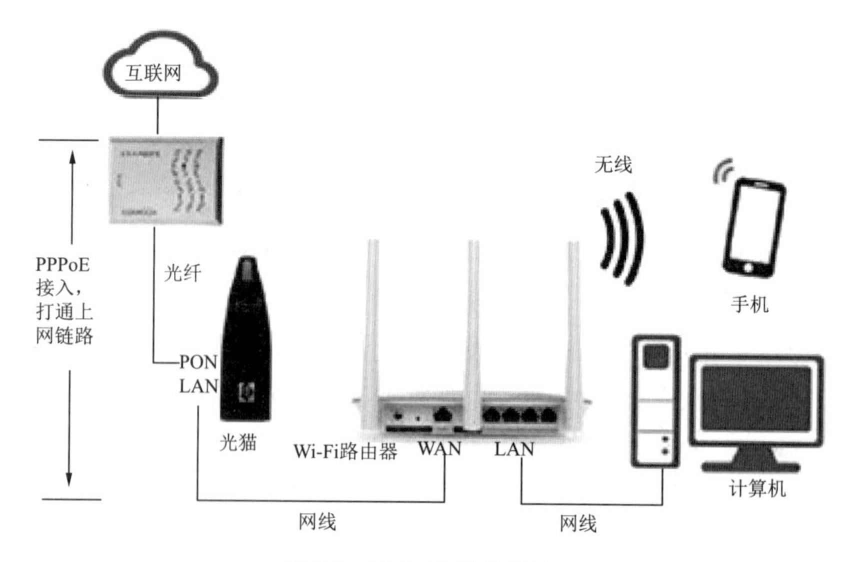

图 7-6　PPPoE 拨号上网

4. 安全管理

路由器具备一般防火墙的功能，可抵抗网络攻击。

防火墙最常见的功能是 DoS（Denial of Service）攻击保护 DoS 攻击俗称拒绝服务攻击，通过发送大量的无用请求数据包，从而耗尽路由器的 CPU 和内存等资源，导致无法进行正常的服务。

除了防火墙之外，安全管理还有很多实用的功能：

（1）IP 地址过滤：限制接入路由器的用户访问某些 IP 地址，或者限制局域网内的某个 IP 地址访问外网。

（2）MAC 地址过滤：根据 MAC 地址来限制局域网内的某个设备联网。MAC 地址一般是固定不变的，结合时间段的配置，该功能可以实现精细的设备管理。

（3）网址 / 域名过滤：限制联网设备对某些网址，或者域名的访问，可有效管理对某些网站的浏览。

（4）应用程序过滤：限制某些应用程序的联网，可以精细设置使能时间段。比如，可以根据需要设置工作日内禁止玩游戏、周末限时玩游戏等规则。

实验 6　无线路由器配置及应用

实验学时：

2 学时。

实验目的：

（1）掌握家用无线路由器的配置及使用方法。

（2）进一步理解无线路由器的工作原理。

实验要求：

（1）设备要求：计算机一台以上（装有无线网卡），无线路由器。

（2）分组要求：一人一组，独立完成。

实验内容与实验步骤：

（1）先把路由器插上电源，再取一根网线一端与家里宽带接口相连，把另一端与路由器 WAN 接口（见图 7-7）相连。

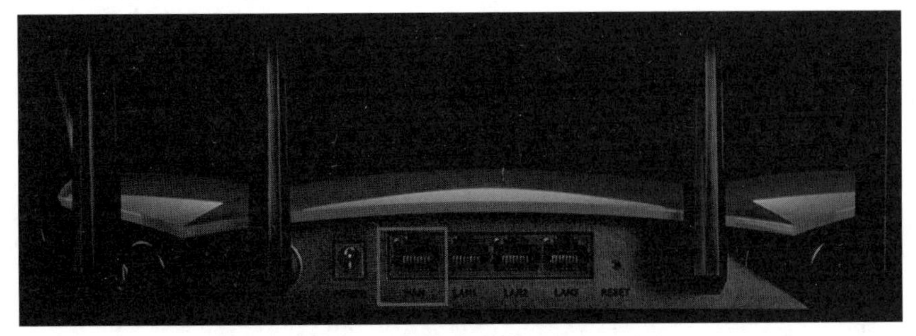

图 7-7　无线路由器 WAN 口

（2）查看路由器背面，找到无线名称，如图 7-8 所示。在计算机的 Wi-Fi 列表中找到该无线 Wi-Fi 进行连接，如图 7-9 所示。

图 7-8　无线路由器的无线名称

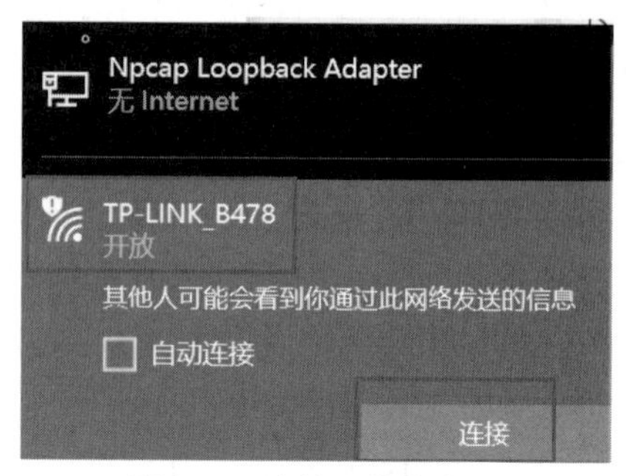

图 7-9　连接无线路由器

（3）查看路由器背面上的管理页面。TP-LINK 路由器的管理页面为 tplogin.cn，打开网页浏览器，输入 tplogin.cn，然后按【Enter】键。进入到管理员密码设置页面，并进行相关设置，如图 7-10 所示。

（4）路由器会自动检测上网方式，如检测为“宽带拨号上网”，在对应设置框中输入运营商提供的宽带账号和密码，并确定该账号密码输入正确，单击“下一步”按钮。如果上网方式检测为自动获得 IP 地址或固定 IP 地址上网，则根据向导提示操作填写对应参数即可。图 7-11 所示为上网方式检测为自动获得 IP 地址。

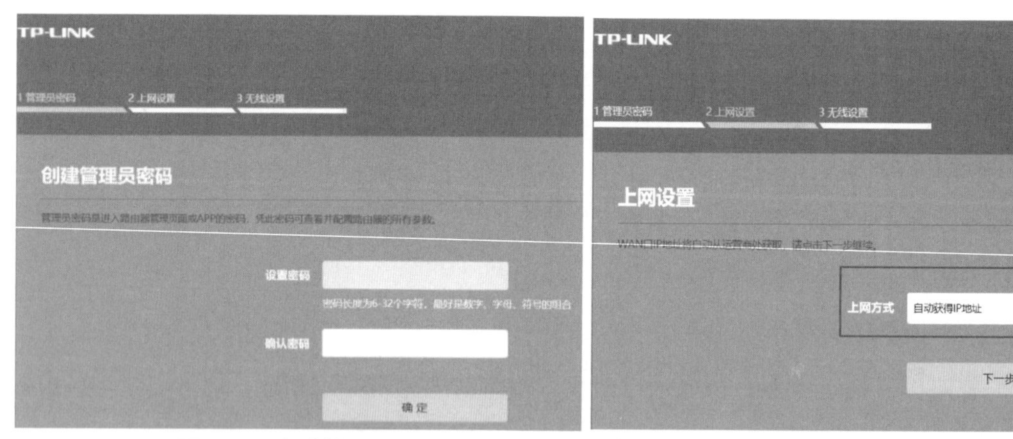

图 7-10　创建管理密码　　　　图 7-11　上网方式检测为自动获得 IP 地址

（5）在无线设置界面中，设置无线名称和无线密码，如图 7-12 所示。

（6）查看计算机的无线 Wi-Fi 列表，找到名为 gdpzxy 的 Wi-Fi，进行连接，如图 7-13 所示。

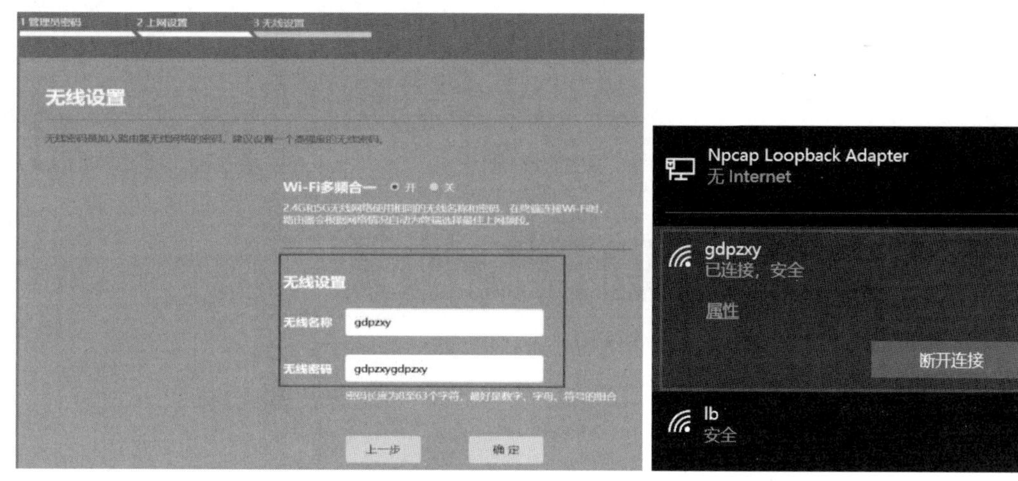

图 7-12　设置无线名称和无线密码　　　　图 7-13　连接 Wi-Fi

（7）上网测试，在浏览器打开百度网址，可以成功上网，如图 7-14 所示。

图 7-14　上网测试

项目 8

代理服务器的原理及设置

项目导读

代理服务器，顾名思义就是局域网中不能直接上网的机器将上网请求（如浏览某个主页）发给能够直接上网的代理服务器，然后代理服务器代理完成这个上网请求，将它所要浏览的主页调入代理服务器的缓存，然后将这个页面传给请求者。这样局域网上的机器使用起来就像能够直接访问网络一样。本项目将详细介绍代理服务器的概念、原理、作用及使用方法。

通过对本项目的学习，可以实现下列目标。

◎了解：代理服务器的工作原理。

◎熟悉：代理服务器的作用。

◎掌握：代理服务器软件的应用。

8.1 代理服务器概述

8.1.1 代理服务器简介

代理服务器是个人网络和服务商之间的中间代理机构，它负责转发合法的网络信息，对转发进行控制和登记。代理服务器作为连接（广域网）与（局域网）的桥梁，在实际应用中发挥着极其重要的作用。它可用于多个目的，最基本的功能是连接，此外还包括安全性、缓存、内容过滤、访问控制管理等功能。

代理服务器能够让多台没有地址的计算机使用其代理功能高速安全地访问互联网资源。当代理服务器客户端发出一个对外的资源访问请求，该请求先被代理服务器识别并由代理服务器代为向外请求资源。由于一般代理服务器拥有较大的带宽和较高的性能，并且能够智能地缓存已浏览或未浏览的网站内容，因此，在一定情况下，客户端通过代理服务器能更快速地访问网络资源。

Proxy 即是一款代理软件。普通的因特网访问是一个典型的客户机与服务器结构：用户利用计算机上的客户端程序，如浏览器发出请求，远端 WWW 服务器程序响应请求并提供相应的数据。

而 Proxy 处于客户机与服务器之间，对于服务器来说，Proxy 是客户机，Proxy 提出请求，服务器响应；对于客户机来说，Proxy 是服务器，它接收客户机的请求，并将服务器上传来的数据转给客户机。它的作用很像现实生活中的代理服务商。图 8-1 所示为代理服务器示意图。

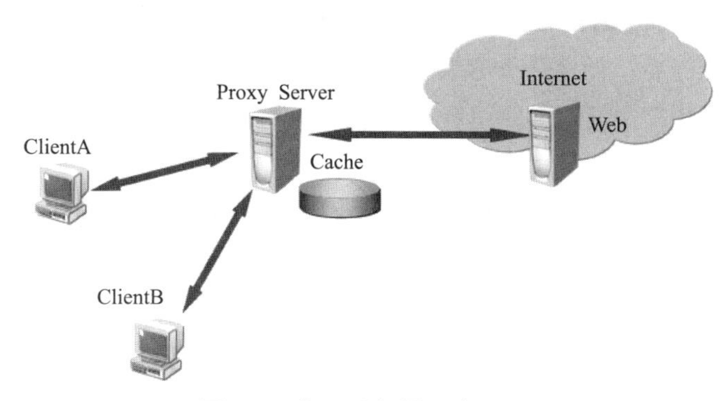

图 8-1　代理服务器示意图

8.1.2　代理服务器的工作原理

Proxy Server 的工作原理是：当客户在浏览器中设置好 Proxy Server 后，使用浏览器访问所有 WWW 站点的请求都不会直接发给目的主机，而是先发给代理服务器，代理服务器接收客户的请求以后，由代理服务器向目的主机发出请求，并接收目的主机的数据，存于代理服务器的硬盘中，然后再由代理服务器将客户要求的数据发给客户。客户机在访问 Internet 服务时的具体流程包括以下几个步骤：

（1）ClientA 发出资源的请求，根据客户机上的代理服务器设置，该请求会发到代理服务器。

（2）代理服务器将客户机的请求发送到 Internet 上的一台 Web 主机。

（3）Web 主机将资源返回给代理服务器。

（4）代理服务器将资源内容发送给客户机，并将内容存储在 Cache 中。

（5）ClientB 请求与 ClientA 相同的资源，和 ClientA 一样，也会将请求发送到代理服务器。

（6）代理服务器上已经有该资源的内容，所以代理服务器直接将资源内容发送给客户机 ClientB。

8.1.3　代理服务器的作用

根据代理服务器的工作可以得出代理服务器的作用有四个：

（1）提高访问速度。因为客户要求的数据存于代理服务器的硬盘中，因此下次这个客户或其他客户再要求相同目的站点的数据时，就会直接从代理服务器的硬盘中读取，代理服务器起到了缓存的作用，对热门站点有很多客户访问时，代理服务器的优势更为明显。

（2）Proxy 可以起到防火墙的作用。因为所有使用代理服务器的用户都必须通过代理服务器访问远程站点，因此，在代理服务器上就可以设置相应的限制，以过滤或屏蔽掉某些信息。这是局域网网管对局域网用户访问范围限制最常用的办法，也是局域网用户不能浏览某些网站的原因。拨号用户如果使用代理服务器，同样必须服从代理服务器的访问限制，除非不使用这个代理服务器。

（3）通过代理服务器访问一些不能直接访问的网站。互联网上有许多开放的代理服务器，客户在访问权限受到限制时，而这些代理服务器的访问权限是不受限制的，刚好代理服务器在客户的访问范围之内，那么客户通过代理服务器访问目标网站就成为可能。

（4）安全性得到提高。无论是上聊天室还是浏览网站，目的网站只能知道客户来自于代理服务器，无法测知真实 IP，这就使得使用者的安全性得以提高。

8.2 代理服务器 CCProxy 软件应用

Proxy Server 是建立在应用层上的服务软件，而 Router 则是一台网络设备或一台计算机，它是工作在 IP 层的，数据到达 IP 层后就进行转发。一般一个 Proxy Server 工作在一台既具有 Modem 和网卡的计算机上的。不同的 Proxy Server 软件提供的服务不同，一般都提供 WWW、FTP 等常用服务。在内部网中每台客机都必须具有一个独立的 IP 地址，配置使用 Proxy Server 且指向 Proxy Server IP 地址和服务的端口号。当 Proxy Server 启动时，将利用 Winsock.dll 开辟一个指定的服务端口，等待客机的的请求。当 Proxy Server 的 Modem 拨号上网后，Proxy Server 就可以工作了。当发出连接请求时，客机就直接将数据包发到 Proxy Server。当服务器捕获这个 IP 包时，首先要分析它是什么请求，如果是 HTTP 请求，Proxy Server 就向 ISP 发出 HTTP 请求，当 Proxy Server 收到回应时，就将此 IP 包转发到内部网络上，客机就会获得此 IP 包。另外，Proxy Server 还具备防火墙的功能。

在应用层面上，一般代理服务器是用一台安装了代理服务器软件的计算机来充当。

（1）安装 CCProxy，如图 8-2 所示。安装流程如下：运行安装文件→进入安装向导→设置安装路径→设置“开始”菜单文件夹→创建快捷方式→开始安装→安装完成。

（2）软件运行界面如图 8-3 所示。

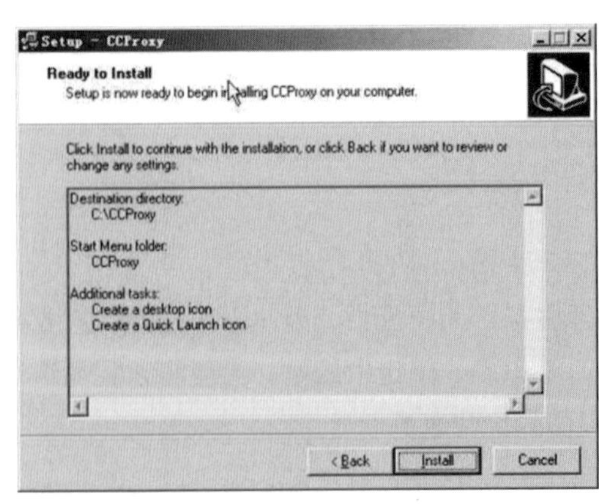

图 8-2 安装 CCProxy

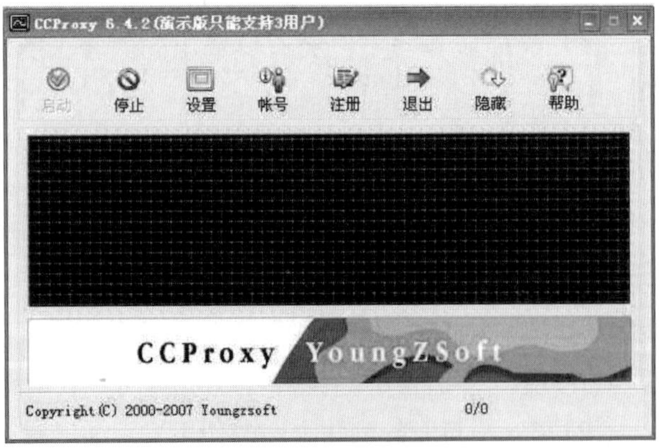

图 8-3 软件运行界面

（3）软件设置界面如图 8-4 所示。

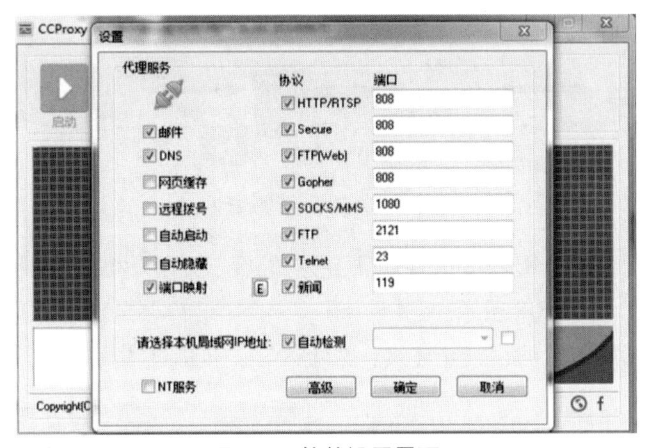

图 8-4　软件设置界面

可在“设置”对话框中对协议、端口及服务进行设置，常用的协议、端口及服务见表 8-1。

表 8-1　常用的协议、端口及服务

协　议	端　口	功　能
HTTP	808	用于使用浏览器上网
FTP（Web）	808	用于使用浏览器访问 FTP 站点
FTP	2121	用于使用 FTP 客户端软件访问 FTP 站点
RTSP	808	用于 Real Player
SOCKS/MMS	1080	SOCKS 用于某些网络应用程序如 QQ，MMS 用于 Microsoft 媒体服务
Telnet	23	用于 Telnet 客户端程序

（4）账号管理中主要包括新建账号、获取地址、自动扫描等步骤。“账号管理”对话框如图 8-5 所示。

（5）二级代理设置界面如图 8-6 所示，其原理如图 8-7 所示。

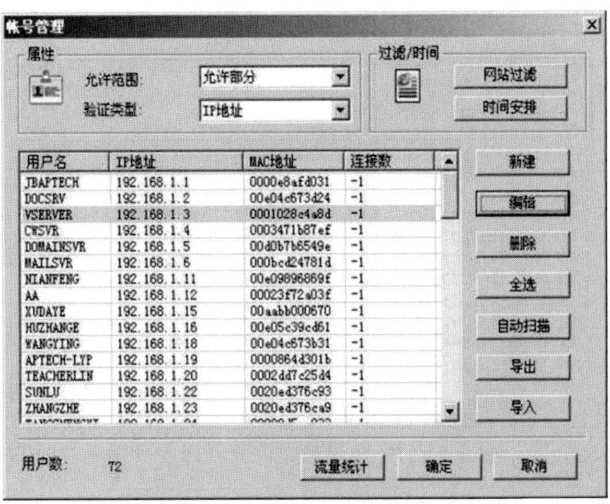

图 8-5　“账号管理”对话框

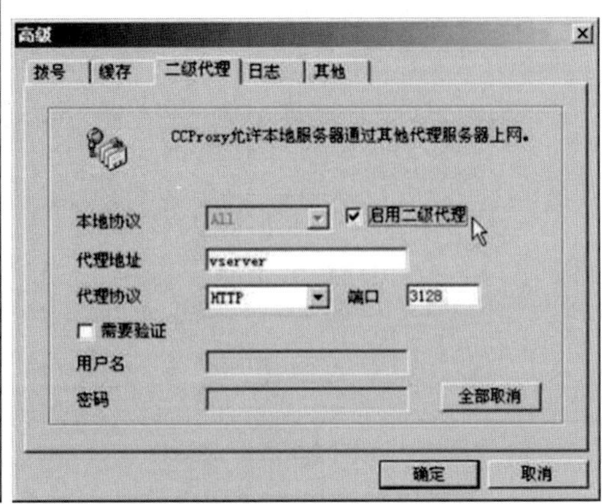

图 8-6　二级代理设置界面

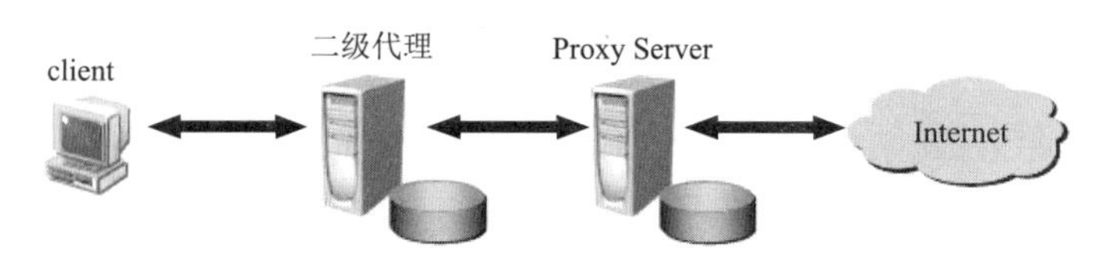

图 8-7　二级代理原理

（6）缓存更新时间、通过 IE 改变缓存选项、缓存路径、缓存大小、总是从缓存里读取等设置在“缓存”选项卡中进行，如图 8-8 所示。

（7）网站过滤包括站点过滤、禁止连接、禁止内容、应用过滤规则等，如图 8-9 所示。

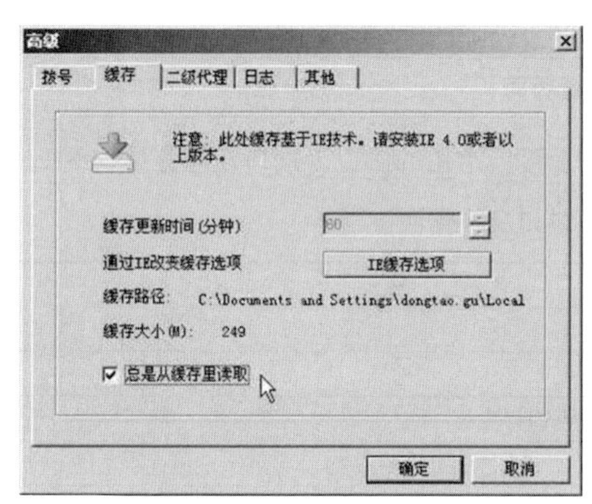

图 8-8　“缓存”选项卡

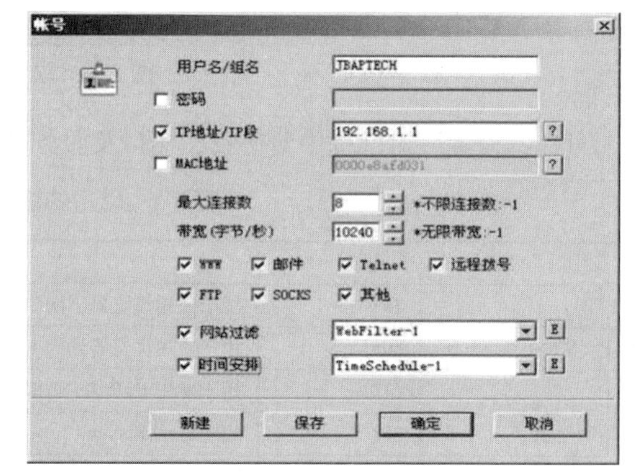

图 8-9　网站过滤

（8）“时间表”对话框如图 8-10 所示。

（9）通过“日志”选项卡可以查看用户的上网行为、设置日志存储路径、设置日志文件最大行数、打开日志文件查看内容等。图 8-11 所示为打开日志文件查看内容界面。

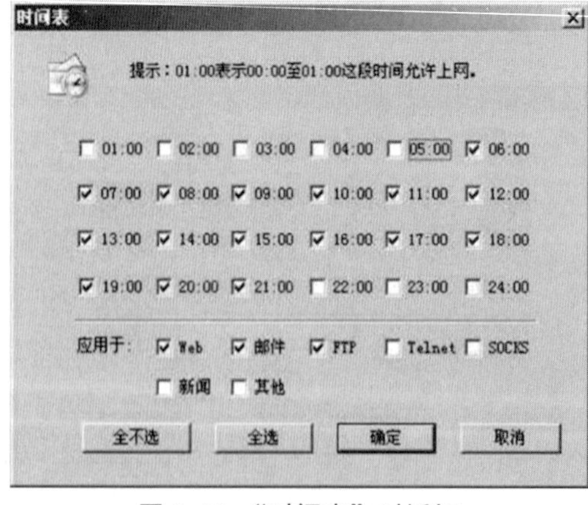

图 8-10　“时间表”对话框

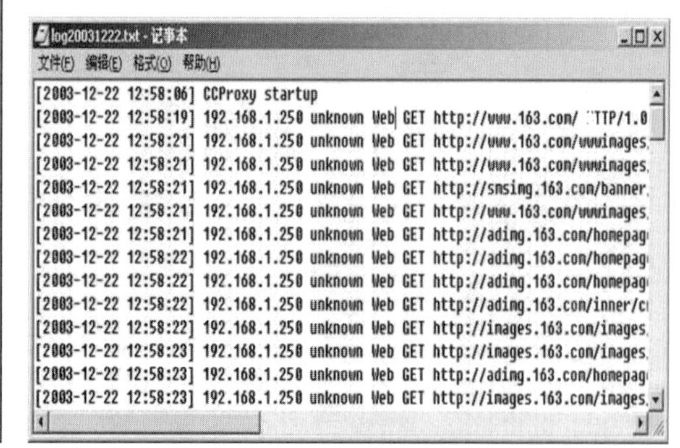

图 8-11　打开日志文件查看内容界面

（10）客户端需要访问 Internet 时，需要配置浏览器，设置好代理服务器的地址及对应服务的端口号，如图 8-12 所示。

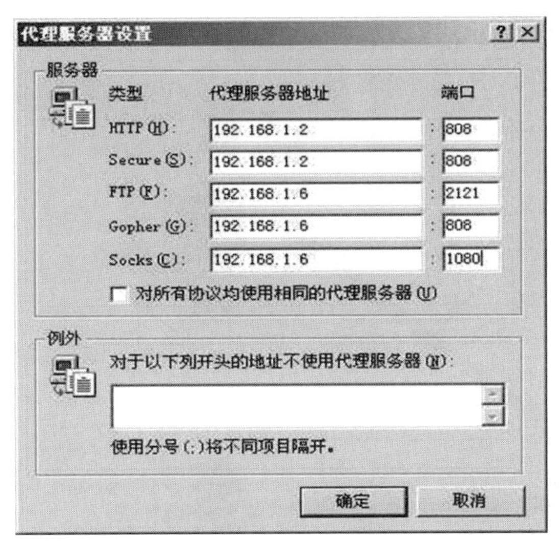

图 8-12　配置浏览器

实验 7　CCProxy 代理服务器的安装配置与使用

实验学时：

2 学时。

实验目的：

（1）熟悉代理服务器软件 CCProxy 的安装及使用方法。

（2）进一步理解代理上网的原理。

实验要求：

（1）设备要求：计算机一台以上（有虚拟机软件）。

（2）分组要求：一人一组，独立完成。

实验内容与实验步骤：

1. 准备工作

准备三台虚拟机 Server-1、Server-2 和 Server-3（连接方式皆为“桥接”），其中 Server-1 配置两块网卡，如图 8-13 所示。

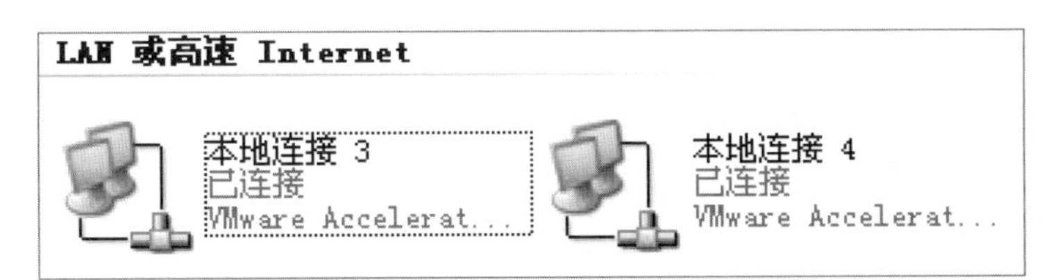

图 8-13　Server-1 需有两块网卡

网络拓扑结构如图 8-14 所示。

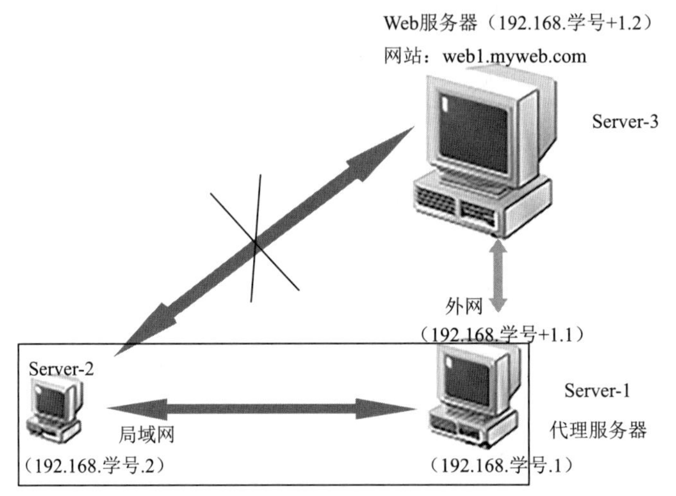

图 8-14　网络拓扑结构

它们的 TCP/IP 属性设置分别如下：

（1）Server-1（第一块网卡）：

IP：192.168. 学号 .1

子网掩码：255.255.255.0

默认网关：192.168. 学号 .254

DNS：192.168. 学号 .1

Server-1（第二块网卡）：

IP：192.168. 学号 +1.1

子网掩码：255.255.255.0

默认网关：192.168. 学号 +1.254

DNS：192.168. 学号 +1.2

（2）Server-2：

IP：192.168. 学号 .2

子网掩码：255.255.255.0

默认网关：192.168. 学号 .254

DNS：192.168. 学号 .1

（3）Server-3：

IP：192.168. 学号 +1.2

子网掩码：255.255.255.0

默认网关：192.168. 学号 +1.254

DNS：192.168. 学号 +1.2

2. 在 Server-1 上安装 CCproxy 试用版

（1）安装过程从略。

安装完成效果如图 8-15 所示。

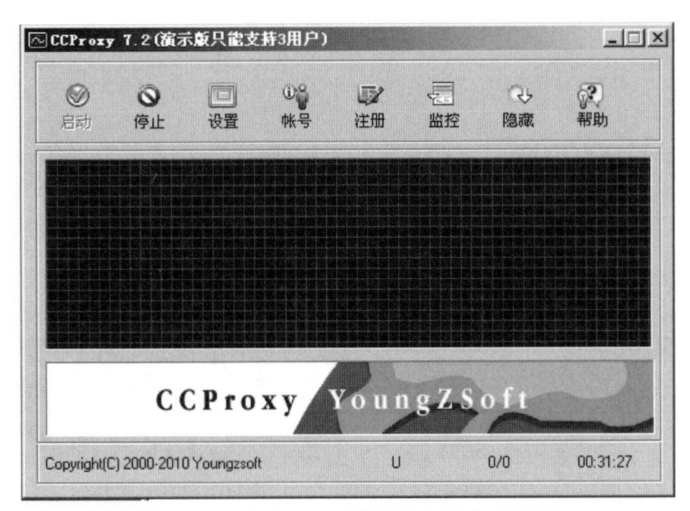

图 8-15　CCproxy 试用版安装完成界面

（2）基本设置如图 8-16 所示。

图 8-16　CCproxy 试用版基本设置

注意：对于“请选择本机局域网 IP 地址”选项，如果该服务器有多个 IP 地址 [（这里的服务器上有两个网卡，一个设置内网 IP，一个设置外网 IP（用来上网的 IP，也是内网计算机上网的公用 IP）]，那么应选择局域网中的 IP，然后勾选后面的复选框。

3. 在 Server-2 中配置客户端

（1）右击 IE 浏览器，在弹出的快捷菜单中选择“属性”命令，如图 8-17 所示。

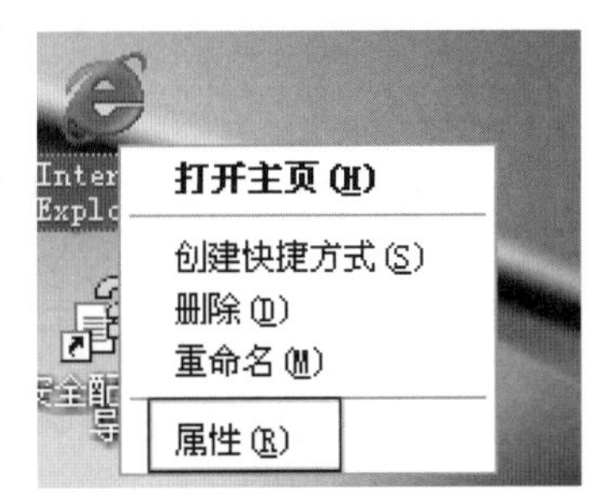

图 8-17　选择“属性”命令

(2) 设置“连接属性”，如图 8-18 所示。

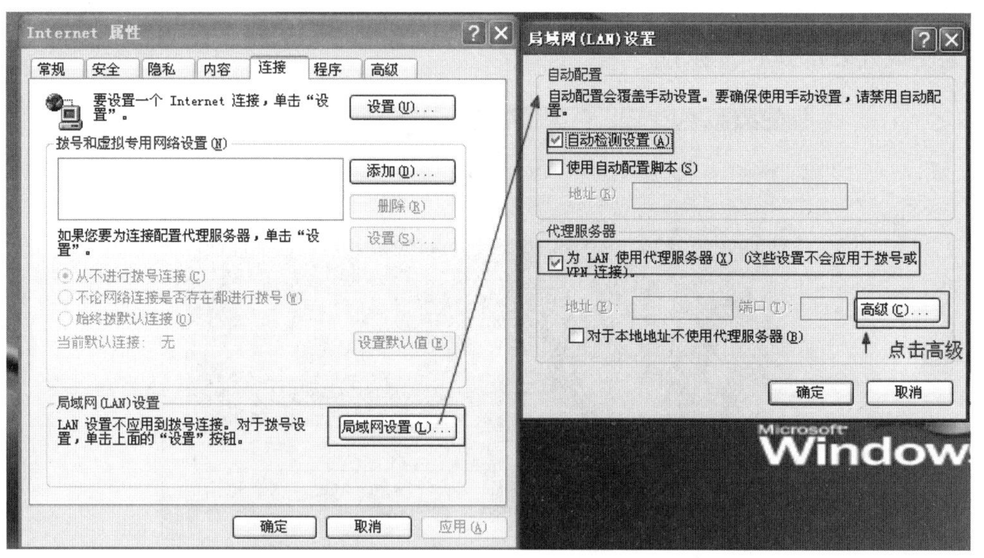

图 8-18　设置“连接属性”

(3) 单击“局域网（LAN）设置”选项区域中的“代理服务器”按钮，打开“局域网（LAN）设置”对话框，单击“高级”按钮，弹出“代理服务器设置”对话框如图 8-19 所示。

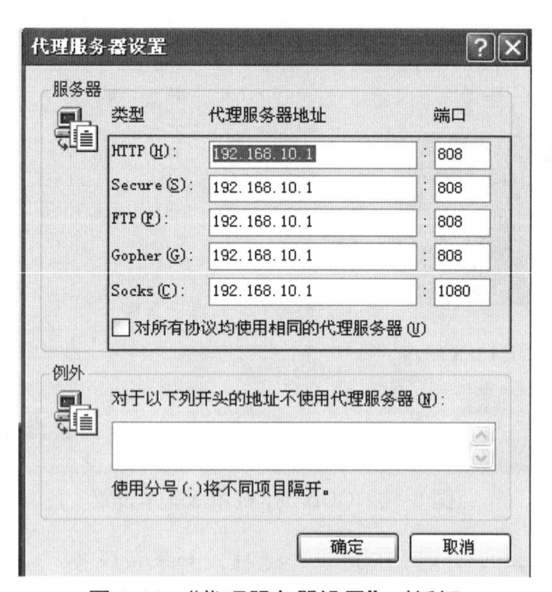

图 8-19　“代理服务器设置”对话框

4. 使用代理服务器访问 Server-3 上面的网站

Server-3 上存在一个网站 http://web1.myweb.com/，如图 8-20 所示。

在 Server-2 上，使用浏览器访问站点 http://web1.myweb.com/，如图 8-21 所示。

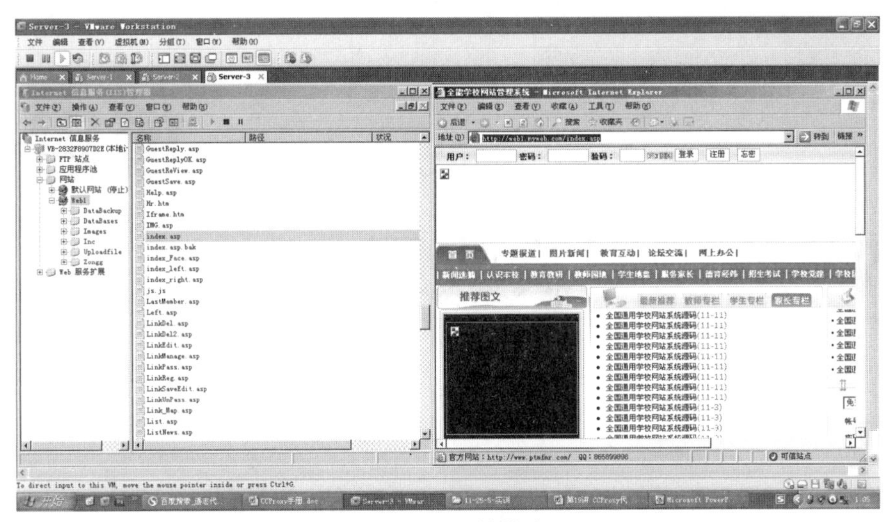

图 8-20　网站搭建

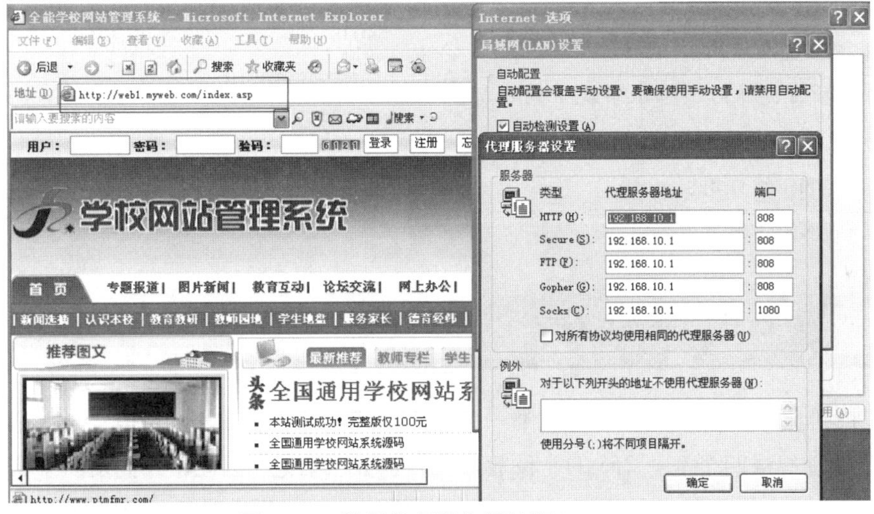

图 8-21　使用代理服务器访问 Internet

如果能够访问，则表示代理服务器设置成功。

项目 9

DNS 的配置及应用

项目导读

在 Internet 中使用 IP 地址唯一标识主机，如果要浏览互联网，可以通过 IP 地址访问互联网上的服务。但是，使用 IP 地址访问互联网太麻烦了，并且 IP 地址难以记忆，怎么办？域名系统（Domain Name System，DNS）是 Internet 中解决网上机器命名的一种系统。本项目将详细介绍 DNS 的原理、配置及应用。

通过对本项目的学习，可以实现下列目标。

◎了解：DNS 的工作原理。

◎熟悉：DNS 的作用。

◎掌握：DNS 的配置及应用。

9.1 DNS 简介

虽然因特网上的节点可以用 IP 地址唯一标识，并且可以通过 IP 地址访问，但即使是将 32 位的二进制 IP 地址写成四个 0 ～ 255 的十位数形式，也依然难记。因此，人们发明了域名 (Domain Name)，域名可将一个 IP 地址关联到一组有意义的字符上去。用户访问一个网站的时候，既可以输入该网站的 IP 地址，也可以输入其域名，对访问而言，两者是等价的。

域名系统是互联网的一项服务。它作为将域名和 IP 地址相互映射的一个分布式数据库，能够使人更方便地访问互联网。DNS 使用 TCP 和 UDP 端口 53。当前，对于每一级域名长度的限制是 63 个字符，域名总长度则不能超过 253 个字符。

域名系统是 Internet 中承担域名解析工作的一群计算机的集合，这些计算机按照一定的组织结构被组织起来，分工合作共同在 Internet 上完成域名解析的任务。

一个公司的 Web 网站可看作它在网上的门户，而域名就相当于其门牌地址，通常域名都使用该公司的名称或简称。当人们要访问一个公司的 Web 网站，又不知道其确切域名的时候，也总会首先输入其公司名称作为试探。

9.2 Internet 的域名结构

名字空间是指定义了所有可能的名字的集合。域名系统的名字空间是层次结构的，类似于 Windows 的文件名。它可看作一个树状结构，域名系统不区分树内节点和叶子节点，而统称节点，不同节点可以使用相同的标记。所有节点的标记只能由三类字符组成：26 个英文字母 (a ~ z)、10 个阿拉伯数字 (0 ~ 9) 和英文连词号 (-)，并且标记的长度不得超过 22 字符。一个节点的域名是由从该节点到根的所有节点的标记连接组成的，中间以点分隔。最上层节点的域名称为顶级域名 (Top-Level Domain，TLD)，第二层节点的域名称为二级域名，依此类推。

域名采用层次结构，一般含有 3 ~ 5 个字段，中间用“.”隔开。从左至右，级别不断增大（若自右至左，则是逐渐具体化）。

在域名中，最右边的一段称为顶级域名，或称一级域名，是最高级域名，它代表国家或地区代码及组织机构。例如，广东培正学院的域名 www.peizheng.edu.cn 中的 .cn 为顶级域名，其含义为中国，如图 9-1 所示。

www.peizheng.edu.cn
中国
教育部门
广东培正学院
提供服务的主机

图 9-1　域名层次结构的含义

常用的顶级域名见表 9-1。

表 9-1　常用顶级域名

域　名	含　义	域　名	含　义
com	商业部门	cn	中国
net	大型网络	us	美国
gov	政府部门	uk	英国
edu	教育部门	au	澳大利亚
mil	军事部门	jp	日本
org	组织机构	ca	加拿大

在顶级域名下，继续按机构性和地理性划分的域名，就成为二、三级域名。例如，北京大学的域名 www.pku.edu.cn 中的 .edu、上海热线域名 www.online.sh.cn 中的 .sh 等。

用域名树来表示互联网的域名系统是清楚的。图 9-2 所示为互联网域名空间的结构，它就像一棵倒过来的树，在最上面的是根，但没有对应的名字。根下面一级的节点就是最高一级的顶级域名（由于要没有名字，所以在根下面一级的域名就称为顶级域名）。顶级域名可往下划分子域，即二级域名。再往下划分就是三级域名、四级域名，依此类推。

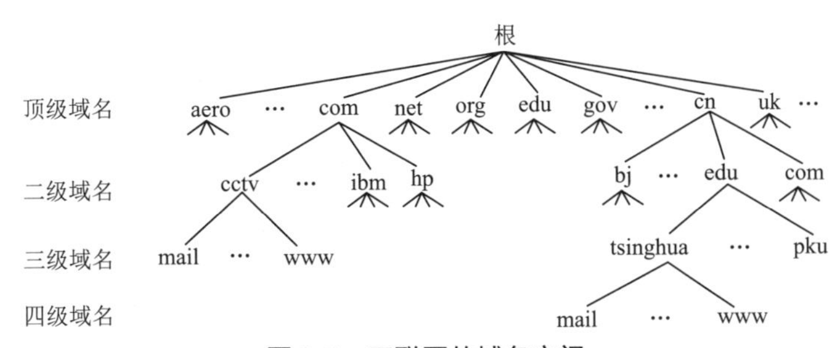

图 9-2　互联网的域名空间

域名由因特网域名与地址管理机构（Internet Corporation for Assigned Names and Numbers，ICANN）管理，这是为承担域名系统管理、IP 地址分配、协议参数配置，以及主服务器系统管理等职能而设立的非营利机构。ICANN 为不同的国家或地区设置了相应的顶级域名，这些域名通常都由两个英文字母组成。例如，.uk 代表英国，.fr 代表法国，.jp 代表日本。中国的顶级域名是 .cn，.cn 下的域名由 CNNIC 进行管理。

ICANN 最初还定义了七个顶级类别域名，分别是 .com、.top、.edu、.gov、.mil、.net、.org。.com、.top 用于企业，.edu 用于教育机构，.gov 用于政府机构，.mil 用于军事部门，.net 用于互联网络及信息中心等，.org 用于非营利组织。

随着因特网的发展，ICANN 又增加了两大类共七个顶级域名，分别是 .aero、.biz、coop、.info、.museum、.name、.pro。其中，.aero、.coop、.museum 是三个面向特定行业或群体的顶级域名：.aero 代表航空运输业，.coop 代表协作组织，.museum 代表博物馆；.biz、.info、.name、.pro 是四个面向通用的顶级域名：.biz 表示商务，.name 表示个人，.pro 表示会计师、律师、医师等，.info 则没有特定指向。

9.3 域名服务器

把域名翻译成 IP 地址的软件是域名系统。它是一种管理名字的方法。这种方法：分不同的组来负责各子系统的名字。系统中的每一层称为一个域，每个域用一个点分开。域名服务器实际上就是装有域名系统的主机。它是一种能够实现名字解析的分层结构数据库。

如果采用图 9-2 所示的树状结构，每一个节点都采用一个域名服务器，这样会使得域名服务器的数量太多，使域名服务器系统的运行效率降低。在 DNS 中，采用划分区的方法来解决。

一个服务器所负责管辖 (或有权限) 的范围称为区 (Zone)。各单位根据具体情况来划分自己管辖范围的区。但在一个区中的所有节点必须是能够连通的。每一个区设置相应的权限域名服务器，用来保存该区中的所有主机到域名 IP 地址的映射。总之，DNS 服务器的管辖范围不是以“域”为单位，而是以“区”为单位。区是 DNS 服务器实际管辖的范围。

图 9-3 是区的不同划分方法的举例。假定 abc 公司有下属部门 x 和 y，部门 x 下面又分三个分部门 u、v、w，而 y 下面还有下属部门 t。图 9-3（a）表示 abc 公司只设一个区 http://abc.com。这时，区 http://abc.com 和域 http://abc.com 指的是同一件事。但图 9-3（b）表示 abc 公司划分为两个区：http://abc.com 和 http://y.abc.com。这两个区都隶属于域 http://abc.com，都各设置了相应的权限域名服务器。不难看出，区是域的子集。

图 9-4 是以图 9-3（b）中 abc 公司划分的两个区为例，给出的 DNS 域名服务器树状结构图。这种 DNS 域名服务器树状结构图可以更准确地反映出 DNS 的分布式结构。图中的每一个域名服务器都能够部分域名到 IP 地址的解析。当某个 DNS 服务器不能进行域名到 IP 地址的转换时，它就会设法找因特网上其他域名服务器进行解析。

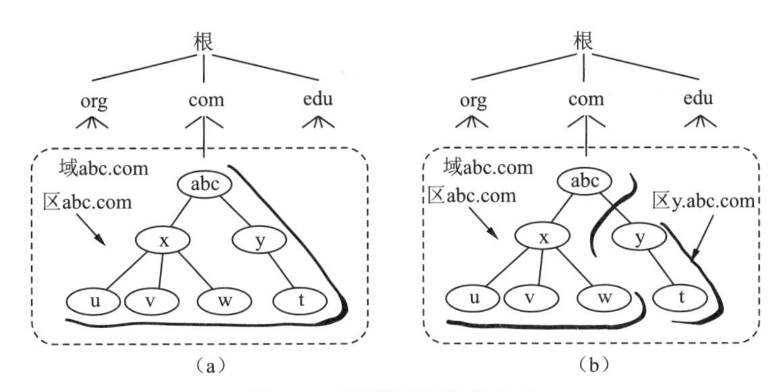

图 9-3　区的不同划分方法

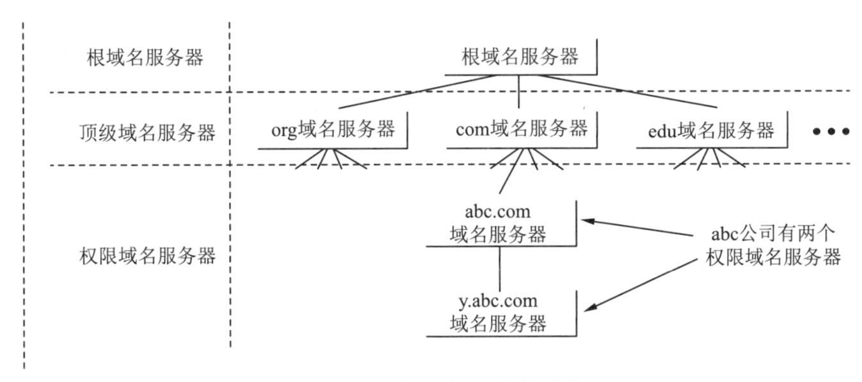

图 9-4　域名服务器树状结构

从图 9-4 可以看出，因特网上的 DNS 服务器也是按照层次安排的。每一个域名服务器只对域名体系中的一部分进行管辖。根据域名服务器所起的作用，可以把域名服务器划分为下面四种不同的类型。

（1）根域名服务器：最高层次的域名服务器，也是最重要的域名服务器。所有的根域名服务器都知道所有的顶级域名服务器的域名和 IP 地址。不管是哪一个本地域名服务器，若要对因特网上任何一个域名进行解析，只要自己无法解析，就首先求助根域名服务器。假定所有的根域名服务器都瘫痪了，那么整个 DNS 系统就无法工作。需要注意的是，在很多情况下，根域名服务器并不直接把待查询的域名直接解析出 IP 地址，而是告诉本地域名服务器下一步应当找哪一个顶级域名服务器进行查询。

（2）顶级域名服务器：负责管理在该顶级域名服务器注册的二级域名。

（3）权限域名服务器：负责一个“区”的域名服务器。

（4）本地域名服务器：本地服务器不属于域名服务器的层次结构，但是它对域名系统非常重要。当一个主机发出 DNS 查询请求时，这个查询请求报文就发送给本地域名服务器。

9.4　域名解析过程

Internet 上只知道某台机器的域名还是不够的，还要有办法去找到那台机器。寻找这台机器的任务由域名服务器来完成，而完成这一任务的过程就称为域名解析。

1. 递归查询

主机向本地域名服务器的查询一般采用递归查询。如果主机所询问的本地域名服务器不知道被查询的域名的 IP 地址，那么本地域名服务器就以 DNS 客户的身份，向其他根域名服务器继续发出查询请求报文（即替主机继续查询），而不是让主机自己进行下一步查询。因此，递归查询返回的查询结果或者是所要查询的 IP 地址，或者是报错，表示无法查询到所需的 IP 地址。

2. 迭代查询

本地域名服务器向根域名服务器的查询的迭代查询。当根域名服务器收到本地域名服务器发出的迭代查询请求报文时，要么给出所要查询的 IP 地址，要么告诉本地服务器“你下一步应当向哪一个域名服务器进行查询”。然后让本地服务器进行后续查询。根域名服务器通常是把自己知道的顶级域名服务器的 IP 地址告诉本地域名服务器，让本地域名服务器再向顶级域名服务器查询。顶级域名服务器在收到本地域名服务器的查询请求后，要么给出所要查询的 IP 地址，要么告诉本地服务器下一步应当向哪一个权限域名服务器进行查询。最后，知道了所要解析的 IP 地址或报错，把这个结果返回给发起查询的主机。

图 9-5 给出了迭代查询和递归查询的差别。

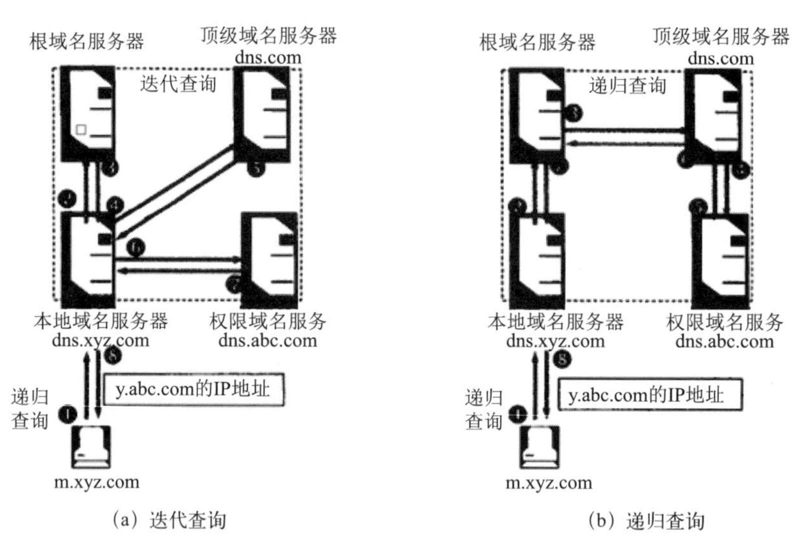

图 9-5 迭代查询和递归查询的差别

下面举例演示整个查询过程：

域名为 http://m.xyz.com 的主机想要访问 http://y.abc.com。其详细过程如下：

（1）浏览器发现接收的地址是域名地址而非 IP 地址，无法直接建立 TCP 连接而取数据因此，向 DNS 解析程序提出请求，查询 y.abc.com 的 IP 地址。

（2）如果用户最近访问过该地址，就从缓存里提取 IP 地址，返回给浏览器，否则，再查找本机文件中是否有记录，如果失败，则执行下一步。

（3）解析程序根据网络配置，向本地 DNS 服务器提出请求，要求查询 y.abc.com 的 IP 地址。

（4）本地 DNS 服务器发现自己也没有该域名的 IP 地址，则直接向最高层的根域服务器提出查询的请求。

（5）根域服务器也不能提供对应的IP地址，根域名服务器告诉本地服务器，下一次应查询的顶级域名服务器 http://dns.com 的IP地址。

（6）顶级域名服务器 http://dns.com 告诉本地域名服务器，下一步应查询的权限服务器 http://dns.abc.com 的IP地址。

（7）本地域名服务器向权限域名服务器 http://dns.abc.com 进行查询。

（8）权限域名服务器 http://dns.abc.com 告诉本地域名服务器所查询的主机的IP地址。

（9）本地域名服务器最后把查询结果告诉 http://m.xyz.com。

（10）浏览器获得 http://y.abc.com 所对应的IP地址，开始建立TCP连接，传送数据。

实验8 DNS配置及应用

实验学时：

2学时。

实验目的：

（1）熟悉DNS的配置及应用。

（2）进一步理解DNS的工作原理。

实验要求：

（1）设备要求：计算机一台以上（有虚拟机软件，其中服务器为Windows Server 2008，客户机为Windows 10）。

（2）分组要求：一人一组，独立完成。

实验内容与实验步骤：

1. 准备工作

准备两台虚拟机Server-PT（DNS服务器）、PC-PT（客户机），两台虚拟机通过VMnet2连接。网络拓扑结构如图9-6所示。

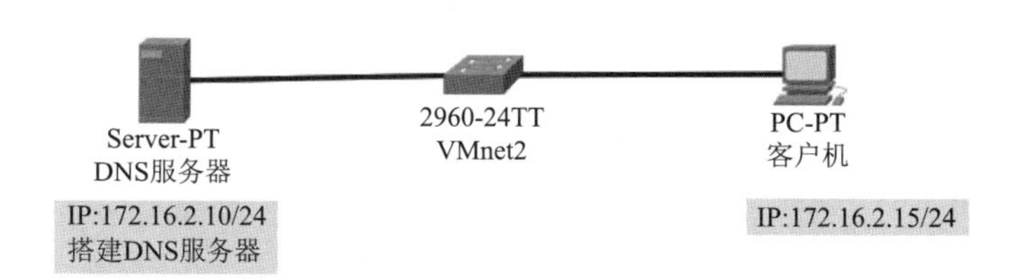

图9-6 网络拓扑结构

它们的TCP/IP属性设置分别为：

（1）Server-PT：

IP：172.16.2.10

子网掩码：255.255.255.0

默认网关：172.16.2.254

DNS：172.16.2.10

（2）PC-PT：

IP：172.16.2.15

子网掩码：255.255.255.0

默认网关：172.16.2.254

DNS：172.16.2.10

2. 设置DNS服务器和客户机的网络适配器

（1）打开虚拟网络编辑器，添加VMnet2网络，如图9-7所示。

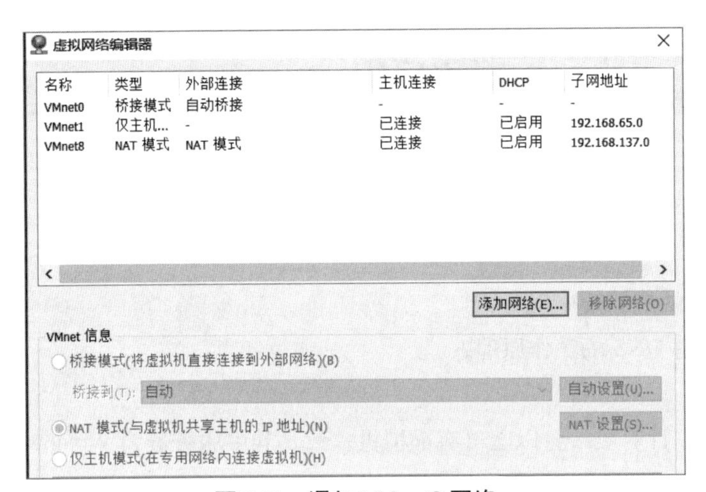

图9-7　添加VMnet2网络

（2）VMnet2网络基本设置如图9-8所示。

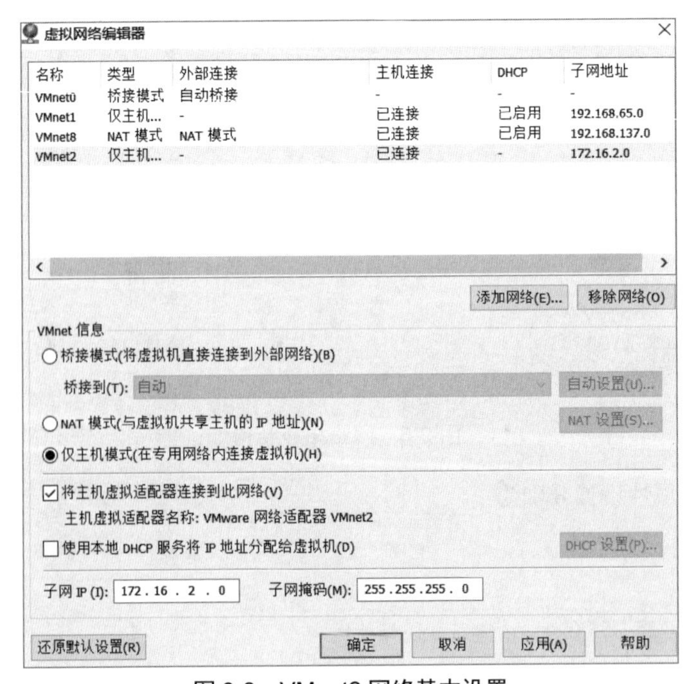

图9-8　VMnet2网络基本设置

（3）DNS 服务器的本地连接设置如图 9-9 所示。

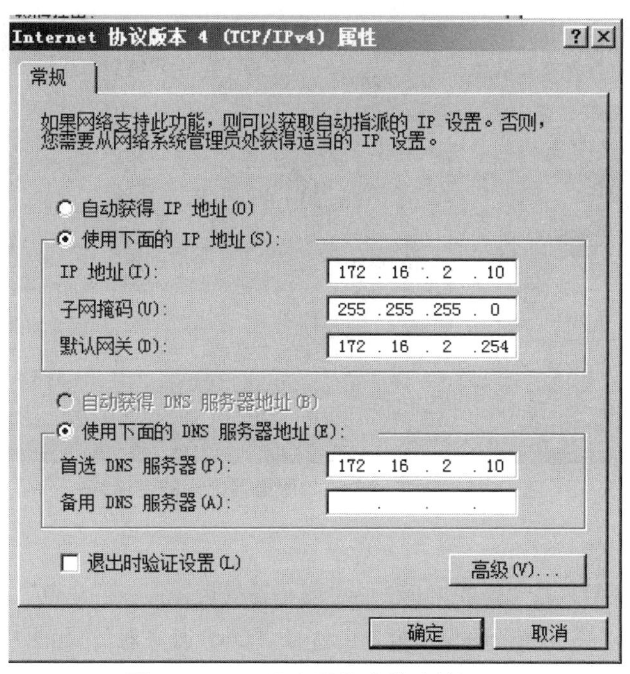

图 9-9　DNS 服务器的本地连接设置

（4）客户机的本地连接设置如图 9-10 所示。

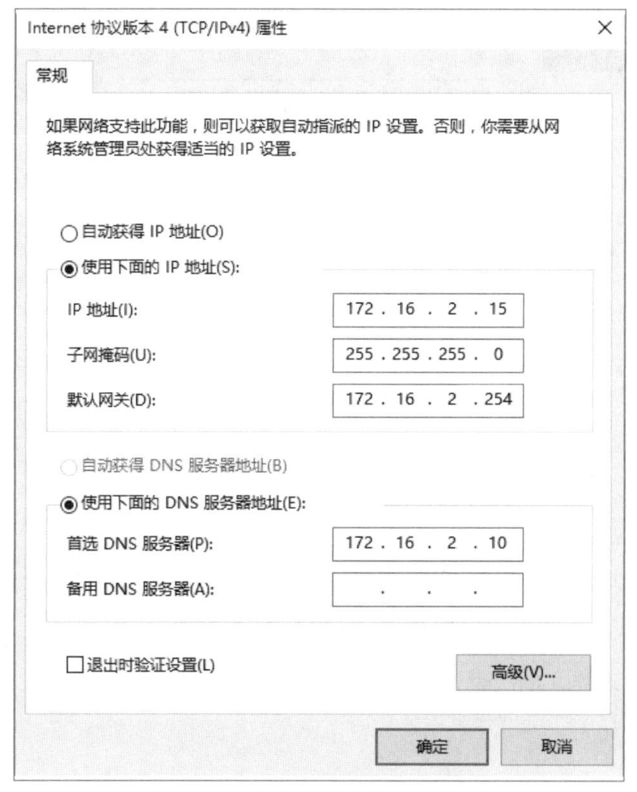

图 9-10　客户机的本地连接设置

（5）用 ping 命令测试客户机和服务器之间的连通性，测试成功，如图 9-11 所示。

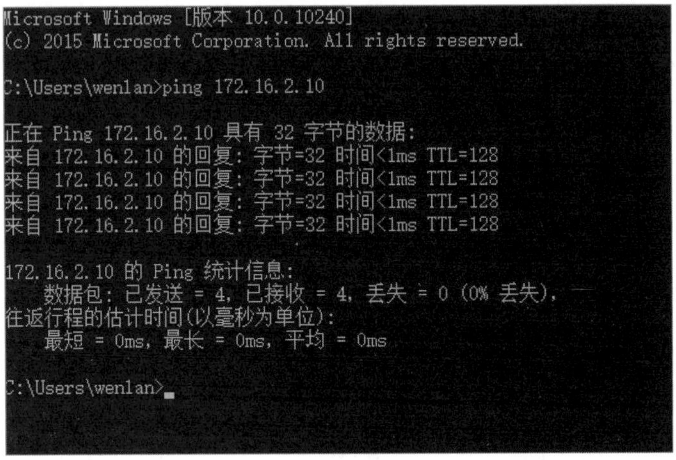

Microsoft Windows [版本 10.0.10240]
(c) 2015 Microsoft Corporation. All rights reserved.
C:\Users\wenlan>ping 172.16.2.10
正在 Ping 172.16.2.10 具有 32 字节的数据:
来自 172.16.2.10 的回复: 字节=32 时间<1ms TTL=128
来自 172.16.2.10 的回复: 字节=32 时间<1ms TTL=128
来自 172.16.2.10 的回复: 字节=32 时间<1ms TTL=128
来自 172.16.2.10 的回复: 字节=32 时间<1ms TTL=128
172.16.2.10 的 Ping 统计信息:
数据包: 已发送 = 4，已接收 = 4，丢失 = 0 (0% 丢失)，
往返行程的估计时间(以毫秒为单位):
最短 = 0ms，最长 = 0ms，平均 = 0ms
C:\Users\wenlan>

图 9-11　测试客户机与服务器之间的连通性

3. 配置 DNS 服务器

（1）依次单击“开始”→“管理工具”→“服务器管理器”→“角色”→“添加角色”→“服务器角色”，在打开的“添加角色向导”窗口中选择“DNS 服务器”，如图 9-12 所示。

添加角色向导
选择服务器角色
开始之前
服务器角色
DNS 服务器
确认
进度
结果
选择要安装在此服务器上的一个或多个角色。
角色(R):
Active Directory Rights Management Services
Active Directory 联合身份验证服务
Active Directory 轻型目录服务
Active Directory 域服务
Active Directory 证书服务
DHCP 服务器
DNS 服务器
Hyper-V
Web 服务器(IIS)
Windows Server Update Services
Windows 部署服务
传真服务器
打印和文件服务
网络策略和访问服务
文件服务 (已安装)
应用程序服务器
远程桌面服务
描述:
域名系统(DNS)服务器为 TCP/IP 网络提供名称解析。DNS 服务器与 Active Directory 域服务安装在同一服务器上时更易于管理。如果选择 Active Directory 域服务角色，则可以安装并配置 DNS 服务器与 Active Directory 域服务协同工作。
有关服务器角色的详细信息
< 上一步(P)
下一步(N) >
安装(I)
取消

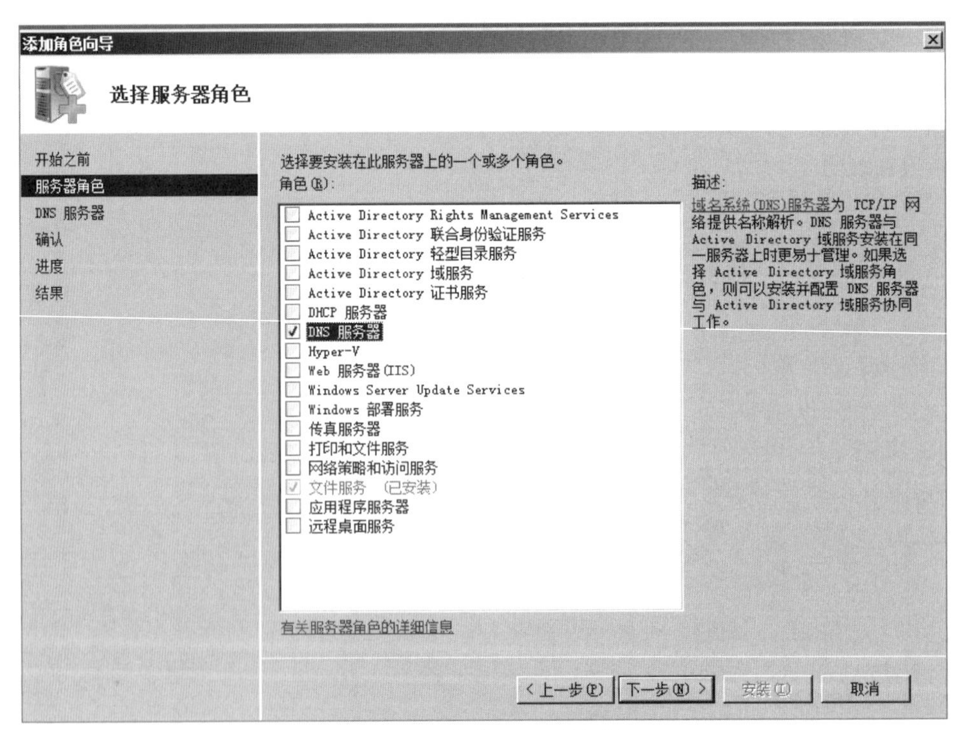

图 9-12　安装 DNS 服务器

（2）打开 DNS 管理器。依次单击“开始”→“管理工具”→“DNS”，如图 9-13 所示。

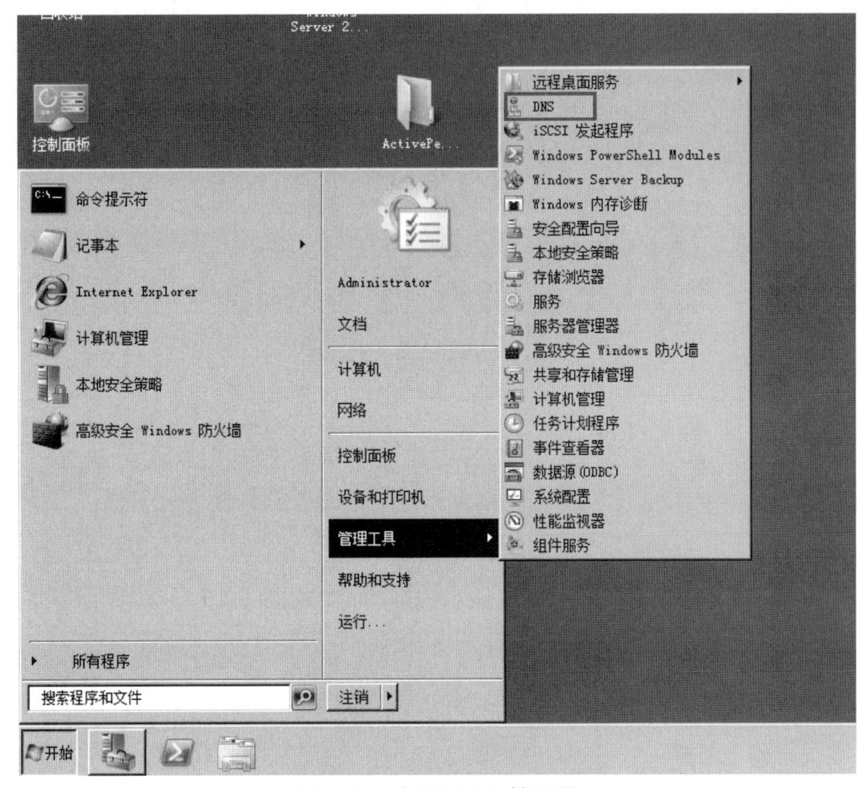

图 9-13　打开 DNS 管理器

(3) 正向查找，根据域名找 IP。新建正向查找区域，如图 9-14 所示。

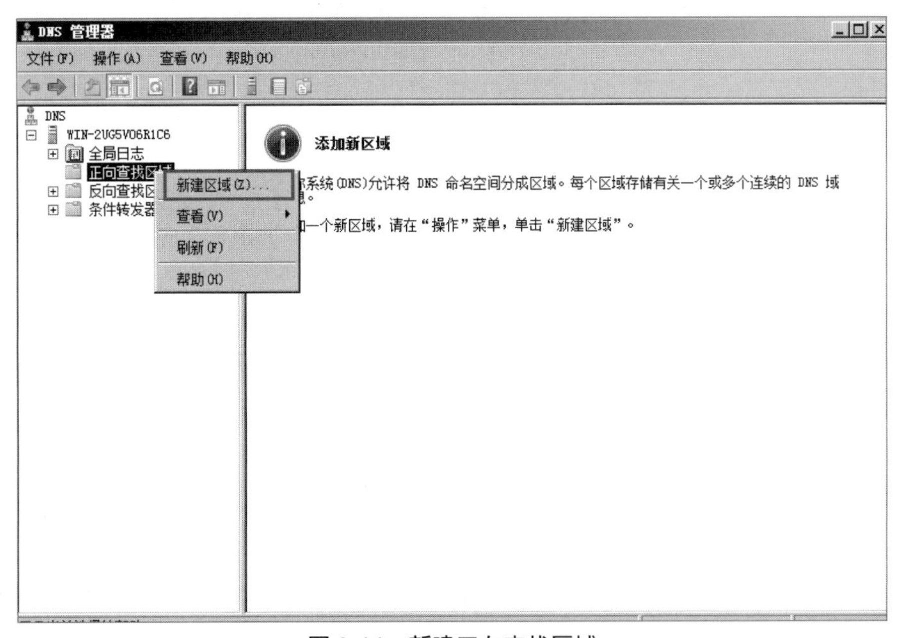

图 9-14　新建正向查找区域

(4) 新建一个主要区域，如图 9-15 所示。

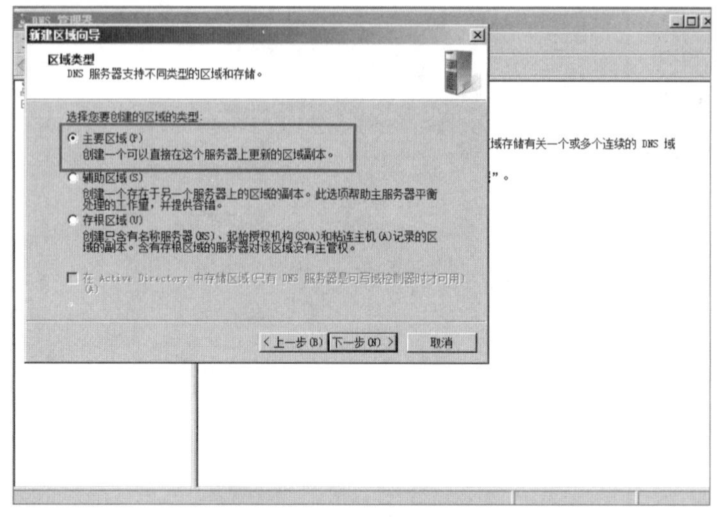

图 9-15　选择“主要区域”

（5）新建一个区域名称，区域名称符合域名规则即可，如图 9-16 所示。

（6）新建一个区域文件，如图 9-17 所示。

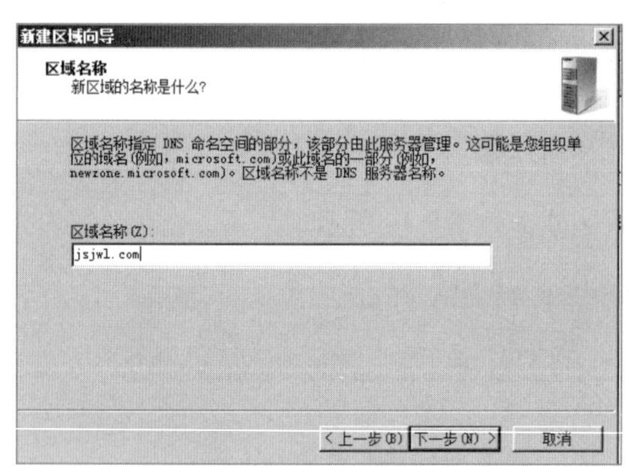

图 9-16　新建区域名称

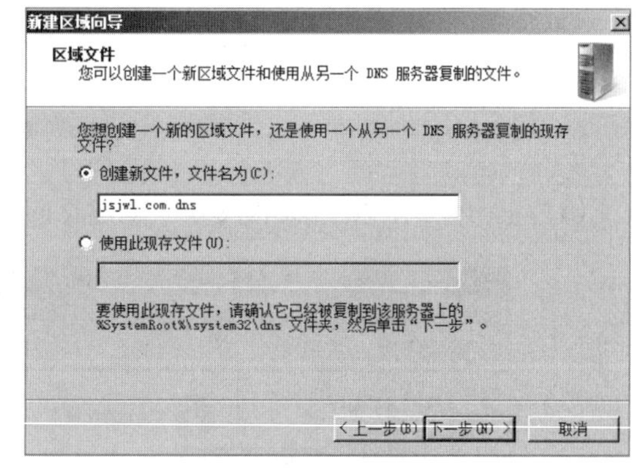

图 9-17　新建区域文件

（7）选择“不允许动态更新”，如图 9-18 所示。

（8）完成新建区域向导，如图 9-19 所示。

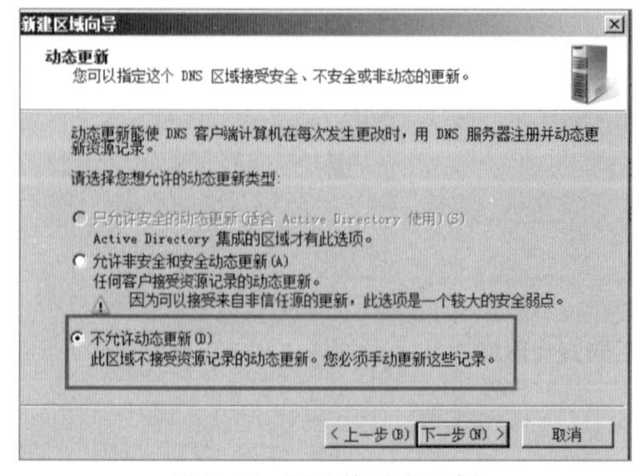

图 9-18　不允许动态更新

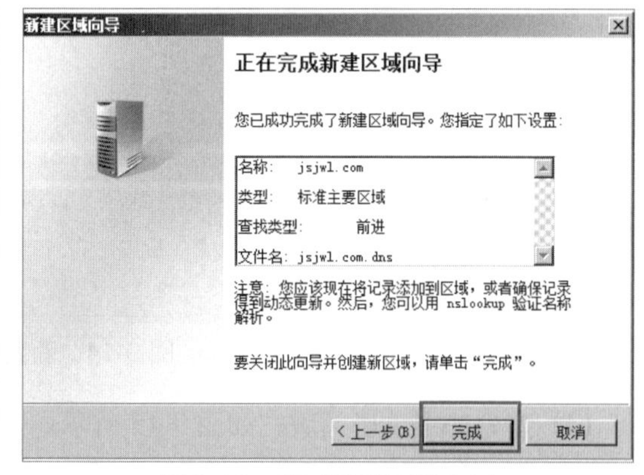

图 9-19　完成新建区域向导

(9) 在正向查找区域的 jsjwl.com 区域上右击，在弹出的快捷菜单中选择“新建主机”命令，在弹出的“新建主机”对话框中的“名称”文本框中输入主机名 www，IP 地址为域名所对应的 IP 地址，这里的 IP 地址为域名服务器的 IP 地址，如图 9-20 所示。

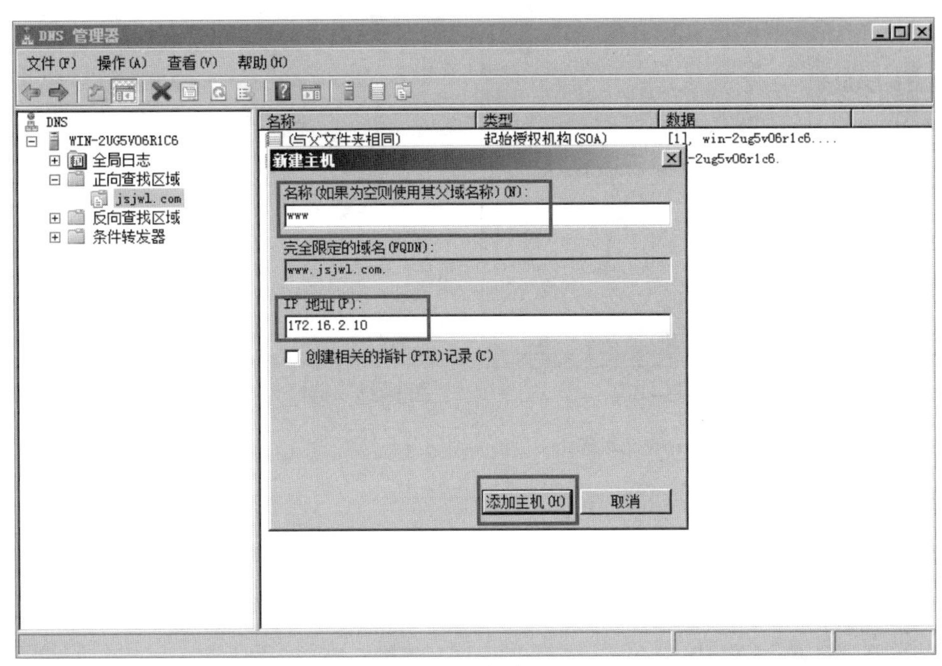

图 9-20　新建主机

(10) 反向查找，根据 IP 找域名。新建反向查找区域，如图 9-21 所示。

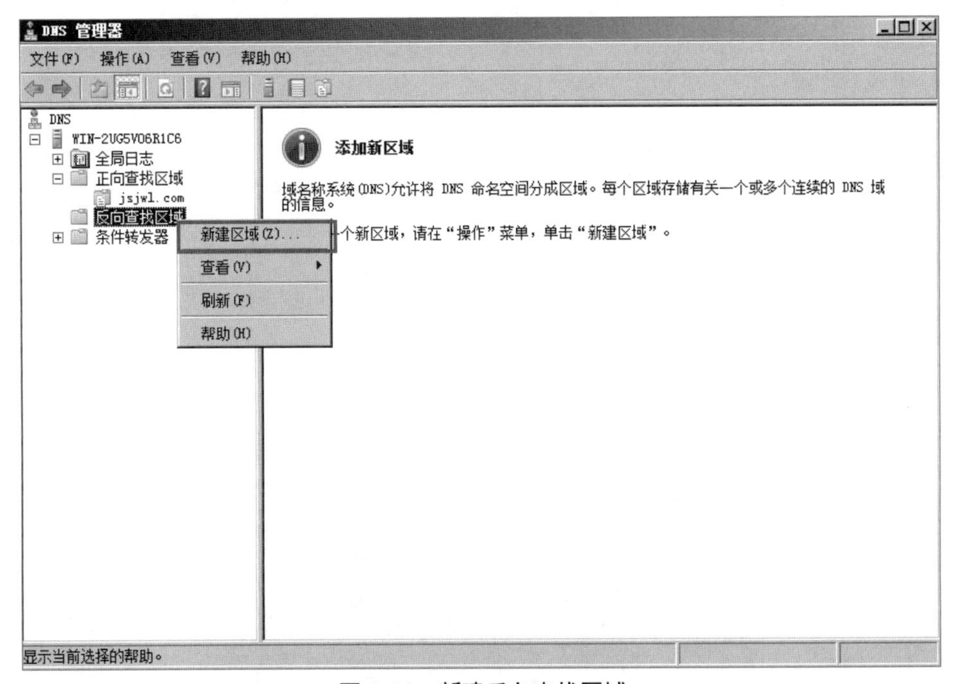

图 9-21　新建反向查找区域

（11）新建一个主要区域，如图 9-22 所示。

（12）选择为 IPv4 地址创建反向查找区域，如图 9-23 所示。

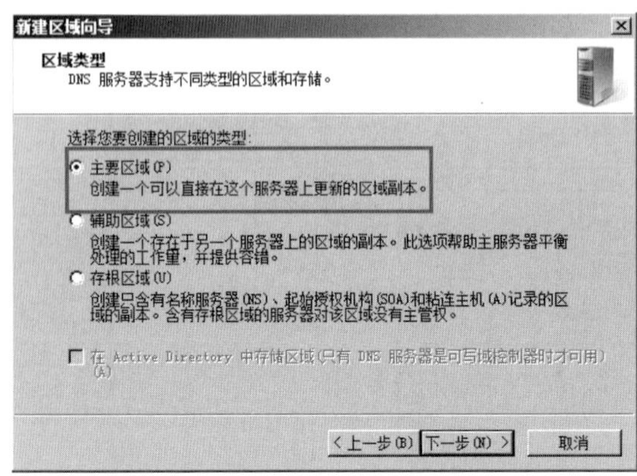

图 9-22　选择“主要区域”

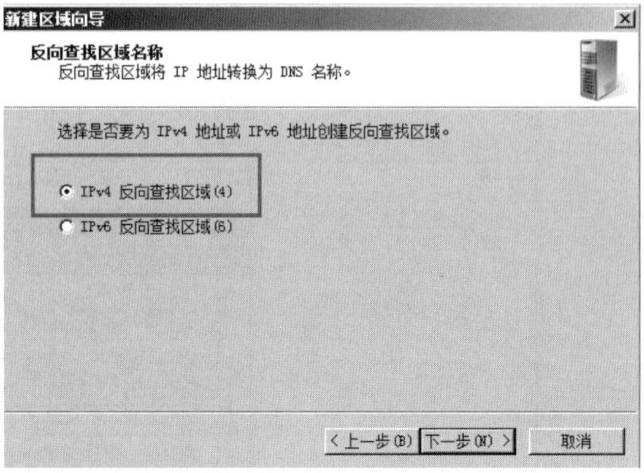

图 9-23　选择为 IPv4 地址创建反向查找区域

（13）输入网络 ID，如图 9-24 所示。

（14）创建新文件，如图 9-25 所示。

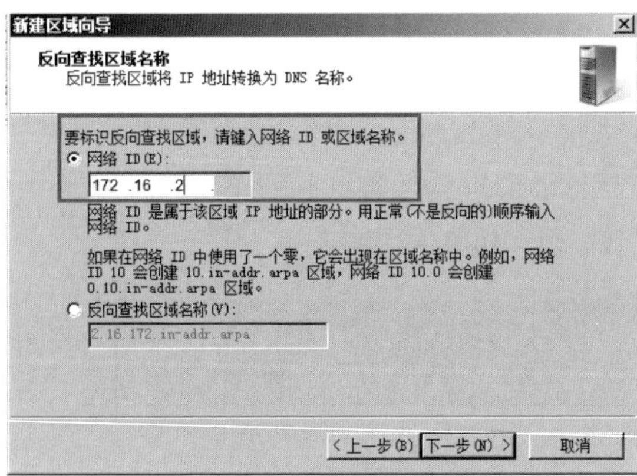

图 9-24　输入网络 ID

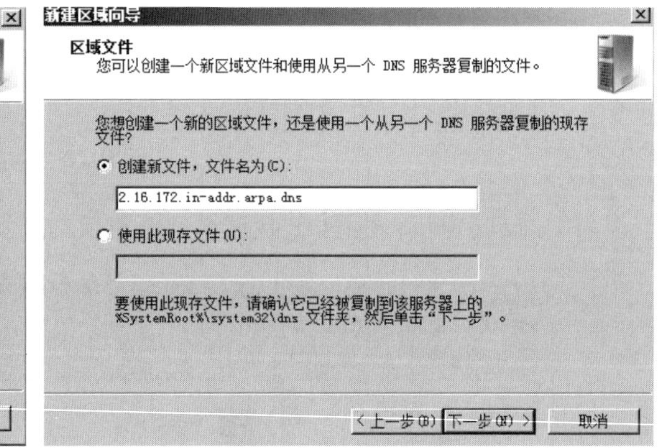

图 9-25　创建新文件

（15）不允许动态更新，界面如图 9-26 所示。

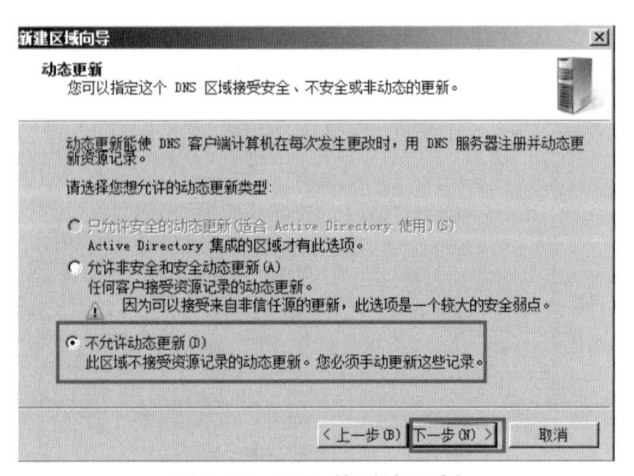

图 9-26　不允许动态更新

（16）新建指针，主机 IP 地址和正向区域新建的主机 IP 地址相同，如图 9-27 示。

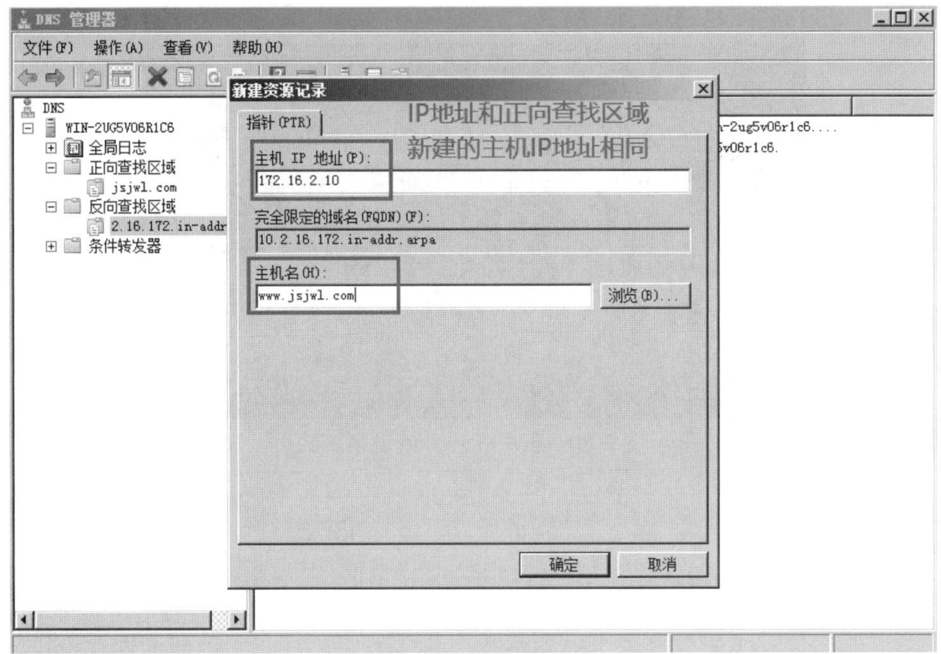

图 9-27　新建指针

4. 测试

（1）在 DNS 服务器上输入 nslookup 命令进行测试，如图 9-28 所示。

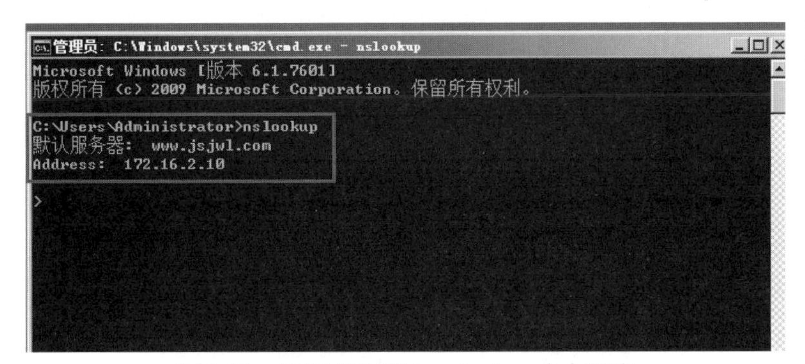

图 9-28　DNS 服务器上 nslookup 命令测试

（2）在客户机上输入 nslookup 命令进行测试，如图 9-29 所示。

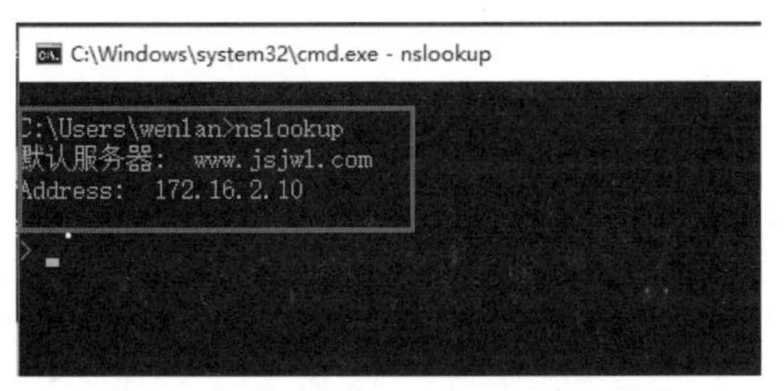

图 9-29　客户机上 nslookup 命令测试

（3）在客户机上输入 ping www.jsjwl.com 命令进行测试，如图 9-30 所示。

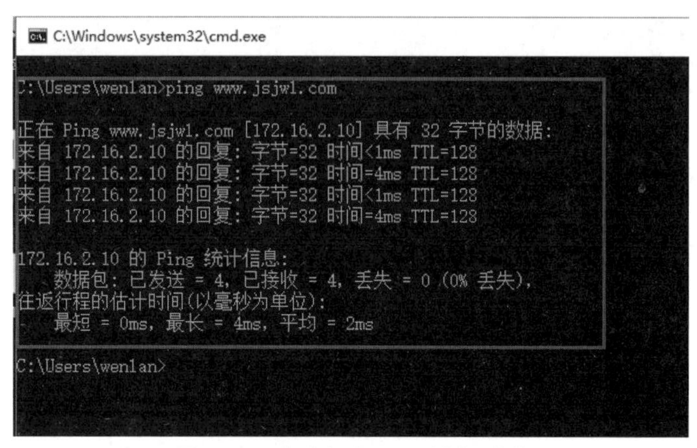

图 9-30　客户机上 ping 域名测试

项目 10

DHCP 服务器配置及应用

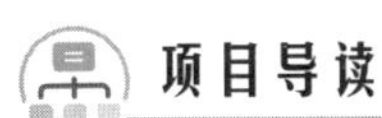

项目导读

某企业使用静态 IP 进行分配管理，但近期有员工抱怨无法访问网络资源（如内部网站），经过故障排查后，发现个别员工设置 IP 地址不当造成 IP 地址冲突，同时，为了简化 IP 管理工作，减轻网管的工作负担，拟使用动态 IP 地址分配，并为业务部经理保留某一 IP 地址。本项目将详细介绍 IP 地址配置静态设置与自动分配的特点；DHCP 服务概念及 DHCP 服务的作用和 DHCP 的工作过程；DHCP 服务器的安装及配置。

通过对本项目的学习，可以实现下列目标。

◎了解：IP 地址分配两种方式的区别。

◎理解：DHCP 服务的作用和 DHCP 的工作过程。

◎掌握：DHCP 服务器的安装和配置。

10.1 DHCP 概述

公司网络管理员在网络管理过程中，经常遇到 IP 地址冲突问题，这有可能是由于员工随意更改 IP 地址而造成的，导致管理员在排除网络故障时比较困难，为了解决这一问题，管理员考虑在新的服务器 Windows Servers 2008 上安装 DHCP 服务器。

要实现动态分配 IP 地址，就要在网络中部署 DHCP 服务器，通过它自动配置接入网络主机的 IP 地址、掩码、网关及 DNS 服务器等 TCP/IP 信息，可以避免在每台计算机上手工输入数值引起的配置错误和 IP 地址冲突，有效地降低接入网络主机的 IP 地址配置的复杂度和网络管理成本。

10.1.1 DHCP 简介

在 TCP/IP 协议网络中，计算机之间通过 IP 地址互相通信，因此管理、分配与设置客户端 IP 地址的工作非常重要。以手工方式设置 IP 地址，不仅非常费时、费力，而且非常容易出错，尤其在大中型网络中，手工设置 IP 地址更是一项非常复杂的工作。如果让服务器自动为客户端计算机配置 IP 地址等相关信息，就可以大大提高工作效率，并减少 IP 地址故障的可能性。

DHCP（Dynamic Host Configuration Protocol，动态主机分配协议）是一个简化主机 IP 地址分配管理的 TCP/IP 标准协议。网络管理员的工作之一就是为网络中的主机分配唯一的 IP 地址，以免出现重复的 IP 地址引起网络冲突。如果网络规模较小，网络管理员可以用手工方式为每一台主机进行 IP 地址的配置。但是在包含成百上千台主机的大型网络中，尤其是含有漫游用户和笔记本电脑的动态网络，如果还以手工方式设置 IP 地址，则不仅费时、费力，而且非常容易出错。借助动态主机配置协议 DHCP 服务器可以提高工作效率，并减少发生 IP 地址故障的可能性。

DHCP 是从 BOOTP 协议发展而来的一个简化主机 IP 地址分配管理的 TCP/IP 标准协议。DHCP 采用客户机 / 服务器结构。在使用 DHCP 时，整个网络中至少要有一台安装了 DHCP 服务的服务器，其他要使用 DHCP 功能的客户机也必须设置为利用 DHCP 获得 IP 地址。DHCP 服务器拥有一个 IP 地址池，当一台启用 DHCP 的客户机登录到网络时，可从它那里租借一个 IP 地址，每次租借到的 IP 地址可能会不一样，这与当时 IP 地址资源有关。当这台客户机跟网络断开后，DHCP 服务器可把这个地址租借给之后连接到网络的其他主机。这样既保证了不会发生 IP 地址冲突，又可以有效节约 IP 地址，提高 IP 地址的使用率。

DHCP 的前身是 BOOTP（Boot strap Protocol，引导程序协议）。BOOTP 也称自举协议，它使用 UDP 协议来使一个工作站自动获取配置信息。BOOTP 原本是用于无盘工作站连接到网络服务器的，网络的工作站使用 BOOTROM 而不是硬盘起动并连接上网络服务的。

为了获取配置信息，协议软件广播一个 BOOTP 请求报文，收到请求报文的 BOOTP 服务器查找出发出请求的计算机的各项配置信息（如 IP 地址、默认路由地址、子网掩码等），将配置信息放入一个 BOOTP 应答报文，并将应答报文返回给发出请求的计算机。由于计算机发送 BOOTP 请求报文时还没有 IP 地址，因此，它会使用全广播地址作为目的地址，使用全 0 作为源地址。BOOTP 服务器可使用广播（Broadcast）将应答报文返回给计算机，或使用收到的广播帧上的网卡的物理地址进行单播（Unicast）。

BOOTP 设计用于相对静态的环境，管理员创建一个 BOOTP 配置文件，该文件定义了每一台主机的一组 BOOTP 参数。配置文件只能提供主机标识符到主机参数的静态映射，如果主机参数没有要求变化，BOOTP 的配置信息通常保持不变。配置文件不能快速更改，此外，管理员必须为每一台主机分配一个 IP 地址，并对服务器进行相应的配置，使它能够理解从主机到 IP 地址的映射。

BOOTP 是静态配置 IP 地址和 IP 参数的，不可能充分利用 IP 地址和大幅度减少配置的工作量，非常缺乏“动态性”，已不适应现在日益庞大和复杂的网络环境。

DHCP 是 BOOTP 的增强版本，此协议从两方面对 BOOTP 进行有力的扩充。第一，DHCP 可使计算机通过一个消息获取它所需要的配置信息，例如，一个 DHCP 报文除了能获得 IP 地址，还能获得子网掩码、网关等；第二，DHCP 允许计算机快速动态获取 IP 地址，为了使用 DHCP 的动态地址分配机制，管理员必须配置 DHCP 服务器，使得它能够提供一组 IP 地址。任何时候一旦有新的计算机联网，新的计算机将与服务器联系并申请一个 IP 地址。服务器从管理员指定的 IP 地址中选择一个地址，并将它分配给该计算机。

DHCP 允许有三种类型的地址分配：

（1）自动分配方式：当 DHCP 客户端第一次成功地从 DHCP 服务器端租用到 IP 地址之后，

就永远使用这个地址。

(2) 动态分配方式：当 DHCP 第一次从 HDCP 服务器端租用到 IP 地址之后，并非永久使用该地址，只要租约到期，客户端就得释放这个 IP 地址，以给其他工作站使用。当然，客户端可以比其他主机更优先的更新租约，或是租用其他的 IP 地址。

(3) 手工分配方式：DHCP 客户端的 IP 地址是由网络管理员指定的，DHCP 服务器只是把指定的 IP 地址告诉客户端。

动态地址分配是 DHCP 的最重要和新颖的功能，与 BOOTP 所采用的静态分配地址不同的是，动态 IP 地址的分配不是一对一的映射，服务器事先并不知道客户端的身份。

可以配置 DHCP 服务器，使得任意一台客户端都可以获得 IP 地址并开始通信。为了使自动配置成为可能，DHCP 服务器保存着网络管理员定义的一组 IP 地址等 TCP/IP 参数，DHCP 客户端通过与 DHCP 服务器交换信息协商 IP 地址的使用。在交换中，服务器为客户端提供 IP 地址，客户端确认它已经接收此地址。一旦客户端接收一个地址，它就开始使用此地址进行通信。

将所有的 TCP/IP 参数保存在 DHCP 服务器，使网络管理员能够快速检查 IP 地址及其他配置参数，而不必前往每一台计算机进行操作，此外，由于 DHCP 的数据库可以在一个中心位置（即 DHCP 服务器）完成更改，因此重新配置时也无须对每一台计算机进行配置。同时，DHCP 不会将同一个 IP 地址同时分配给两台计算机，从而避免了 IP 地址的冲突。DHCP 运行机制如图 10-1 所示。

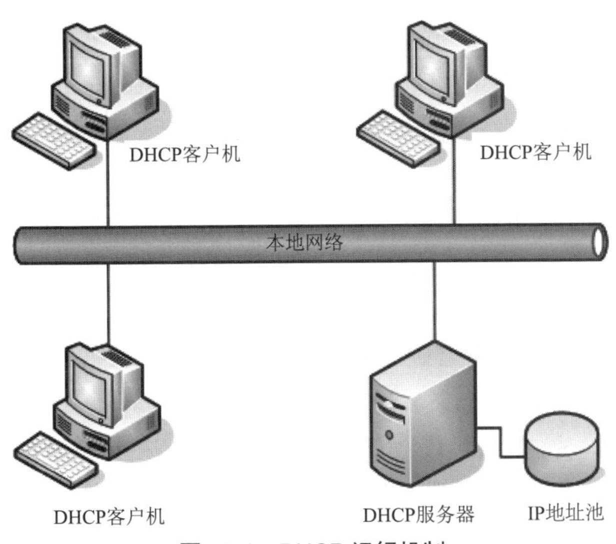

图 10-1　DHCP 运行机制

10.1.2　DHCP 工作原理

DHCP 服务采用 UDP 协议，主要通过客户机传送广播数据包给网络中的 DHCP 服务器，DHCP 服务器响应客户机的 IP 参数请求并为其分配 IP 地址。DHCP 客户机获取 IP 地址的过程称为 DHCP 租借过程，其工作工程及原理如图 10-2 所示。

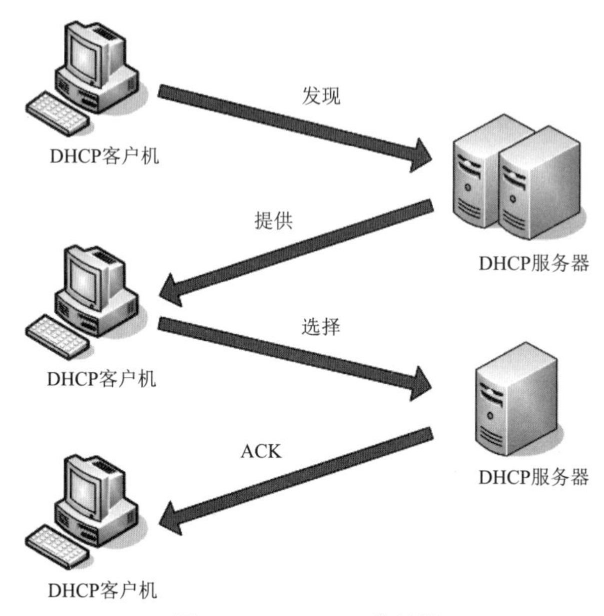

图 10-2　DHCP 工作过程

（1）发现阶段，即 DHCP 客户机发现 DHCP 服务器的阶段。在连接到网络时，DHCP 客户机在本地网络中以广播的形式发送 Discover Message（发现信息），本地网络中的所有 DHCP 服务器都可以接收到该信息并做出响应。

（2）提供阶段，即 DHCP 服务器向提出申请的客户机提供 IP 地址的阶段。所有的 DHCP 服务器收到发现信息后，会向提出申请的客户机发送一个 Offer Message（提供信息），该信息包括一个可租用的 IP 地址和其他配置信息。

（3）选择阶段，即 DHCP 客户机选择某 DHCP 服务器提供的 IP 地址的阶段。DHCP 客户机收到各个服务器提供的配置信息后，从中选择一个（通常只选择收到的第一个提供信息），然后它以广播方式回答一个 Request Message（请求信息），告诉所有 DHCP 服务器它所选择的是哪一个 IP 地址。

（4）确认阶段，即 DHCP 服务器确认所提供的 IP 地址的阶段。被选中的 DHCP 服务器在知道客户机选择了它提供的 IP 地址后，就发送一个 Acknowledgment Message（确认信息）给客户机。客户机收到确认信息后，就进行地址绑定 (Bind)，这样它就加入 TCP/IP 网络，且完成了其系统初始化。而其他未被选中的 DHCP 服务器则收回提供的 IP 地址。

（5）重新登录：重新登录网络时，就不需要再发送 DHCP Discover 发现信息了，而是直接发送包含前一次所分配的 IP 地址的 DHCP Request 请求信息。当 DHCP 服务器收到这一信息后，它会尝试让 DHCP 客户端继续使用原来的 IP 地址，并回答一个 DHCP ACK 确认信息。如果此 IP 地址已无法再分配给原来的 DHCP 客户端使用时（如此 IP 地址已分配给其他 DHCP 客户端使用），则 DHCP 服务器给 DHCP 客户端回答一个 DHCP NACK 否认信息。当原来的 DHCP 客户端收到此 DHCP NACK 否认信息后，它就必须重新发送 DHCP Discover 发现信息来请求新的 IP 地址。

（6）更新租约：CP 服务器向 DHCP 客户端出租的 IP 地址一般都有一个租借期限，期满后 DHCP 服务器便会收回出租的 IP 地址。如果 DHCP 客户端要延长其 IP 租约，则必须更新其 IP 租约。客户端在 50%租借时间过去以后，每隔一段时间就开始请求 DHCP 服务器更新当前租借，如果 DHCP 服务器应答则租用延期。如果 DHCP 服务器始终没有应答，在有效租借期的 87.5%时，客户端应该与其他 DHCP 服务器通信，并请求更新其配置信息。如果客户端不能和所有的 DHCP 服务器取得联系，租借时间到期后，必须放弃当前的 IP 地址，并重新发送一个 DHCP Discover 报文开始上述的 IP 地址获得过程。

以后当 DHCP 客户机每次重新连接到网络中，都会向 DHCP 服务器申请继续使用上一次的 IP 地址，如果 DHCP 服务器发现客户机可以继续使用其 IP 地址，就会发送确认信息；如果该 IP 地址已经分配给其他客户机，就会发送否认信息，此时客户机只能重新发送发现信息来获取一个新的 IP 地址。

DHCP 服务器向 DHCP 客户机分配的 IP 地址一般都有一个租借期限，期满后 DHCP 服务器便会收回出租的 IP 地址。为了能及时延长租期，DHCP 服务制定了 DHCP 租期更新机制。DHCP 客户机启动时、IP 租约期限过一半和 IP 租约期限过 7/8 时，DHCP 客户机都会自动向 DHCP 服务器发送更新其 IP 租约的信息。

10.1.3　DHCP 中继代理

DHCP 在分配 IP 地址时使用广播通信，而广播数据只能在一个物理子网中传播，不能到达其他物理子网。因此，在一般情况下，DHCP 服务器和客户机都只能在同一子网中，不能跨网段工作。如果希望多个网络中的客户机使用同一台 DHCP 服务器，则需要使用 DHCP 中继代理。

中继代理用于把某种类型的信息从一个网段转播到另一个网段。DHCP 中继代理是一种软件技术，它能够把 DHCP/BOOTP 广播信息从一个网段转播到另一个网段上。安装了 DHCP 中继代理的计算机成为 DHCP 中继代理服务器，它能够承担不同子网之间的 DHCP 客户机和服务器的通信任务。

使用 DHCP 中继代理，可以使网络中所有的 DHCP 客户机都能获得 DHCP 服务器分配的 IP 地址。如图 10-3 所示，DHCP 客户机 1、2、3 都从 DHCP 服务器获得了 IP 地址。

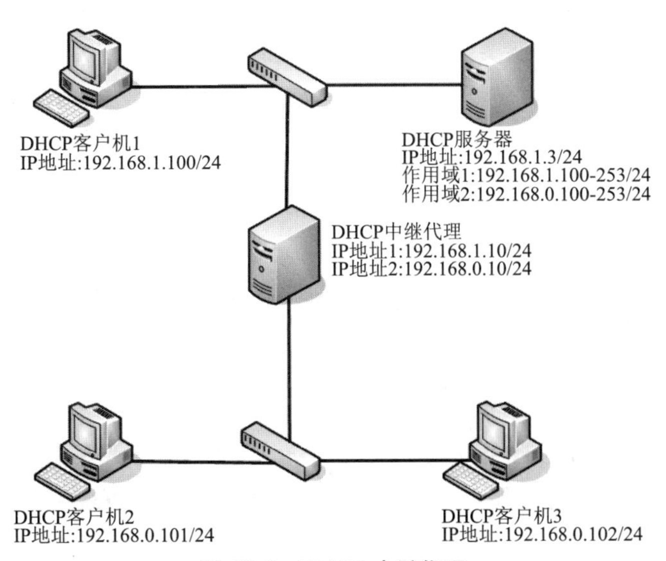

图 10-3　DHCP 中继代理

10.1.4 DHCP 的特点

DHCP 在分配 IP 地址时使用广播通信，而广播数据只能在一个物理子网中传播，不能到达其他物理子网。因此，在一般情况下，DHCP 服务器和客户机都只能在同一子网中，不能跨网段工作。如果希望多个网络中的客户机使用同一台 DHCP 服务器，则需要使用 DHCP 中继代理。

作为优秀的 IP 地址管理工具，DHCP 具有以下优点：

（1）提高效率：计算机将自动获得 IP 地址信息并完成配置，减少了由于手工设置而可能出现的错误，并极大地提高了工作效率，降低了劳动强度。利用 TCP/IP 进行通信，光有 IP 地址是不够的，常常还需要网关、WINS、DNS 等设置。DHCP 服务器除了能动态提供 IP 地址外，还能同时提供 WINS、DNS 主机名、域名等附加信息，完善 IP 地址参数的设置。

（2）便于管理：当网络使用的 IP 地址段改变时，只需修改 DHCP 服务器的 IP 地址池即可，而不必逐台修改网络内的所有计算机地址。

（3）节约 IP 地址资源：在 DHCP 系统中，只有当 DHCP 客户端请求时才由 DHCP 服务器提供 IP 地址，而当计算机关机后，又会自动释放该 IP 地址。通常情况下，网络内的计算机并不都是同时开机，因此，较小数量的 IP 地址，也能够满足较多计算机的需求。

可以看出，DHCP 可以提高 IP 地址的利用率，减少 IP 地址的管理工作量，便于移动用户的使用。但要注意的是，由于客户端每次获得的 IP 地址不是固定的（当然现在的 DHCP 已经可以针对某一计算机分配固定的 IP 地址），如果想利用某主机对外提供网络服务（如 Web 服务、DNS 服务）等，动态的 IP 地址是不可行的，这时通常要求采用静态 IP 地址配置方法。此外，对于一个只有几台计算机的小型网络，DHCP 服务器则显得有点多余。

当然，DHCP 也会导致灾难性的后果：如果 DHCP 服务器的设置有问题，将会影响网络中所有 DHCP 客户端的正常工作；如果网络中只有一台 DHCP 服务器，当它发生故障时，所有 DHCP 客户端都将无法获得 IP 地址，也无法释放已有的 IP 地址，从而导致网络瘫痪。

针对这种情况，可以在一个网络中配置两个 DHCP 服务器，在这两个服务器上分别创建一个作用域，这两个作用域同属一个子网。在分配 IP 地址时，一个 DHCP 服务器作用域上可以分配 80% 的 IP 地址，另一个 DHCP 服务器作用域上可以分配 20% 的 IP 地址。这样，当一个 DHCP 服务器由于故障不可使用时，另一个 DHCP 服务器可以取代它并提供新的 IP 地址，继续为现有客户机服务。80/20 规则是微软所建议的分配比例，在实际应用时可以根据情况进行调整。另外，在一个子网上的两个 DHCP 服务器上所建的 DHCP 作有域，不能有地址交叉的现象。

10.2 DHCP 服务器安装与配置

10.2.1 DHCP 服务器安装与配置

在配置之前，必须在服务器上安装 DHCP 服务。默认情况下，在安装 Windows Server 2008 的过程中不会安装 DHCP 服务组件，所以必须采用添加安装的方式安装该服务。安装 DHCP 服务的具体操作步骤如下：

（1）登录目标服务器，打开“服务器管理器”，如图 10-4 所示。

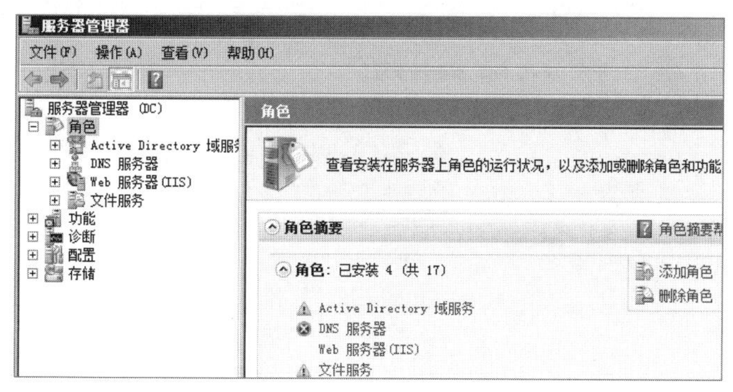

图 10-4　服务器管理器

（2）添加角色，如图 10-5 所示。

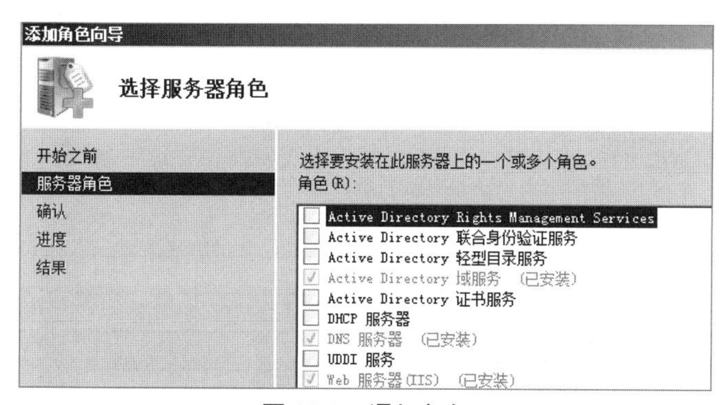

图 10-5　添加角色

（3）选择 DHCP 服务器，如图 10-6 所示。

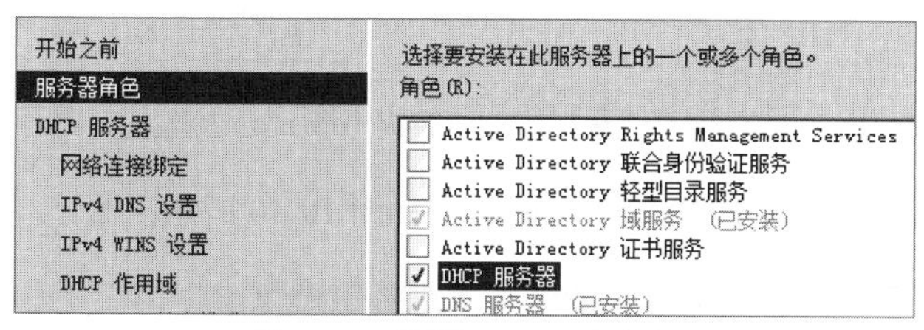

图 10-6　选择 DHCP 服务器

（4）选择向客户提供服务的网络连接，如图 10-7 所示。

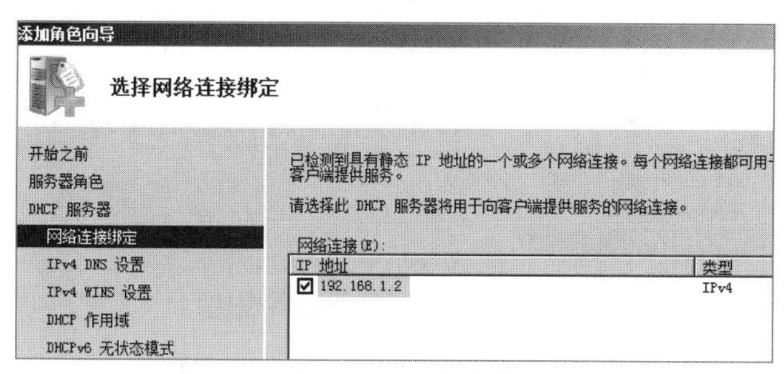

图 10-7　网络连接

（5）在“指定 IPv4 DNS 服务器设置”界面输入父域名和 DNS 服务器地址，如图 10-8 所示。

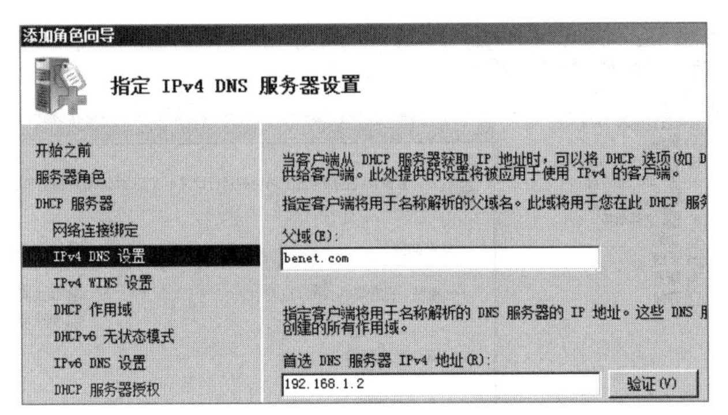

图 10-8　DNS 设置

（6）添加作用域，在“起始 IP 地址”文本框中输入作用域的起始 IP 地址，在“结束 IP 地址”文本框中输入作用域的结束 IP 地址，在“子网掩码”文本框中输入子网掩码，在“默认网关”文本框中输入默认网关，如图 10-9 所示。

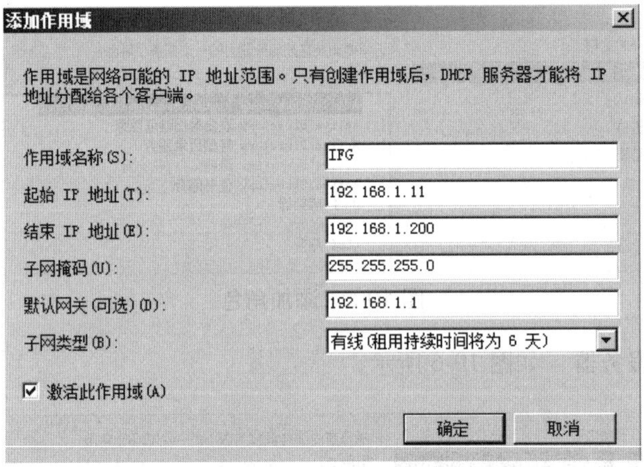

添加作用域

作用域是网络可能的 IP 地址范围。只有创建作用域后，DHCP 服务器才能将 IP 地址分配给各个客户端。

作用域名称(S): IFG
起始 IP 地址(T): 192.168.1.11
结束 IP 地址(E): 192.168.1.200
子网掩码(U): 255.255.255.0
默认网关(可选)(D): 192.168.1.1
子网类型(B): 有线(租用持续时间将为 6 天)
☑ 激活此作用域(A)
确定　取消

图 10-9　添加作用域

（7）使用有权限的账号为 DHCP 服务器授权，如图 10-10 所示。

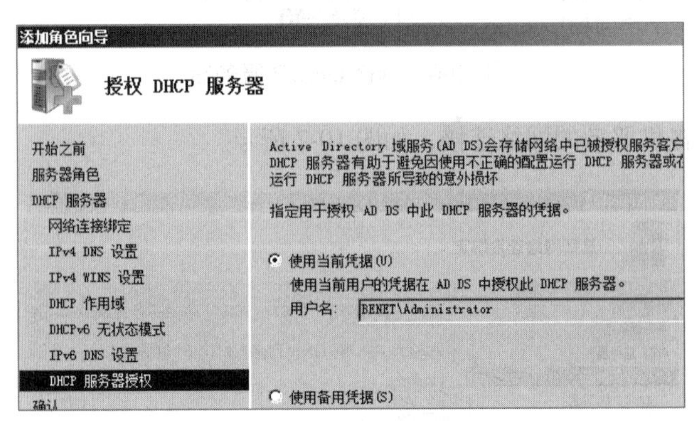

图 10-10　DHCP 服务器授权

（8）完成角色添加，如图 10-11 所示。

已成功安装以下角色、角色服务或功能:
1 条警告消息显示如下
未启用 Windows 自动更新。若要安装最新更新，请使用“控制面板”中的 Windows Update 来检查更新。
DHCP 服务器
安装成功

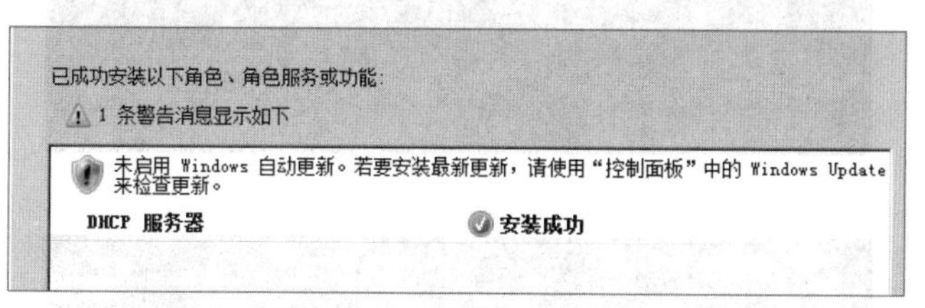

图 10-11　完成角色添加

10.2.2　配置 DHCP 客户机

DHCP 客户端可以用很多类，如 Windows 或 Linux 等，下面介绍 Windows 客户端的设置，具体的操作步骤如下：

（1）在“控制面板”中双击“网络连接”图标，打开“网络连接”窗口，列出的所有可用的网络连接，右击“本地连接”图标，在弹出的快捷菜单中选择“属性”命令，弹出“本地连接 属性”对话框。

（2）在“此连接使用下列项目”列表框中，选择“Internet 协议版本 4（TCP/IPv4）”，单击“属性”按钮，弹出图 10-12 所示“Internet 协议版本 4（TCP/IPv4）属性”对话框，选择“自动获得 IP 地址”单选按钮。

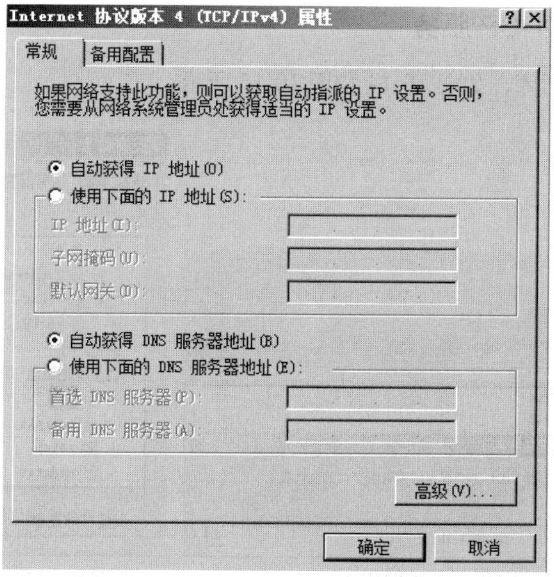

Internet 协议版本 4 (TCP/IPv4) 属性
常规
备用配置
如果网络支持此功能，则可以获取自动指派的 IP 设置。否则，您需要从网络系统管理员处获得适当的 IP 设置。
自动获得 IP 地址(O)
使用下面的 IP 地址(S):
IP 地址(I):
子网掩码(U):
默认网关(D):
自动获得 DNS 服务器地址(B)
使用下面的 DNS 服务器地址(E):
首选 DNS 服务器(P):
备用 DNS 服务器(A):
高级(V)...
确定
取消

图 10-12　设置 DHCP 客户机

（3）单击“确定”按钮，保存对设置的修改即可。

在局域网中的一台 DHCP 客户端上，进行 DOS 命令提示符，执行 c:\ipconfig/renew 命令可以更新 IP 地址，执行 c:\ipconfig/all 命令可以看到 IP 地址、WINS、DNS、域名是否正确。要释放地址可以使用 C:\ipconfig/release 命令。

查看更新和释放客户端 IP 地址，如图 10-13 所示。

```
以太网适配器 本地连接:

   连接特定的 DNS 后缀 . . . . . . . : benet.com
   IPv4 地址 . . . . . . . . . . . . : 192.168.1.11
   子网掩码 . . . . . . . . . . . . : 255.255.255.0
   默认网关. . . . . . . . . . . . . : 192.168.1.1
```

(a)

```
   连接特定的 DNS 后缀 . . . . . . . : benet.com
   描述. . . . . . . . . . . . . . . : Intel(R) PRO/1000 MT Network Connection
   物理地址. . . . . . . . . . . . . : 00-0C-29-4F-60-94
   DHCP 已启用 . . . . . . . . . . . : 是
   自动配置已启用. . . . . . . . . . : 是
   IPv4 地址 . . . . . . . . . . . . : 192.168.1.11(首选)
   子网掩码 . . . . . . . . . . . . : 255.255.255.0
   获得租约的时间 . . . . . . . . . : 2010年3月8日 11:29:53
   租约过期的时间 . . . . . . . . . : 2010年3月14日 11:29:56
   默认网关. . . . . . . . . . . . . : 192.168.1.1
   DHCP 服务器 . . . . . . . . . . . : 192.168.1.2
   DNS 服务器 . . . . . . . . . . . : 192.168.1.2
   TCPIP 上的 NetBIOS . . . . . . . : 已启用
```

(b)

```
Windows IP 配置

在释放接口 Loopback Pseudo-Interface 1 时出错: 系统找不到指定的文件。

以太网适配器 本地连接:

   连接特定的 DNS 后缀 . . . . . . . :
   默认网关. . . . . . . . . . . . . :
```

(c)

图 10-13　查看更新和释放客户端 IP 地址

10.2.3　备份并恢复 DHCP 服务

（1）备份 DHCP 数据库，如图 10-14 和图 10-15 所示。

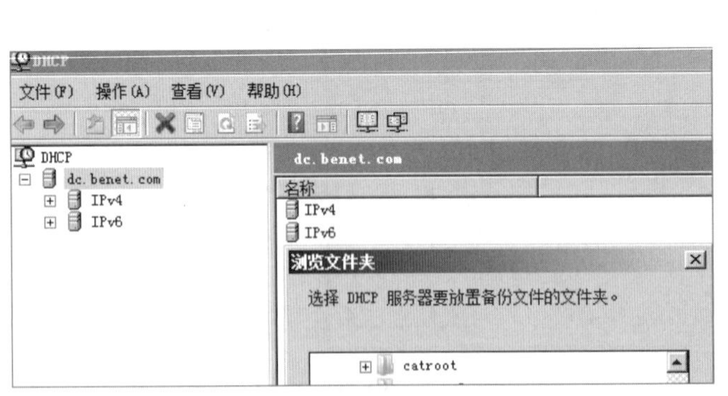

图 10-14　备份 DHCP 数据库 1

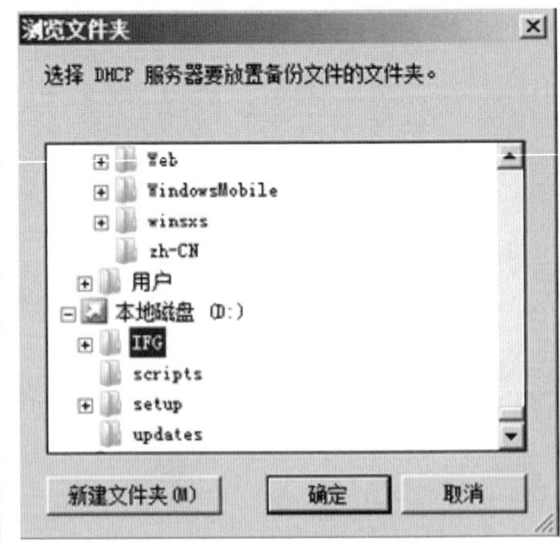

图 10-15　备份 DHCP 数据库 2

（2）在替代计算机上安装 DHCP 服务，如图 10-16 所示。

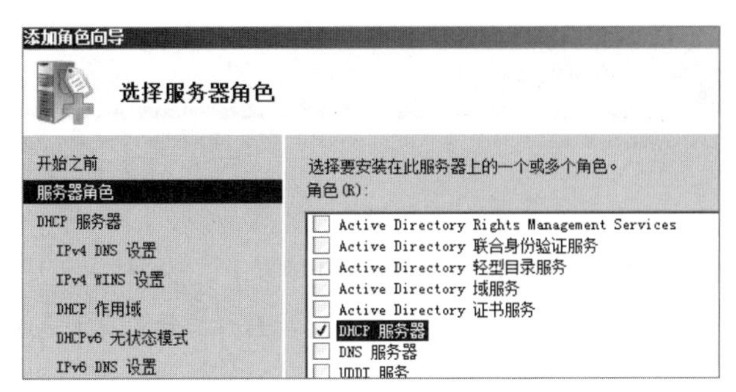

图 10-16　安装 DHCP 服务

（3）使用备份数据恢复 DHCP 服务，如图 10-17 ～图 10-19 所示。

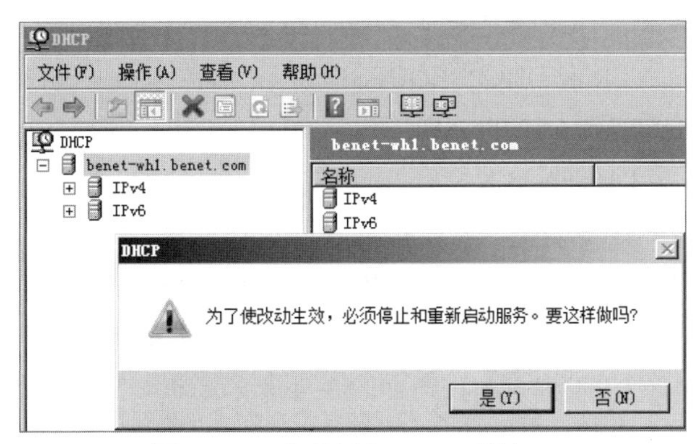

图 10-17　备份回复 DHCP 服务 1

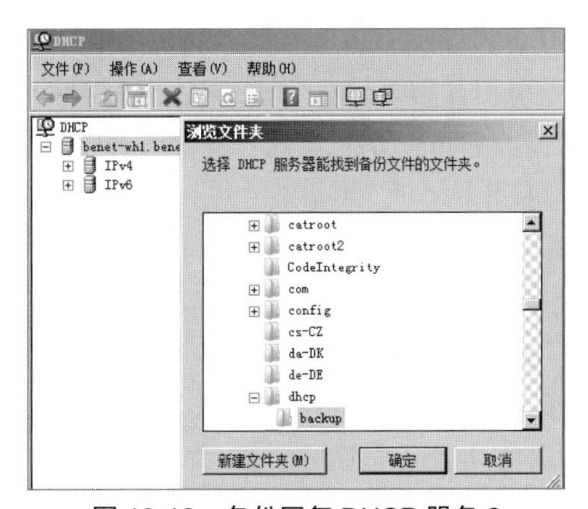

图 10-18　备份回复 DHCP 服务 2

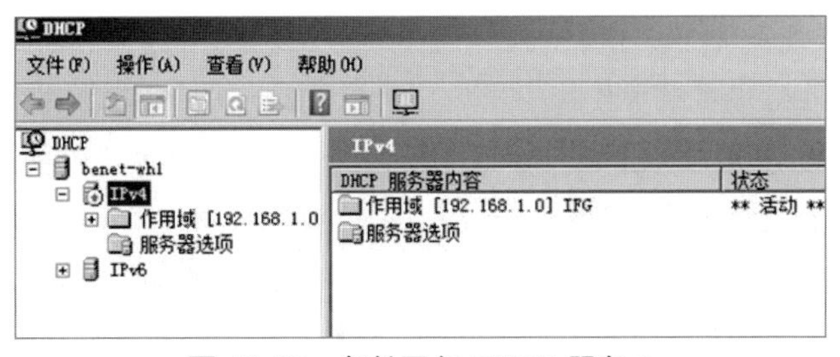

图 10-19　备份回复 DHCP 服务 3

习　题

选择题

1. 如果客户机同时得到多台 DHCP 服务器的 IP 地址，它将（　　）。

A. 随机选择　　B. 选择最先得到的

C. 选择网络号较小的　　D. 选择网络号较大的

2. 某部门有用户抱怨 DHCP 服务器自动分配的 IP 地址。因此，希望使用启用 DHCP 的客户和该 DHCP 服务器之间的通信。感兴趣的是 DHCP 客户的请求和服务器的拒绝信号。为了寻找排除故障的办法，应该监视的 DHCP 消息是（　　）。

A. DHCPDISCOVER 和 DHCPREQUEST

B. DHCPREQUEST 和 DHCPNACK

C. DHCPACK 和 DHCPNACK

D. DHCPREQUEST 和 DHCPOFFER

3. 假设你是公司的网管。公司使用 TCP/IP 作为唯一的传输协议。网络不需连到 Internet，使用 172.30.0.0/16 网段。为了提高性能和适应公司业务增长，你需要对网络划分进行优化。你分了 25 个子网，每个子网最多 1 000 台主机。然而公司业务又有增长需要 55 个子网，每个子网最多 1 000 台主机。则应设置掩码为（　　）。

A. 255.255.240.0　　B. 255.255.248.0　　C. 255.255.252.0　　D. 255.255.254.0

4. 如果你提议引入 DHCP 服务器以自动分配 IP 地址，那么应使用的网络 ID 为（　　）。

A. 24.x.x.x　　B. 172.16.x.x　　C. 194.150.x.x　　D. 206.100.x.x

5. 假定来公司需要申请 B 类的网络 ID，但是这样的地址已经没有空余的了。InterNIC 通知只有一些 C 类地址仍然可用。需要容纳近 500 台客户机，而这是一个 C 类 IP 地址不可能容纳的。那么，为了实现目标，可以（　　）。

A. 使用任意两个 C 类地址，并实现超网络化

B. 使用两个连接的 C 类地址，并实现超网络化

C. 利用两个连续的 C 类地址，并以此实现 B 类网络

D. 无能为力，C 类 IP 地址段不可能容纳 500 台主机

6. 某用户报告说他无法连接跨网段上的任何计算机。经调查发现，该计算机只能连接同一网段内的少数几台计算机，而不是全部。打开其 TCP/IP 属性对话框，发现它设置为自动获取 IP 地址，则故障的原因可能是（　　）。

A. 该客户未在活动目录中授权　　B.DHCP 服务器没有为该用户保留

C. 默认网关的 IP 地址不正确　　D. 该客户不能连接 DHCP 服务器

7. 客户端向服务器发送的有（　　）。

A. IP 请求　　B. IP 提供　　C. IP 选择　　D. IP 确认

8. 某大型网络上管理 35 台服务器和近 1 500 台客户机。其中一些 Windows 服务器正在使用

手动指定的 IP 地址。希望这些服务器能从 DHCP 服务器获取其 IP 设置，但是不能改变它们已有的 IP 地址。那么，应（　　）。

A. 从 DHCP 作用域中排除这些 IP 地址

B. 为这些服务器创建独立的作用域

C. 为这些服务器添加客户保留

D. 为所有服务器定义更长的租用期

项目 11

Web 服务器配置及应用

项目导读

随着网络的不断发展，企业、事业、高校等单位都需要通过门户网站的方式将相关信息对外展示，实现对外交流及提升知名度等。门户网站的发布可以通过 Web 服务器的配置应用来实现。本模块将详细介绍 Web 服务概述、Web 服务器安装配置及应用。

通过对本项目的学习，可以实现下列目标。

◎了解：WWW 服务的概念，常用 WWW 服务器产品，虚拟目录的概念。

◎熟悉：WWW 服务的工作原理，WWW 客户机更新租约的过程。

◎掌握：安装、配置 WWW 服务器的方法步骤；配置、测试 WWW 客户机的方法。

11.1 Web 服务概述

企业需要自己的网站，不仅仅是为了宣传，而且企业内部的办公、财务系统等都是基于 Web 的。因此需要构建自己的 Web 服务器，实现信息化是必不可少的一个重要工作。

11.1.1 WWW 的基本概念

WWW（World Wide Web，环球信息网）经常表述为 Web、3W 或 W3，中文名字为“万维网”。WWW 通过“超文本传输协议”（HyperText Transfer Protocol，HTTP）向用户提供多媒体信息，这些信息的基本单位是网页，每一个网页可包含文字、图像、动画、声音、视频等多种信息。采用“统一资源定位符”（Uniform Resource Locator，URL）来唯一标识和定位网页信息，通用的 URL 描述格式为：

信息服务类型：// 信息资源地址 [：端口号]/ 路径名 / 文件名

Web 服务的实现采用 B/W（Browser/Web Server，浏览器 / 服务器）模式，服务器信息的提供者称为 Web 服务器，浏览器信息的获取者称为 Web 客户端。Web 服务器中装有 Web 服务器程序，如 Netscape iPlanet Web Server、Microsoft Internet Information Server、Apache 等；Web 客户端装有 Web 客户端程序，即 Web 浏览器，如 Netscape Navigator、Microsoft Edge、Opera 等。

Web 服务器是如何响应 Web 客户端的请求呢？ Web 页面处理大致分三个步骤：

（1）Web 浏览器向一个特定服务器发出 Web 页面请求。

（2）收到 Web 页面请求的 Web 服务器寻找所请求的页面并传送给 Web 浏览器。

（3）Web 浏览器接收所请求的 Web 页面并将其显示出来。

Web 应用的基础还包括 HTTP 和 HTML 两个协议。

HTTP 协议是用于从 Web 服务器传输超文本到本地浏览器的传输协议。它使浏览器的工作更高效，从而减轻网络负担；它不仅使计算机传输超文本正确、快速，而且可以确定传输文档的哪一部分以及哪一部分的内容首先显示等。

HTML 是用于创建 Web 文档或页面的标准语言，由一系列的标记符号或嵌入希望显示的文件代码组成，这些标记告诉浏览器应该如何显示文章和图形等内容。

WWW 服务系统由 Web 服务器、客户端浏览器和通信协议三部分组成，如图 11-1 所示。

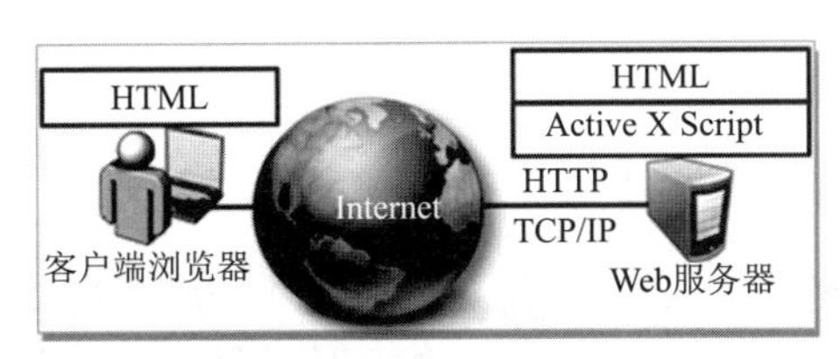

图 11-1　WWW 服务系统

客户端与服务器的通信过程：

（1）客户端（浏览器）和 Web 服务器建立 TCP 连接，连接建立以后，向 Web 服务器发出访问请求（该请求中包含了客户端的 IP 地址、浏览器的类型和请求的 URL 等一系列信息）。

（2）Web 服务器收到请求后，寻找所请求的 Web 页面（若是动态网页，则执行程序代码生成静态网页），然后将静态网页内容返回到客户端。如果出现错误，那么返回错误代码。

（3）客户端的浏览器接收到所请求的 Web 页面，并将其显示出来。

11.1.2　主流 WWW 服务器软件简介

1. IIS

IIS（Internet Information Services，Internet 信息服务）是 Microsoft 公司开发的功能完善的信息发布软件，可提供 Web、FTP、NNTP 和 SMTP 服务，分别用于网页浏览、文件传输、新闻服务和邮件发送等方面。

IIS 8.5 集成在 Windows Server 2012 R2 系统中。

2. Apache

Apache 取自 a patchy server 的读音，意思是充满补丁的服务器，因为它是自由软件，所以不断有人来为它开发新的功能、新的特性、修改原来的缺陷。

3. Nginx

Nginx 是一个强大的高性能 Web、Web 缓存和反向代理服务器（负载均衡），由俄罗斯的程序设计师 Igor Sysoev 开发。其特点是占有内存少，并发能力强，可以在 UNIX、Windows 和 Linux 等系统平台运行。

11.2 Web服务器的安装

微软 Windows Server 家族的 Internet Information Server（IIS，Internet 信息服务）在 Internet、Intranet 或 Extranet 上提供了集成、可靠、可伸缩、安全和可管理的 Web 服务器功能，为动态网络应用程序创建强大的通信平台的工具。IIS 能提供 WWW 服务，通过将客户端 HTTP 请求，连接到在 IIS 中运行的网站上，WWW 服务向 IIS 最终用户提供 Web 发布。WWW 服务管理 IIS 核心组件，这些组件处理 HTTP 请求并配置和管理 Web 应用程序。WWW 服务作为 iisw3adm.dll 来运行，并宿主于 svchost.exe 命令中。各种规模的组织都使用 IIS 来组织和管理 Internet 或其 Intranet 上的网页，IIS 能为单台 IIS 服务器或多台服务器上可能拥有的数千个网站实现性能、可靠性和安全性目标。

在 Windows Server 2008 系统中安装 WWW 服务器（IIS）的过程如下：

（1）依次选择“开始”→“管理工具”→“服务器管理器”命令，打开“服务器管理器”窗口，如图 11-2 和图 11-3 所示。

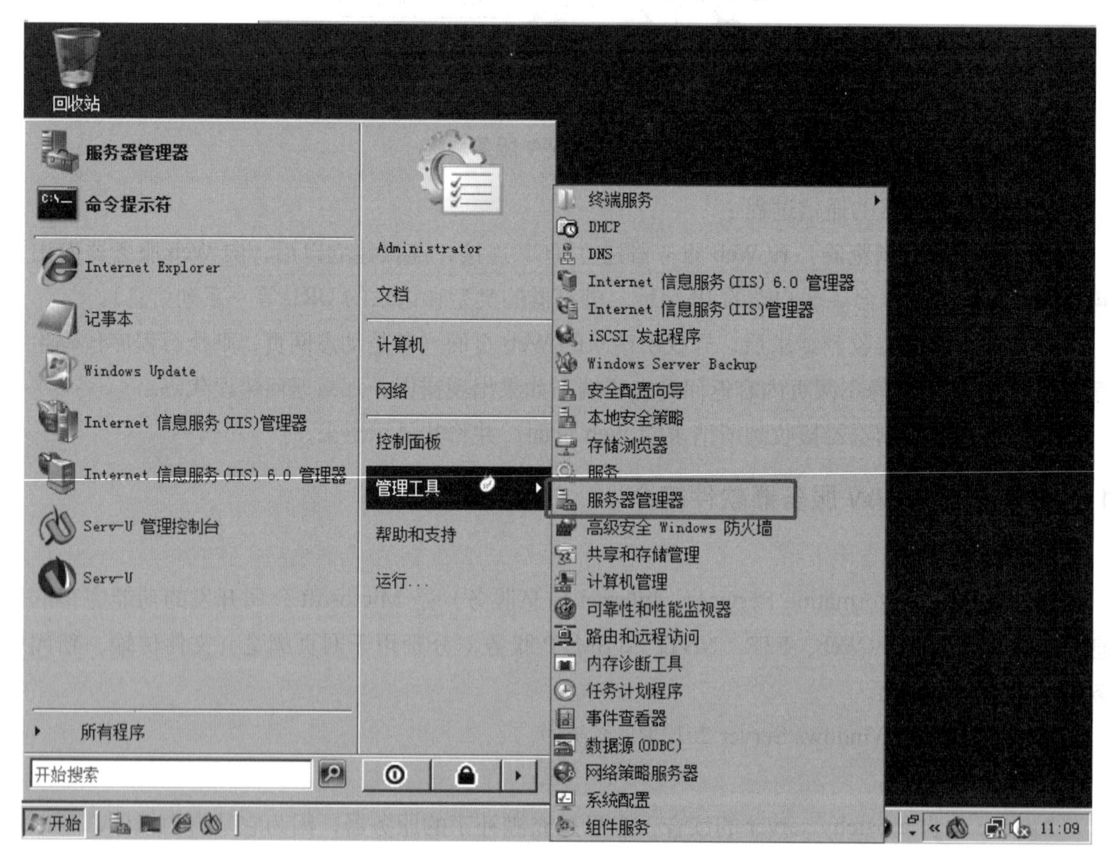

图 11-2　打开服务器管理器

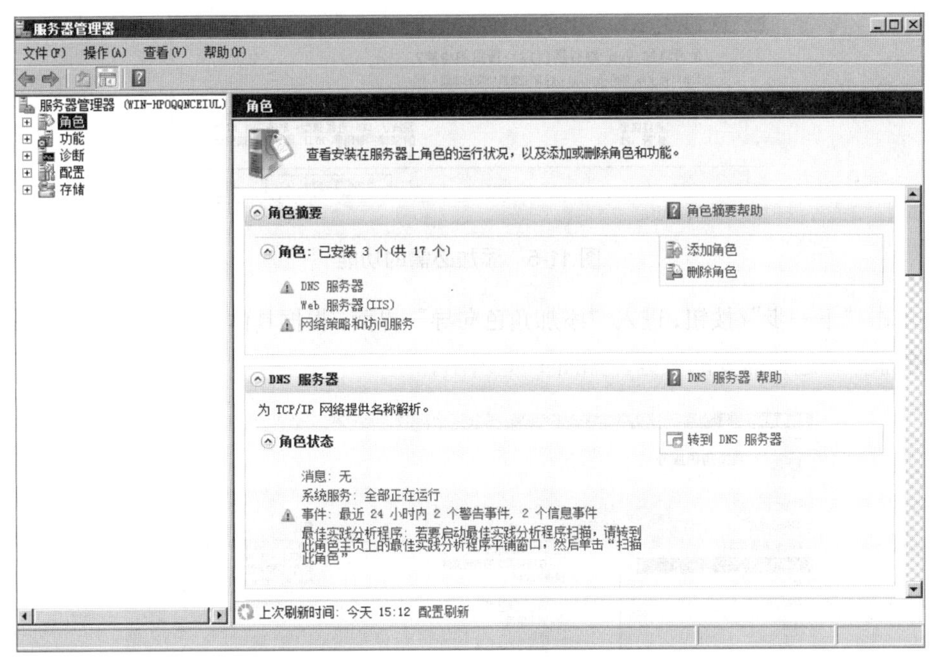

图 11-3 服务器管理器界面

（2）右击“角色”，在弹出的快捷菜单中选择“添加角色”命令，勾选“Web 服务器（IIS）”复选框，如图 11-4 所示。

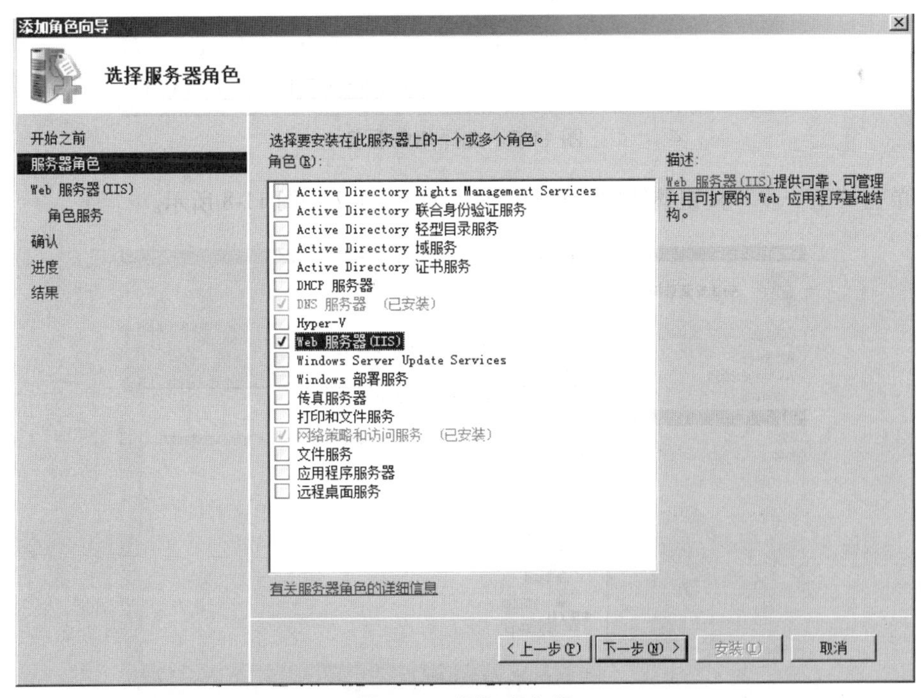

图 11-4 添加服务器

（3）在选择 Web 服务器角色时，会弹出图 11-5 所示对话框，单击“添加必需的功能”按钮，如图 11-5 所示。

图 11-5　添加必需的功能

（4）单击“下一步”按钮，进入“添加角色向导”界面，根据具体需求选择 Web 服务器（IIS）安装的角色服务，选择需要的服务，如图 11-6 所示。

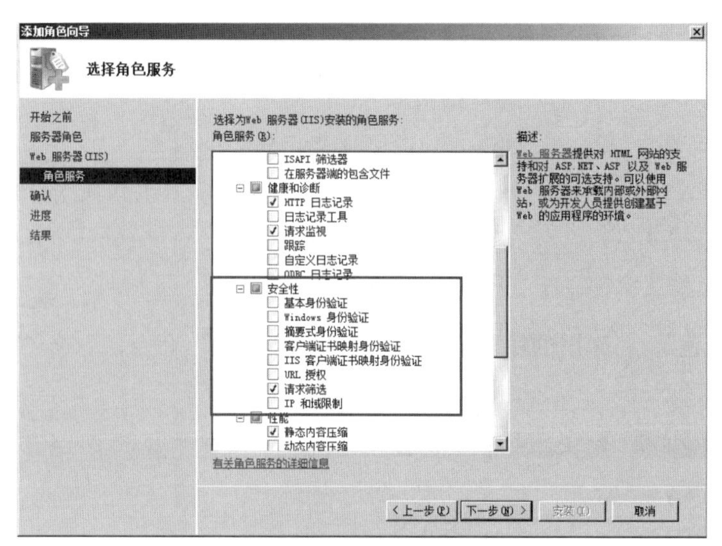

图 11-6　选择角色服务

（5）单击“下一步”按钮继续安装直至完成，如图 11-7 和图 11-8 所示。

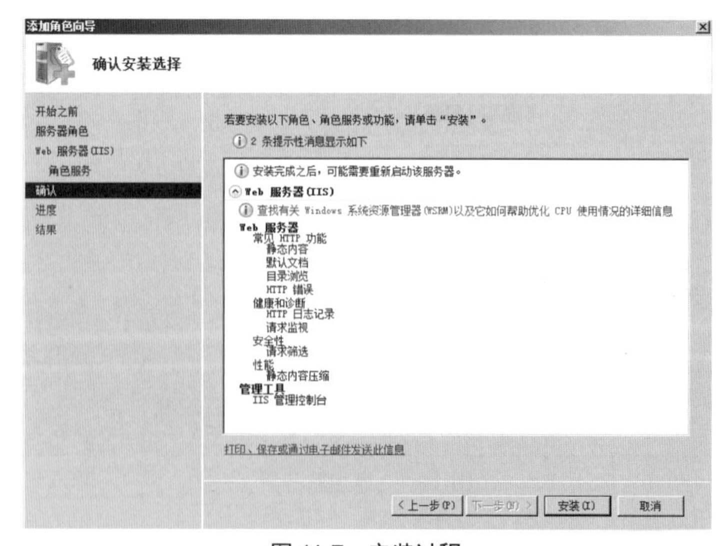

图 11-7　安装过程

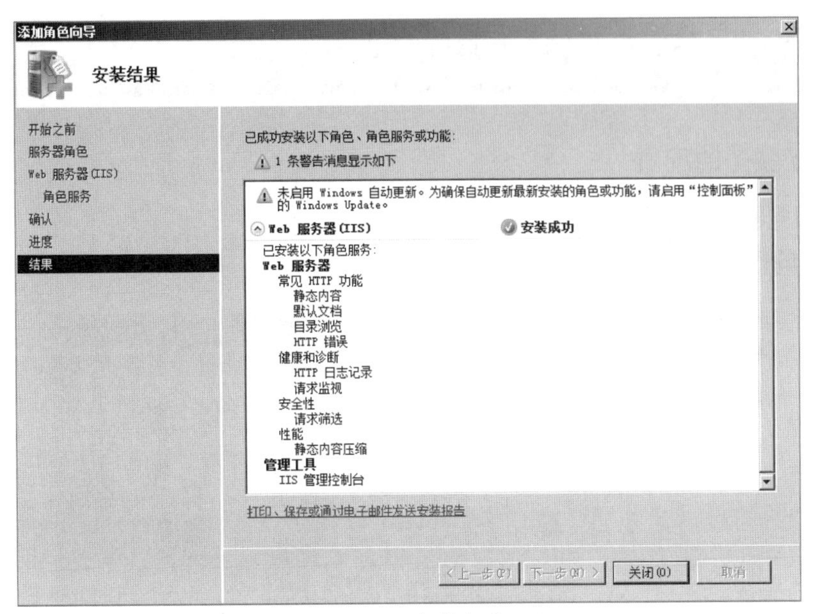

图 11-8　安装完成

（6）安装完成后，在角色—Web 服务器界面中能看到 Internet 信息服务（IIS）管理器，Web 服务器的配置将在该管理器中进行，如图 11-9 所示。

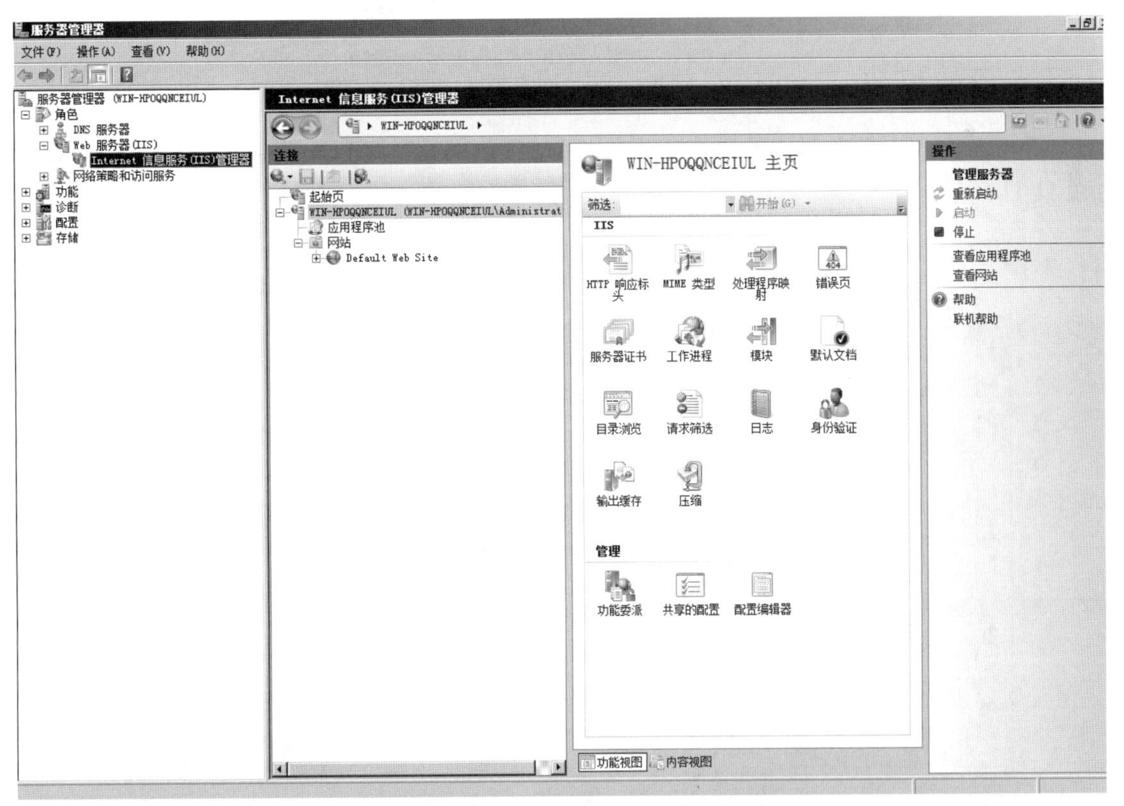

图 11-9　Internet 信息服务（IIS）管理器

11.3 Web 服务器的配置

11.3.1 Web 服务的配置

1. Web 服务器基本配置

（1）运行 Internet 信息服务 (IIS) 管理器，如图 11-10 所示。

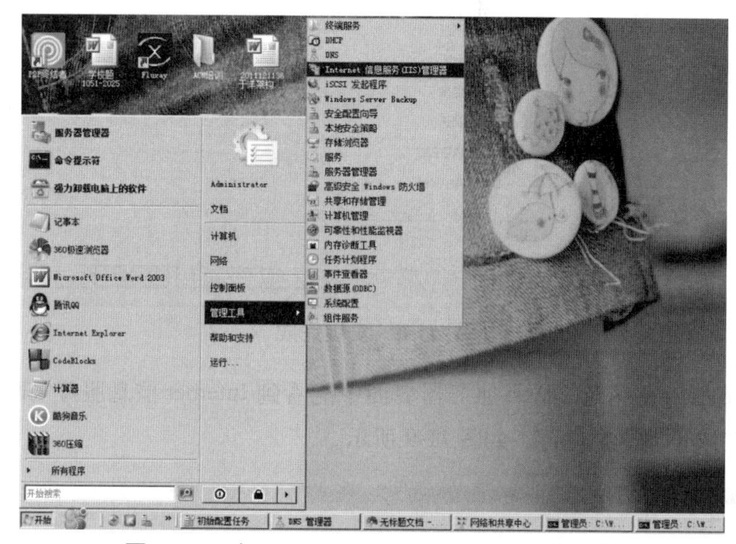

图 11-10　打开 Internet 信息服务（IIS）管理器

（2）右击“网站”在弹出的快捷菜单中选择“添加网站”命令，新建一个“MyWeb 站点”，如图 11-11 所示。

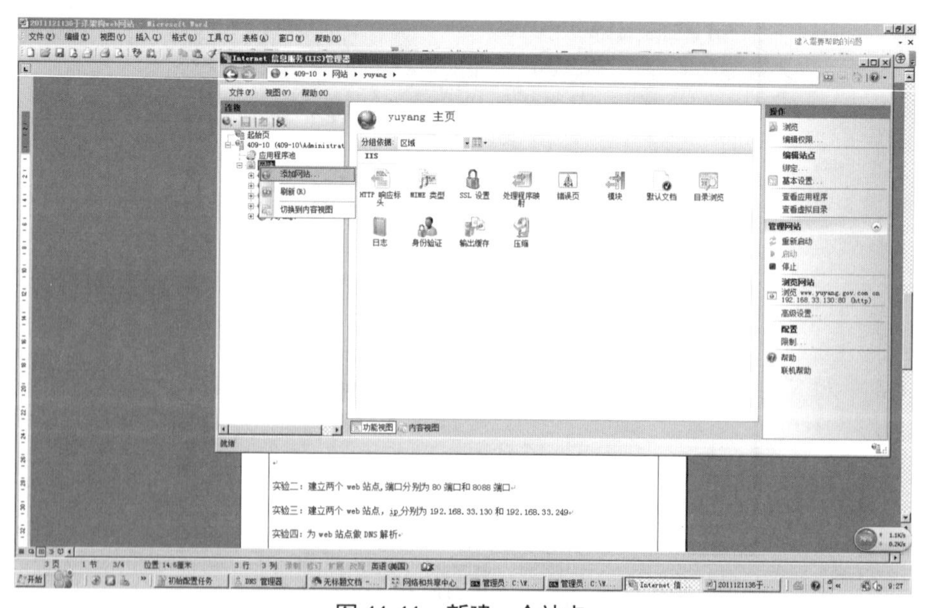

图 11-11　新建一个站点

(3) 填写添加网站信息，如图 11-12 所示。其中主目录是指保存 Web 网站的文件夹，当用户访问该网站时，Web 服务器会自动将该文件夹中的默认网页显示给客户端用户。任何一个网站都需要有主目录作为默认目录，当客户端请求链接时，就会将主目录中的网页等内容显示给用户。

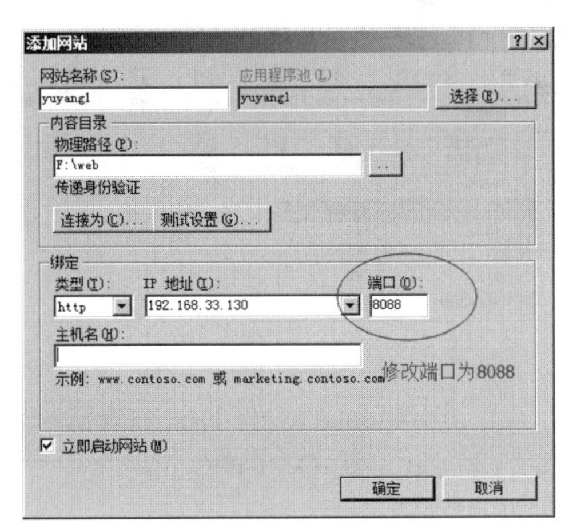

图 11-12　添加网站信息

默认的网站主目录是 LocalDrive:\Inetpub\wwwroot（LocalDrive 就是安装 Windows Server 2008 的磁盘驱动器），可以使用 IIS 管理器或通过直接编辑 MetaBase.xml 文件来更改网站的主目录。当用户访问默认网站时，WWW 服务器会自动将其主目录中的默认网页传送给用户的浏览器。但在实际应用中通常不采用该默认文件夹，因为将数据文件和操作系统放在同一磁盘分区中，会失去安全保障和系统安装、恢复不太方便等问题，并且当保存大量音视频文件时，可能造成磁盘或分区的空间不足。所以最好将作为数据文件的 Web 主目录保存在其他硬盘或非系统分区中。

IP 地址资源越来越紧张，有时需要在 Web 服务器上架设多个网站，但计算机却只有一个 IP 地址，那么使用不同的端口号也可以达到架设多个网站的目的。

其实，用户访问所有的网站都需要使用相应的 TCP 端口，Web 服务器默认的 TCP 端口为 80，在用户访问时不需要输入。但如果网站的 TCP 端口不为 80，在输入网址时就必须添加端口号，而且用户在上网时也会经常遇到必须使用端口号才能访问的网站。利用 Web 服务的这个特点，可以架设多个网站，每个网站均使用不同的端口号，这种方式创建的网站，其域名或 IP 地址部分完全相同，仅端口号不同。

使用主机头创建的域名也称二级域名。使用主机头来搭建多个具有不同域名的 Web 网站，这种方案更为经济实用，可以充分利用有限的 IP 地址资源，来为更多的客户提供虚拟主机服务。

(4) 添加首页文件：转到“文档”窗口，再单击“添加”按钮，根据提示在“默认文档”后输入用户自己网页的首页文件名 index.html。

(5) 添加虚拟目录。例如，主目录在 F:\web 目录下，输入 192.168.33.130/test，可以调出 F:\web 中的网页文件，这其中的 test 就是虚拟目录。右击“MyWeb 站点”，在弹出的快捷菜单中选择“新建”→“虚拟目录”命令，依次在“别名”处输入 test，在目录出输入 F:\web，再按照提示操作即可添加成功。

(6) 右击网站，在弹出的快捷菜单中选择“管理网站”→“重新启动”命令，如图 11-13 所示。

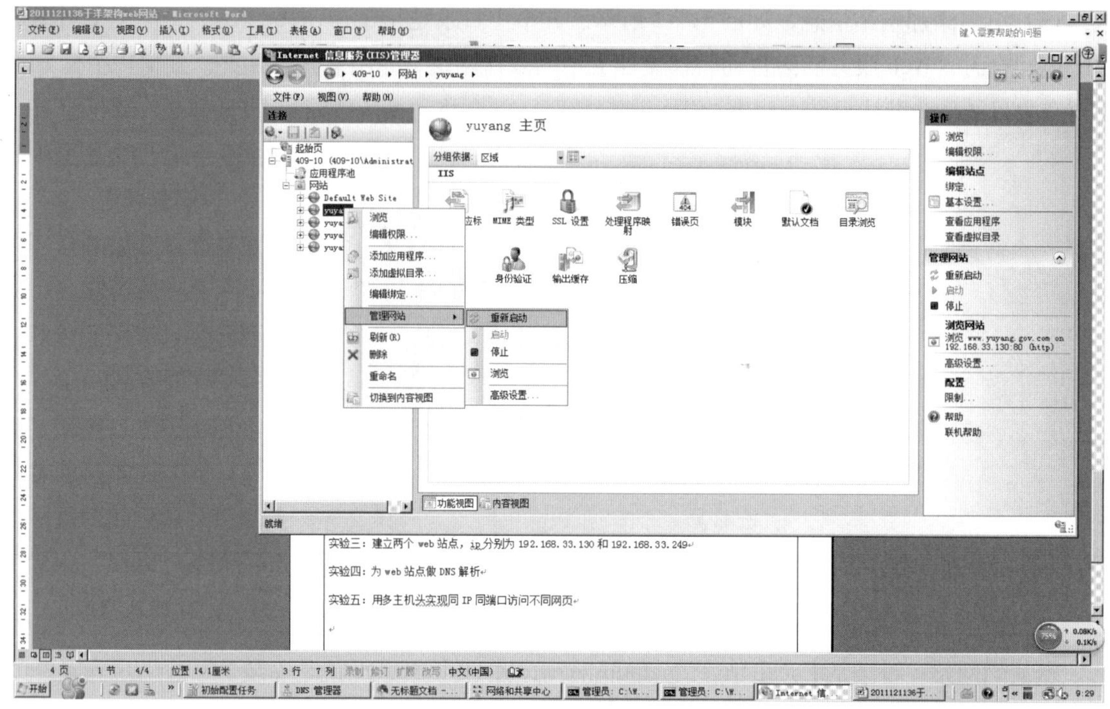

图 11-13　管理网站

（7）在客户机打开浏览器以 IP 地址访问测试。

（8）添加更多 Web 站点，因为本实验测试的计算机只有一块网卡，所以采用“一个 IP 地址对应多个 Web 站点”，建立好所有 Web 站点后，对于虚拟主机可以通过个 Web 站点设置不同的端口号来实现。例如，把一个 Web 站点的端口号分别设置为 80、8080、8088，则对于端口号是 80 的 Web 站点，访问格式仍然直接使用 IP 地址就可以了。而对于绑定其他的端口的 Web 站点，访问时必须在 IP 地址后面加上相应的端口号，如 http://192.168.33.130:8080。

11.3.2　为 Web 站点进行 DNS 解析

（1）在 DNS 管理器中进行正向解析，如图 11-14 所示。

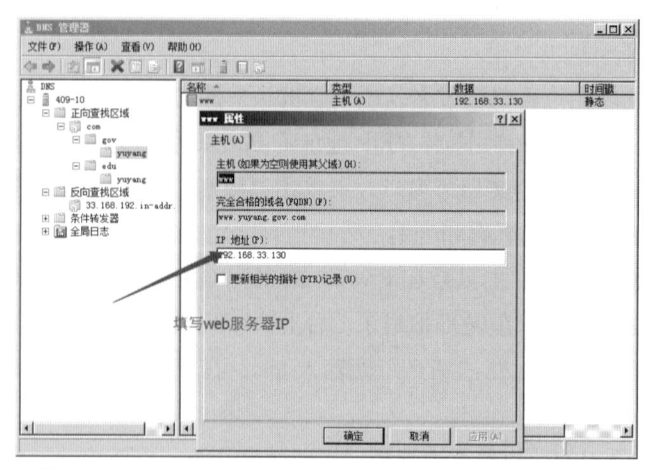

图 11-14　DNS 服务器中解析域名与 IP 地址之间的关系

（2）在“运行”对话框中输入 cmd，如图 11-15 所示，单击“确定”按钮

（3）使用 nslookup 命令或 ping 命令查看解析，如图 11-16 所示。

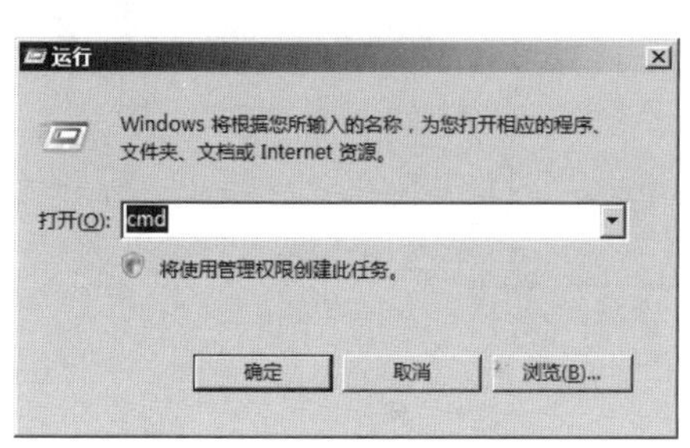

图 11-15　打开命令提示符

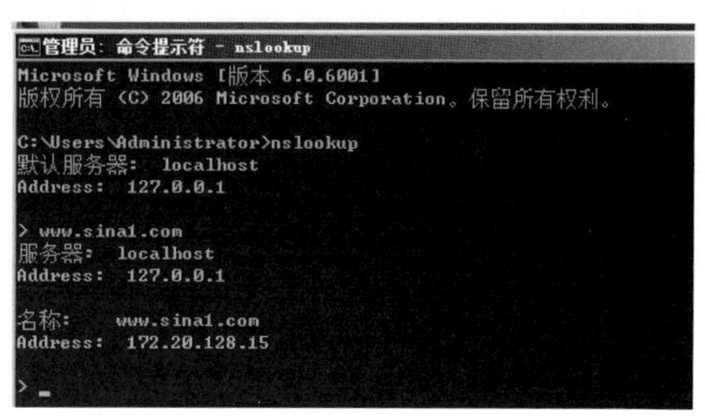

图 11-16　查看解析

11.3.3　测试 Web 站点

1. 本机测试

在“Internet 信息服务”窗口中，依次选择“网站”→“MyWeb 站点”选项，右击，在弹出的快捷菜单中选择“管理网站”命令，单击“浏览”按钮，如果前面设置正确就可成功浏览。

2. 客户机测试

如果是用域名来访问，客户端的 DNS 服务器的 IP 还需配置，如图 11-17 所示。

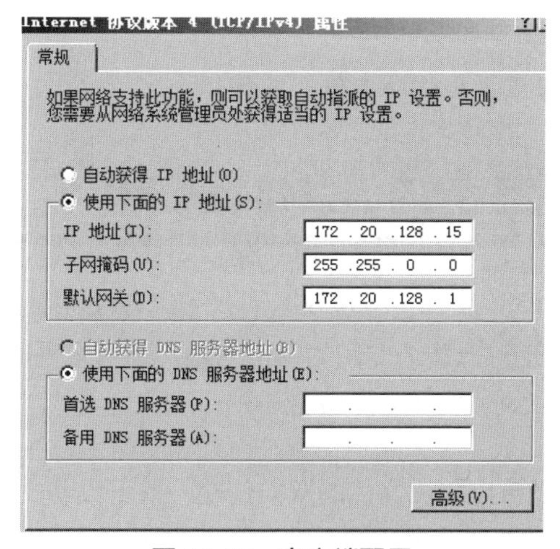

图 11-17　客户端配置

在浏览器的地址栏中输入 Web 站点的 IP 地址或域名，如在地址栏中输入 http://192.168.30.133:8080，或者输入域名访问，即可浏览到刚刚发布的程序。

项目 12

FTP 服务器配置及应用

项目导读

随着网络的发展，各种文件传输软件层出不穷。不过，FTP 仍以其使用方便、安全可靠等特点长期占据着一席之地。利用 FTP 功能，可以将文件从 FTP 服务器下载到客户端，也可以将文件上传到 FTP 服务器，而且可以与 NTFS 配合使用，设置严格的访问权限。

通过对本项目的学习，可以实现下列目标。

◎了解：FTP 服务的含义、特点。

◎熟悉：FTP 服务的安装。

◎掌握：FTP 服务器的设置，文件的上传、下载。

12.1 FTP 服务器的搭建与配置

FTP（File Transfer Protocol，文件传输协议）不仅可以像文件服务一样在局域网中传输文件，而且可以在 Internet 中使用，还可以作为专门的下载网站，为网络提供软件下载。

12.1.1 FTP 服务简介

FTP 服务的显著特点就是可以控制文件的双向传输，既可以将文件从 FTP 服务器传输到客户端，也可以从客户端传输到 FTP 服务器。FTP 的使用和管理都非常简单，不像其他网络服务一样需要复杂的配置，因此深受人们的欢迎。

FTP 属于 TCP/IP 协议栈，因此，无论是 Windows 系统还是 UNIX 系统，只有操作系统支持 TCP/IP 协议，就可以在不同类型的计算机之间传输文件。而由于能够应用于不同操作系统的软件非常少，因此 FTP 更不能忽略。

在早些年，FTP 曾作为主要的下载服务，为大量网站所应用。但近年来，随着 Web 网站的流行，以及其他专用下载软件的推出，人们已不再喜欢使用 FTP 进行下载。但是，FTP 强大的上传功能却是不能为其他软件所代替的，尤其在更新 Web 网站时，更是少不了 FTP。当用户需要向远程计算机上存放文件时，FTP 也通常被作为首选。

12.1.2　FTP 服务的安装

由于 FTP 服务默认没有安装，因此需要通过控制面板添加 FTP 服务。

（1）打开控制面板，单击“程序和功能”，选择“打开或关闭 Windows 功能”。

（2）勾选“Internet 信息服务”、Microsoft .NET Framework 3.5.1 下面的所有选项，如图 12-1 所示。

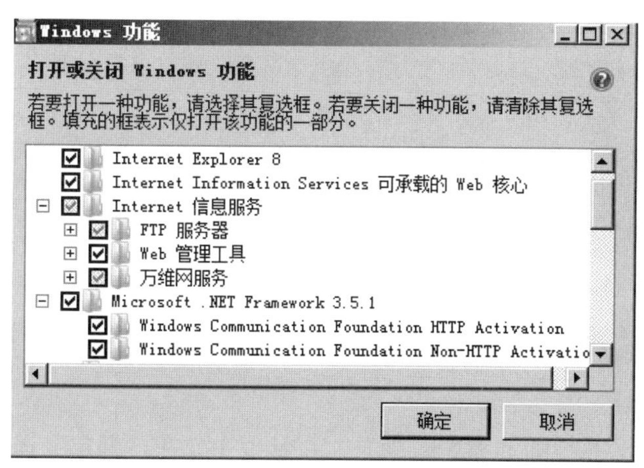

图 12-1　打开或关闭 Windows 功能

（3）单击“确定”按钮。

12.1.3　FTP 服务的基本配置

当 FTP 服务器安装完成以后，默认没有创建 FTP 站点。因此，需要用户手动添加 FTP 站点并启动。然后，需要为该 FTP 站点配置 IP 地址、端口号、主目录等。

1. 创建 FTP 站点

（1）依次选择“开始”→“控制面板”→“管理工具”→“Internet 信息服务（IIS）管理器”选项，打开 Internet 信息服务（IIS）管理器窗口。默认状态下，只有一个没有配置 IP 地址和主目录的 Web 站点，而且为“停止”状态，如图 12-2 所示。

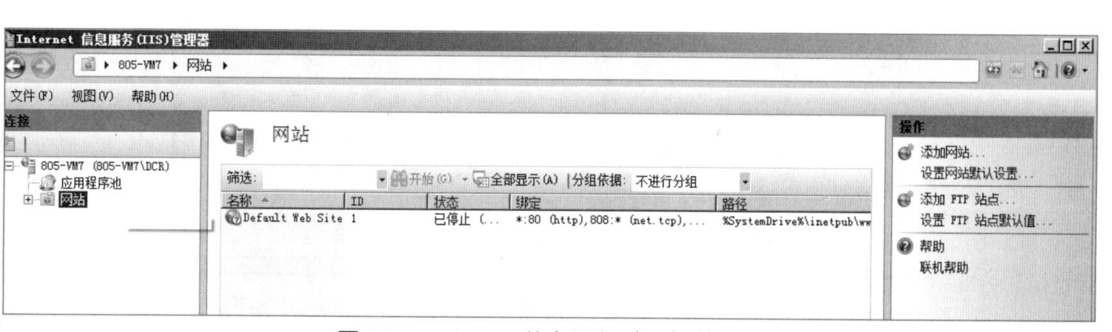

图 12-2　Internet 信息服务（IIS）管理器

（2）单击右侧“操作”栏中的“添加 FTP 站点”链接，启动“添加 FTP 站点”向导。首先显示图 12-3 所示的“站点信息”对话框。在“FTP 站点名称”文本框中输入一个名称，在“物理路径”文本框中指定 FTP 站点的路径。

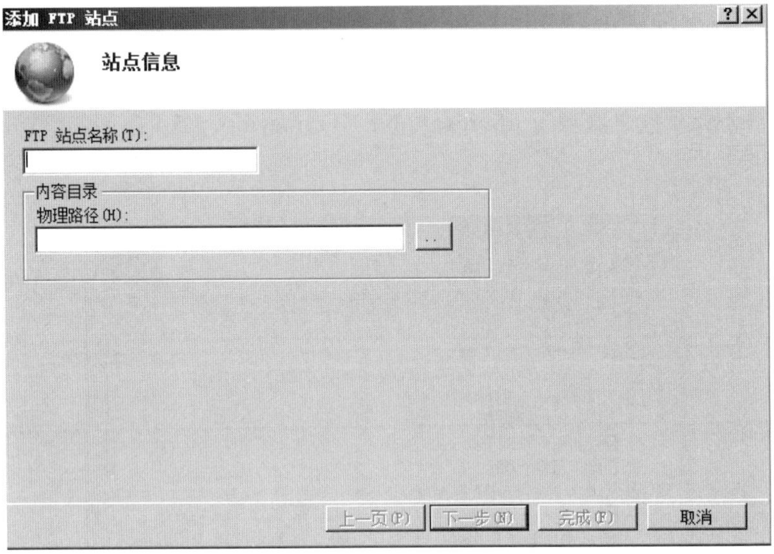

图 12-3　站点信息

（3）在图 12-4 所示的“绑定和 SSL 设置”对话框中，在“绑定”选项区域中为 FTP 站点指定一个 IP 地址；在“端口”文本框中设置端口号，也可使用默认的 21；默认选择“自动启动 FTP 站点”复选框，添加成功后自动启动；在 SSL 选项区域中，选择是否使用 SSL 方式，这里选择“无”单选按钮，不使用 SSL。

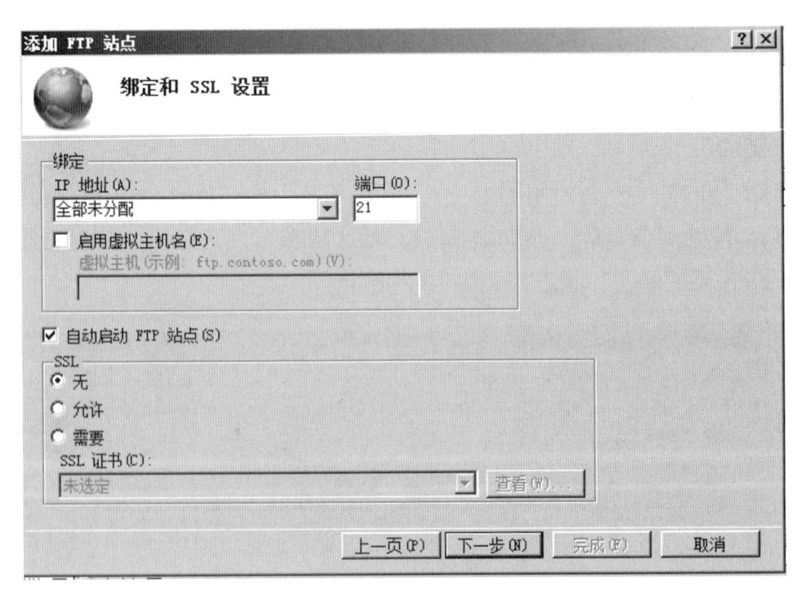

图 12-4　绑定和 SSL 设置

（4）在“身份验证和授权信息”对话框中，设置如下选项，如图 12-5 所示。

在“身份验证”选项区域中，可以选择“匿名”或者“基本”复选框，即匿名身份验证和基本身份验证。如果不选中则默认不启用相应的验证方式。

在“授权”选项区域中，选择允许访问的用户类型，可以是所有用户、匿名用户、指定用户或用户组、指定用户等。在“权限”区域中则可为用户选择读取或者写入权限。

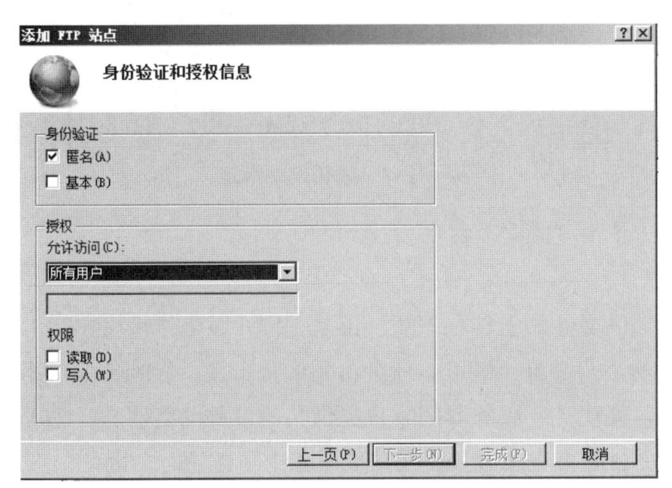

图 12-5　身份验证和授权信息

（5）单击“完成”按钮，FTP 站点添加完成，和原有的 Web 站点排列在一起。在“FTP 主页”窗口中，可对当前站点进行各种设置。FTP 站点添加完成以后，用户即可使用指定的 IP 地址访问 FTP 网站，格式为：

ftp://FTP 服务器的 IP 地址或计算机名

2. 设置 IP 地址和端口号

如果服务器的 IP 地址发生了变化，就需要更改 FTP 站点的地址。而为了 FTP 服务器的安全，避免未知用户的访问，还可以更改 FTP 站点的端口号。

（1）在 FTP 主页窗口中，单击“操作”栏中的“绑定”链接，显示图 12-6 所示的“网站绑定”对话框。在列表框中显示了当前已存在站点的 IP 地址和端口信息。

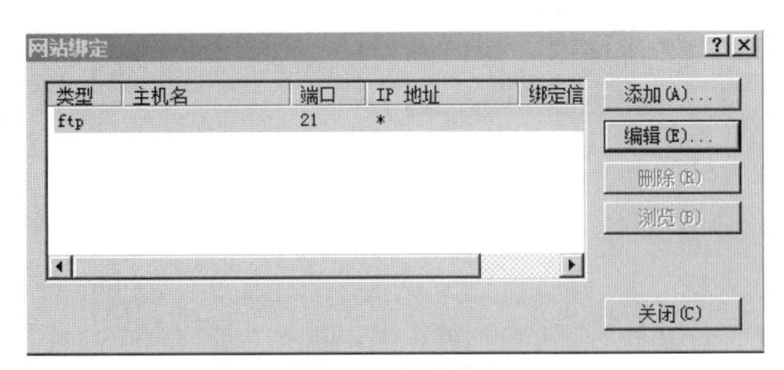

图 12-6　网站绑定

（2）选择现有的 FTP 站点，单击“编辑”按钮，显示图 12-7 所示的“编辑网站绑定”对话框。在“IP 地址”下拉列表框中，可以为当前 FTP 站点指定一个 IP 地址；在“端口”文本框中则可指定 FTP 站点的端口，默认为 21。

图 12-7　编辑网站绑定

（3）编辑完成后，单击“确定”按钮。

3. 限制连接数量

FTP 服务器用来提供文件的上传和下载，但是，FTP 服务传输文件时占用的带宽较多，如果同时访问 FTP 服务器的用户数量比较多，就会占用大量带宽，影响其他网络服务的正常运行。尤其在一些中小型企业，往往一台服务器同时也提供其他多种网络服务，如 Web、E-mail 等，当并发访问数量较多时，更会因带宽被大量占用造成服务中断或超时。因此，应对 FTP 连接数量进行一定的限制。

在 FTP 主页窗口中，单击“操作”栏中的“高级设置”链接，弹出“高级设置”对话框，展开“连接”节点，在“最大连接数”中可设置允许同时连接的用户数量，如图 12-8 所示。完成后单击“确定”按钮。

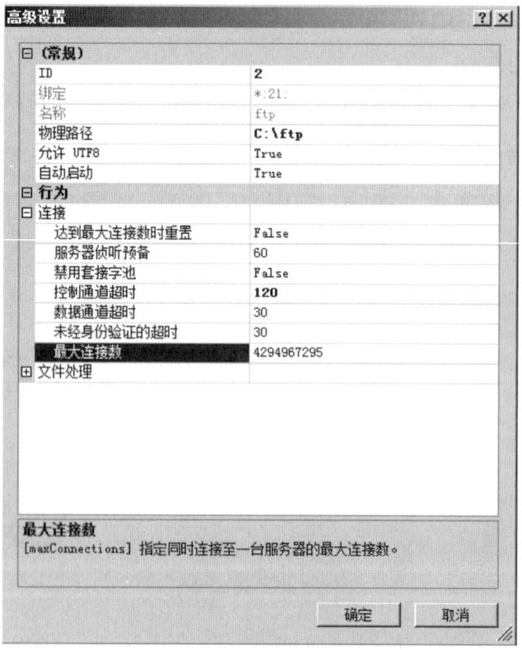

图 12-8　高级设置

4. 设置主目录

FTP 服务器的主目录就是 FTP 站点的根目录，保存了 FTP 站点中所有文件的文件夹，通常位于本地磁盘或网络磁盘中。当 FTP 客户端访问该 FTP 站点时，也就是在访问主目录所在的文件夹。

在 FTP 主页窗口中，单击“操作”栏中的“基本设置”链接，显示图 12-9 所示的“编辑网站”对话框。在“物理路径”文本中，即可输入 FTP 站点主目录所在的文件夹路径，或者单击“…”按钮浏览并选择。

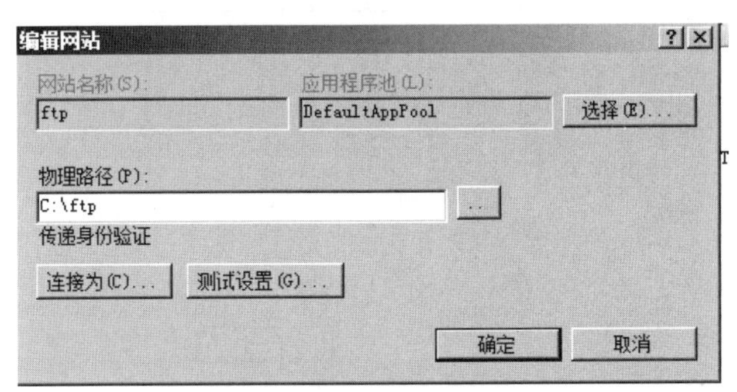

图 12-9　编辑网站

12.2　设置 FTP 访问权限

在 FTP 站点中，只能为文件设置简单的“读取”和“写入”权限。如果需要为用户设置更详细的权限，例如，允许用户创建或者删除文件夹，但不允许用户写入文件等，就要借助于 NTFS 权限来实现。通常，将 FTP 服务器与 NTFS 相结合，为 FTP 站点中的文件设置多种不同的权限，以满足不同用户的使用。

如果要为 FTP 站点指定允许访问的用户，可以通过配置“授权规则”来实现。不过，在配置授权规则之前，应当禁用“匿名身份验证”，并启用“基本身份验证”功能。

（1）在 FTP 站点的主页窗口中，双击“FTP 授权规则”图标，显示图 12-10 所示“FTP 授权规则”窗口。默认只有一条规则，就是创建 FTP 站点时设置的规则，允许所有用户读取 FTP 站点上的文件。

图 12-10　FTP 授权规则

（2）如果要更改默认规则，可单击“操作”栏中的“添加允许授权规则”链接，显示图 12-11 所示的“添加允许授权规则”对话框，设置用户权限。

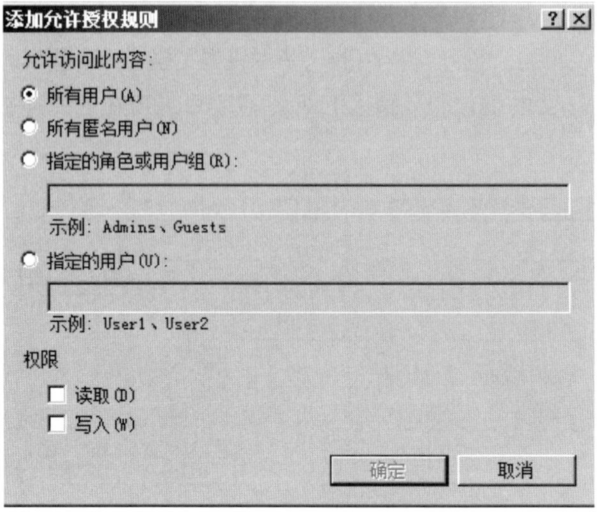

图 12-11　添加允许授权规则

（3）如果要允许一部分用户拥有对 FTP 站点“读取”和“写入”的权限，选择“指定的角色或用户组”单选按钮，并输入用户或者用户组，多个用户之间用顿号隔开；在“权限”区域中选择读取或者写入权限，如图 12-12 所示。

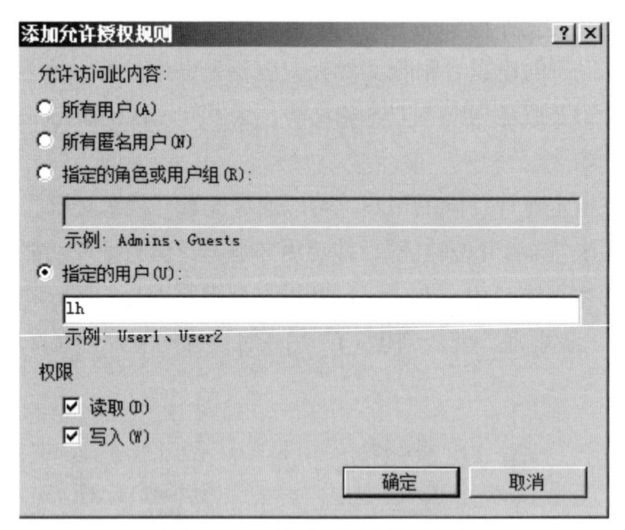

图 12-12　指定用户授权规则

（4）单击“确定”按钮即可添加该规则。如果要拒绝一部分用户访问该 FTP 站点，则可单击“添加拒绝规则”链接，设置拒绝访问的用户或用户组即可。

12.3　虚拟站点与虚拟目录

FTP 服务具有虚拟站点功能，可以在一台服务器上搭建多个虚拟 FTP 站点或目录。多个虚拟 FTP 站点或目录可以位于同一个或多个服务器，可以单独进行配置和管理，而虚拟站点还可拥有不同的 IP 地址和端口号，设置不同的用户权限，能够有效分离敏感信息，从而提高数据的安全性，并便于数据的管理。

12.3.1　虚拟站点的创建方式

在同一台服务器上创建多个 FTP 虚拟站点通常有两种方式，分别是利用 IP 地址和端口来实现。但两种方式创建的站点和 FTP 默认站点的管理方式相同。这两种方式的区别如下：

利用不同的 IP 地址创建：如果服务器绑定有多个 IP 地址，就可以利用这种方式创建，为每个 FTP 站点各指定唯一的 IP 地址。

利用不同的端口创建：如果服务器只有一个 IP 地址，就需要用不同的端口创建不同的 FTP 站点。不过，用户访问时也必须加上端口才能访问，如“ftp://FTP 服务器 IP 地址：端口”。

虚拟站点的管理方式和 FTP 站点完全相同，均可在其主页窗口中进行管理，如设置用户权限、访问权限等。

1. 使用不同 IP 地址搭建

（1）在 IIS 管理器中，右击“网站”选项，在弹出的快捷菜单中选择“添加 FTP 站点”命令，允许“添加 FTP 站点”向导。在“站点信息”对话框中，设置 FTP 站点名称和主目录。

（2）在“绑定和 SSL 设置”对话框中，在“IP 地址”下拉列表框中指定一个 IP 地址，端口使用默认的 21。在 SSL 选项区域中选择是否使用 SSL，如图 12-13 所示。

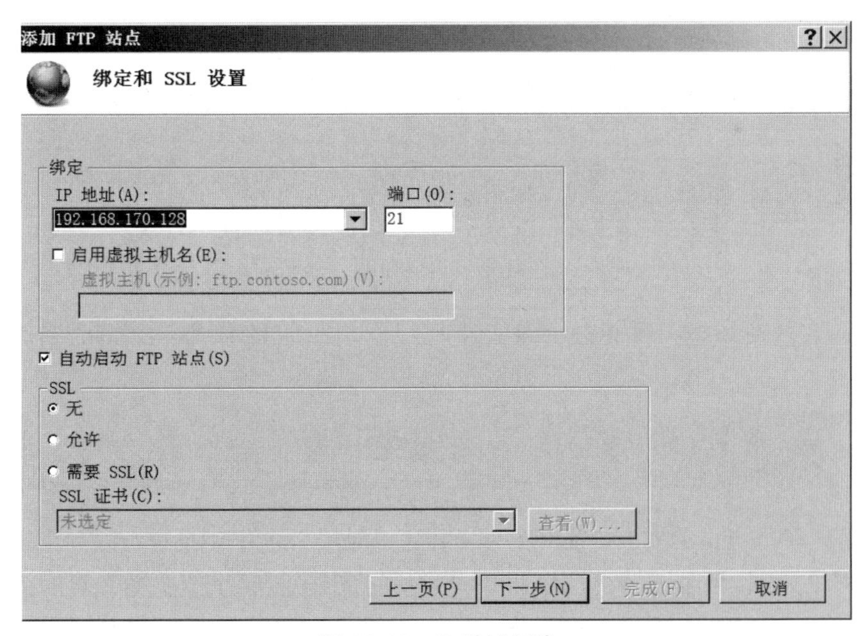

图 12-13　IP 地址创建

（3）单击“下一步”按钮，在“身份验证和授权信息”对话框中设置身份验证及授权方式。单击“完成”按钮，FTP 站点创建完成。

2. 使用同一 IP 地址、不同端口搭建

使用不同端口号创建 FTP 站点时，只需在“绑定和 SSL 设置”对话框中的“端口”文本框

中设置不同端口号即可。其他操作和创建 FTP 站点相同，这里不再赘述。

12.3.2 虚拟目录

如果要扩展虚拟网站，为不同上传或下载服务的用户提供不同的目录，就可以利用虚拟目录来实现。虚拟目录是 FTP 站点的下一级目录，可以指定为某一个文件夹，也可以位于其他磁盘或网络中的其他服务器。使用虚拟目录可以创建多个不同内容、不同访问权限的目录，而用户并不能感觉到它位于哪台服务器上。

虚拟目录不是一个独立的 FTP 站点，依附于某个 FTP 网站之下，没有独立的 DNS 域名、IP 地址或端口号，用户必须通过别名才能访问虚拟网站中的虚拟目录。创建虚拟目录的操作步骤如下：

（1）选择欲添加虚拟目录的 FTP 站点，右击并选择快捷菜单中的“添加虚拟目录”命令，显示图 12-14 所示的“添加虚拟目录”对话框。在“别名”文本框中设置一个名称，客户端访问时需要根据该名称访问。在“物理路径”文本框中输入主目录所在的文件夹路径。

（2）单击“确定”按钮，虚拟目录设置完成。虚拟目录和 FTP 站点不同，可用的管理功能较少，只能设置 IP 地址和域限制、请求筛选、授权规则，如图 12-15 所示。

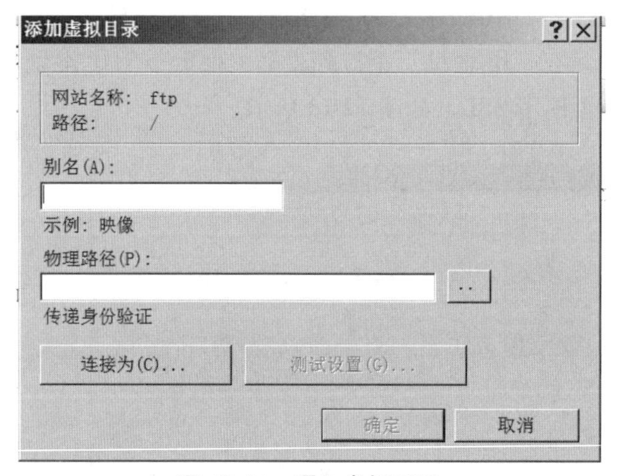

图 12-14 添加虚拟目录

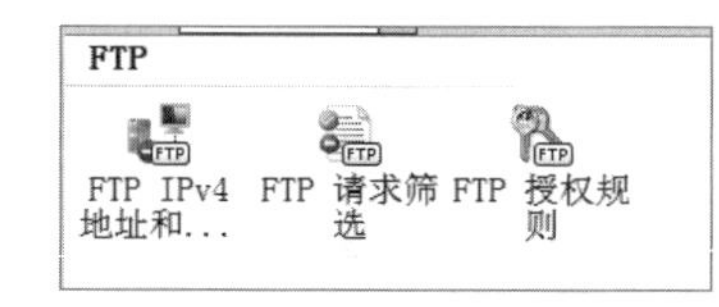

图 12-15 虚拟目录管理功能

12.4 FTP 站点的访问安全

为了保证 FTP 服务器的安全，使 FTP 服务器可以对用户的 IP 地址进行限制，只允许信息的 IP 地址访问 FTP 站点，而拒绝不受信任的 IP 地址访问 FTP 站点，避免来自外界的恶意攻击，提示 FTP 站点访问的安全性。特别是对于企业内部的 FTP 站点而言，采用 IP 地址限制的方式非常简单但非常有效。

12.4.1 禁止匿名访问

如果 FTP 服务器上保存有比较重要的资源，不想被未授权的用户随意访问，就可以禁用匿名登录，为特殊用户赋予访问 FTP 站点的权限。

在 FTP 站点的主页窗口中，双击“FTP 身份验证”图标，显示图 12-16 所示的“FTP 身份验证”窗口，可以设置基本身份验证和匿名身份验证。如果要启用身份验证，可选中并单击“操作”栏中的“启用”。

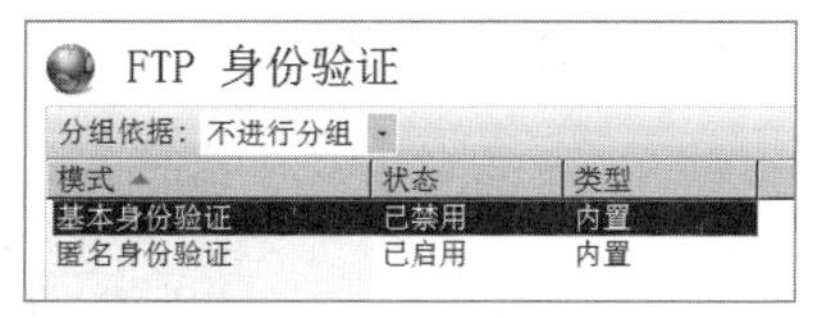

图 12-16　FTP 身份验证

如果要允许所有用户匿名访问，可启用“匿名身份验证”；如果要使客户端必须登录才能使用，并且为不同的用户设置不同的权限，则需启用“基本身份验证”，并且该验证方式优先于“匿名身份验证”。

12.4.2　限制 IP 地址访问

为了保证 FTP 服务器的安全，使 FTP 服务器可以对用户的 IP 地址进行限制，只允许信任的 IP 地址访问 FTP 站点，而拒绝不受信任的 IP 地址访问 FTP 站点，避免来自外界的恶意攻击，提示 FTP 站点访问的安全性。特别是对于企业内部的 FTP 站点而言，采用 IP 地址限制的方式简单且有效。

1. 添加允许访问的 IP 地址

如果设置为只允许某一部分 IP 地址访问 FTP 服务器，其他所有 IP 都不允许访问。那么，需要先设置为拒绝所有 IP 地址访问，然后添加允许访问的 IP 地址。操作步骤如下：

（1）在 FTP 站点的“主页”窗口中，双击“FTP IPv4 地址和域限制”图标，显示图 12-17 所示的“FTP IPv4 地址和域限制”窗口。

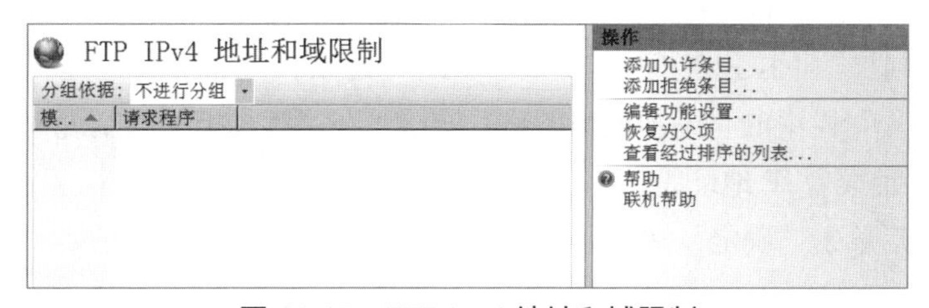

图 12-17　FTP Ipv4 地址和域限制

（2）单击“操作”栏中的“编辑功能设置”链接，显示图 12-18 所示的“编辑 IPv4 地址和域限制设置”对话框。在“未指定的客户端的访问权”下拉列表框中选择“拒绝”选项。

图 12-18　编辑 IPv4 地址和域限制

（3）单击“确定”按钮保存设置。然后，单击“操作”栏中的“添加允许条目”链接，显示图 12-19 所示的“添加允许限制规则”对话框。如果要添加单个的 IP 地址，可选择“特定 IP 地址”单选按钮，并输入允许的 IP 地址。如果要添加一个 IP 地址，可选择“IP 地址范围”单选按钮，并输入 IP 地址和掩码。

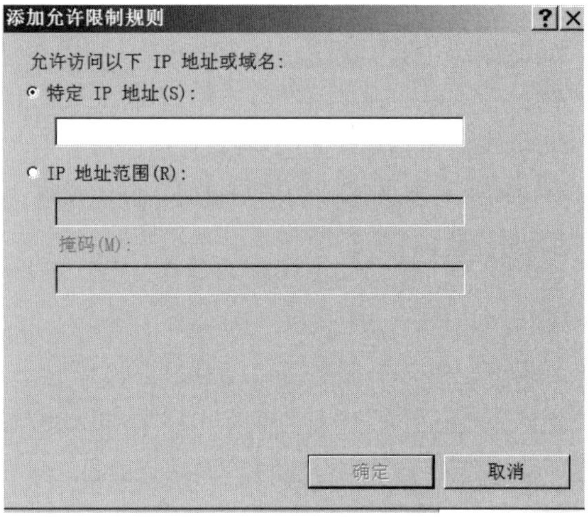

添加允许限制规则
允许访问以下 IP 地址或域名:
特定 IP 地址(S):
IP 地址范围(R):
掩码(M):
确定 取消

图 12-19 添加允许限制规则

（4）单击“确定”按钮。

2. 设置拒绝访问的 IP 地址

如果设置为拒绝某一部分 IP 地址访问 FTP 服务器，而其他所有 IP 都允许访问。那么，需要先设置为允许所有 IP 地址访问，然后添加拒绝访问的 IP 地址。操作步骤如下：

（1）单击“操作”栏中的“编辑功能设置”链接，在“编辑 IPv4 地址和域限制”对话框的“未指定的客户端的访问权”下拉列表框中，选择“允许”选项。

（2）单击“操作”栏中的“添加拒绝条目”链接，在“添加拒绝限制规则”对话框，可以设置拒绝访问的 IP 地址或者 IP 地址段。

（3）设置完成后单击“确定”按钮。

实验 9 FTP 服务器搭建及应用

实验学时：

2 学时。

实验目的：

熟悉 FTP 服务器的搭建及应用。

实验要求：

（1）设备要求：计算机两台以上（装有 Windows 7/10 操作系统、装有网卡已联网）。

（2）分组要求：两人一组，合作完成。

实验内容与实验步骤：

（1）在虚拟机下搭建 FTP 服务器。

① 打开控制面板，单击“程序和功能”，选择“打开或关闭 Windows 功能”，勾选 Internet 信息服务、Microsoft .NET Framework 3.5.1 下面的所有选项。

② 创建 FTP 站点。为该 FTP 站点配置 IP 地址、端口号、主目录、设置身份验证方式和权限等。

（2）通过资源管理器访问该站点。地址栏中输入“http://FTP 服务器 IP 地址”访问 FTP 资源。

（3）用端口方式添加新的 FTP 站点。将端口设置为 220。

（4）使用“ftp://ftp 服务器 IP 地址 :220”访问该站点。

（5）为该站点添加虚拟目录。

（6）访问该虚拟目录下的资源。

项目 13

网络安全基础

项目导读

随着网络技术的发展，网络安全问题日趋严重。黑客利用网络漏洞对网络进行攻击、传播病毒和木马、控制他人的计算机和网络、篡改网页、破坏网络的正常运行、窃取和破坏计算机上的重要信息，严重影响了网络的健康发展。网络信息安全已经成为事关国家安全、经济发展、社会稳定和军事战争成败的重大战略性课题，在维护国家利益、保障国民经济稳定有序发展、打赢未来战争中占有重要地位。增强网络安全意识、掌握网络安全技能是应对网络威胁的必然要求。

通过对本项目的学习，可以实现下列目标。

◎了解：常见的网络安全威胁。

◎熟悉：防火墙的作用。

◎掌握：网络安全的防护措施及配置。

13.1 网络安全概述

13.1.1 网络安全威胁

广义的网络安全威胁泛指任何潜在的对网络安全造成不良影响的事件，包括自然灾害、非恶意的人为损害及网络攻击等。狭义的网络安全威胁则指各类网络攻击行为。

网络安全威胁主要表现为：

1. 黑客的恶意攻击

“黑客”是一群利用自己的技术专长专门攻击网站和计算机而不暴露身份的计算机用户，由于黑客技术逐渐被越来越多的人掌握和发展，目前世界上约有 20 多万个黑客网站，这些站点都介绍一些攻击方法和攻击软件的使用以及系统的一些漏洞，因而任何网络系统、站点都有遭受黑客攻击的可能。尤其是现在还缺乏针对网络犯罪卓有成效的反击和跟踪手段，使得黑客们善于隐蔽，攻击“杀伤力”强，这是网络安全的主要威胁。而就目前网络技术的发展趋势来看，黑客攻击的方式也越来越多地采用了病毒进行破坏，它们采用的攻击和破坏方式多种多样，对没有网络安全防护设备（防火墙）的网站和系统（或防护级别较低）进行攻击和破坏，网络的安全防护带来了严峻的挑战。

2. 网络自身和管理存在欠缺

因特网的共享性和开放性使网上信息安全存在先天不足，因为其赖以生存的TCP/IP协议缺乏相应的安全机制，而且因特网最初的设计考虑是该网不会因局部故障而影响信息的传输，基本没有考虑安全问题，因此它在安全防范、服务质量、带宽和方便性等方面存在滞后及不适应性。网络系统的严格管理是企业、组织及政府部门和用户免受攻击的重要措施。事实上，很多企业、机构及用户的网站或系统都疏于这方面的管理，没有制定严格的管理制度。

3. 软件因设计的漏洞或“后门”而产生的问题

随着软件系统规模的不断增大，新的软件产品开发出来，系统中的安全漏洞或“后门”也不可避免地存在，如Windows和UNIX中存在或多或少的安全漏洞，众多的各类服务器、浏览器、一些桌面软件等都被发现过存在安全隐患。这也是网络安全的主要威胁之一。

4. 恶意网站设置的陷阱

互联网世界的各类网站，有些网站恶意编制一些盗取他人信息的软件，并且可能隐藏在下载的信息中，只要登录或者下载网络的信息就会被其控制和感染病毒，计算机中的所有信息都会被自动盗走，该软件会长期存在计算机中，操作者并不知情，如现在非常流行的“木马”病毒。因此，上网应格外注意，不良网站和不安全网站万不可登录，否则后果不堪设想。

5. 用户网络内部工作人员的不良行为引起的安全问题

网络内部用户的误操作，资源滥用和恶意行为也有可能对网络的安全造成巨大的威胁。由于各行业，各单位现在都在建局域网，计算机使用频繁，如果单位管理制度不严，不能严格遵守行业内部关于信息安全的相关规定，就容易引起一系列安全问题。

13.1.2 网络攻击分类

网络攻击是指利用安全缺陷或不当配置对网络信息系统的硬件、软件或通信协议进行攻击，损害网络信息系统的完整性、可用性、机密性和抗抵赖性，导致被攻击信息系统敏感信息泄露、非授权访问、服务质量下降等后果的攻击行为。

网络攻击的分类方式较多，从不同角度可以得到不同的分类结果。

（1）从攻击的目的来看，可以分为拒绝服务攻击、获取系统权限的攻击、获取敏感信息的攻击等。

（2）从攻击的原理来看，有缓冲区溢出攻击、SQL注入攻击等。

（3）从攻击的实施过程来看，有获取初级权限的攻击、提升最高权限的攻击、后门控制攻击等。

（4）从攻击的实施对象来看，有对各种操作系统的攻击、对网络设备的攻击、对特定应用系统的攻击等。

13.1.3 网络攻击的步骤

一个完整的、有预谋的攻击往往可以分为信息收集、权限获取、安装后门、扩大影响、消除痕迹五个阶段。

1. 信息收集

攻击者在信息收集阶段的主要目的是尽可能多地收集目标的相关信息，为后续的攻击实施奠定基础。

攻击者可以借助以下方式实施信息收集：搜索引擎、社会工程学、网络扫描、网络嗅探、DNS 服务等。攻击者的信息收集活动通常没有直接危害，有些甚至不需要与目标网络交互，所以很难防范。

2. 权限获取

攻击者在权限获取阶段的主要目的是获取目标系统的读、写、执行等权限。使用信息收集阶段得到的各种信息，通过猜测、暴力破解、社会工程学等手段获得账号口令信息，利用系统或应用软件漏洞等方法对目标实施攻击，获取一定的目标系统权限。

3. 安装后门

在安装后门阶段，攻击者的主要目的是在目标系统中安装后门或木马程序，从而以更加方便、更加隐蔽的方式对目标系统进行长期操控。攻击者在成功入侵一个系统后，会反复地进入系统，盗用系统的资源、窃取系统内部的敏感信息，甚至以该系统为"跳板"攻击其他目标。为了能够方便地"出入"系统，攻击者就需要在目标中安装后门或木马程序，为攻击者再次进入提供了通道。

4. 扩大影响

攻击者在该阶段的主要目的是以目标系统为"跳板"，对目标所属网络的其他主机进行攻击，最大限度地扩大攻击的效果。

如果攻击者所攻陷的系统处于某个局域网中，攻击者就可以很容易地利用内部网络环境和各种收到的信息在局域网内扩大其影响。

5. 消除痕迹

攻击者在该阶段的主要目的是清除攻击的痕迹，以便尽可能长久地对目标进行控制，并防止被识别、追踪。这一阶段是攻击者打扫战场的阶段，其目的是消除一切攻击的痕迹，尽量使管理员察觉不到系统已被入侵。清除痕迹的主要方法是针对目标所采取的安全措施清除各种日志及审计信息。

13.2 网络安全实现基础

13.2.1 防火墙

1. 防火墙的定义

在建筑工程学领域，防火墙是指由防火材料制成的、在分割的建筑单元之间减缓火灾蔓延的防火屏障墙。

在计算领域中，防火墙是指置于不同的网络安全域之间，对网络流量或访问行为实施访问控制的安全组件或设备。

2. 防火墙的功能

（1）在网络协议栈的各个层次上实施网络访问控制机制：

① 网络层：包过滤。

② 传输层：电路级代理。

③ 应用层：应用层代理 / 网关。

（2）基本功能：控制在计算机网络中不同信任程度网络域间传送的数据流：

① 检查控制进出网络的网络流量。

② 防止脆弱或不安全的协议和服务。

③ 防止内部网络信息的外泄。

④ 对网络存取和访问进行监控审计。

⑤ 防火墙可以强化网络安全策略并集成其他安全防御机制。

3. 防火墙的不足

（1）作为网络边界防护机制而先天无法防范的安全威胁：

① 来自网络内部的安全威胁。

② 通过非法外联的网络攻击。

③ 计算机病毒传播。

（2）由于技术瓶颈问题目前还无法有效防范的安全威胁：

① 针对开放服务安全漏洞的渗透攻击。

② 针对网络客户端程序的渗透攻击。

③ 基于隐蔽通道进行通信的特洛伊木马或僵尸网络。

4. 防火墙的技术类型

（1）包过滤防火墙。

（2）状态防火墙。

（3）电路级代理防火墙。

（4）应用层代理防火墙。

13.2.2 杀毒软件

杀毒软件也称反病毒软件或防毒软件，是用于消除计算机病毒、特洛伊木马和恶意软件等计算机威胁的一类软件。

杀毒软件通常集成监控识别、病毒扫描和清除、自动升级、主动防御等功能，有的杀毒软件还带有数据恢复、防范黑客入侵、网络流量控制等功能，是计算机防御系统（包含杀毒软件、防火墙、特洛伊木马和恶意软件的查杀程序、入侵预防系统等）的重要组成部分。

杀毒软件是一种可以对病毒、木马等一切已知的对计算机有危害的程序代码进行清除的程序工具。国外产品有卡巴斯基、诺顿、Macfee、Eset 等，国内产品有瑞星、金山、江民等。

13.3 网络安全的防护措施及配置

13.3.1 操作系统安全设置

Windows 系统的安全问题越来越被人们关注。虽然 Windows 的漏洞众多，安全隐患也很多，不过经过适当的设置和调整，用户可以用上相对安全的 Windows 系统。

1. 账户与组控制

右击“计算机”，在弹出的快捷菜单中选择“属性”命令，打开“计算机管理”窗口，选择“用户和组”可以对计算机的账户和组进行设置和管理，如图 13-1 所示。

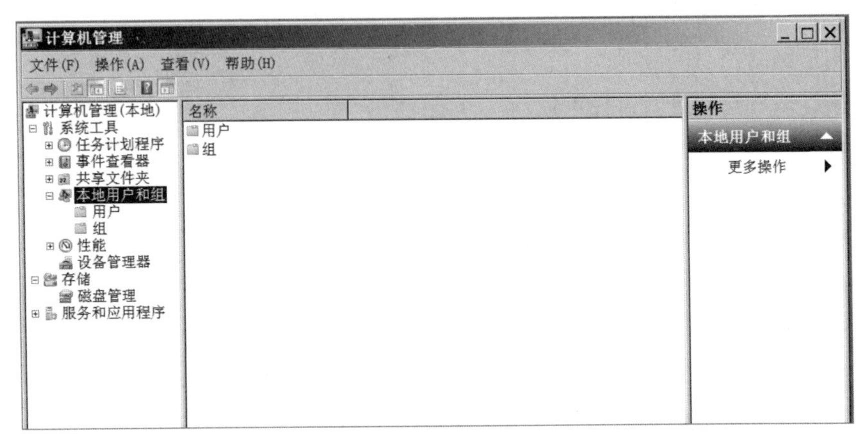

图 13-1　计算机管理

（1）限制用户数量：去掉所有的测试账户、共享账号和普通部门账号，等等。用户组策略设置相应权限、并且经常检查系统的账号，删除已经不适用的账号。

（2）多个管理员账号：管理员不应该经常使用管理者账号登录系统，这样有可能被一些能够察看 Winlogon 进程中密码的软件所窥探到，应该为自己建立普通账号来进行日常工作。

（3）管理员账号改名：把管理员账号改名可以有效防止攻击者尝试猜测或暴力破解管理员账号的密码。

（4）陷阱账号：在更改了管理员的名称后，可以建立一个 Administrator 的普通用户，将其权限设置为最低，并且加上一个 10 位以上的复杂密码，借此花费入侵者的大量时间，并且发现其入侵企图。

2. 本地安全策略

通过“控制面板”→“管理工具”→“本地安全策略”可以对计算机进行安全设置，如图 13-2 所示。

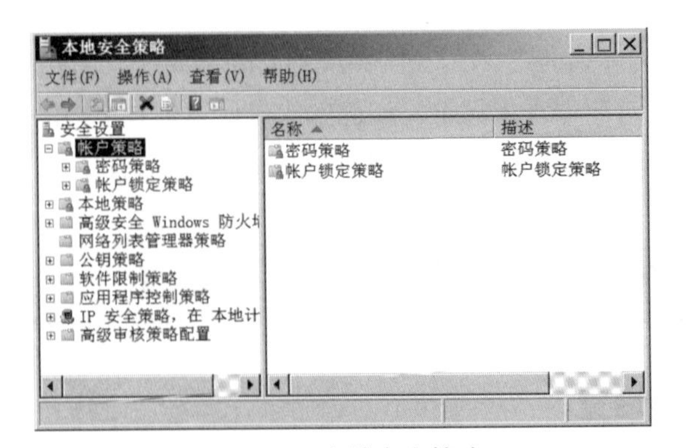

图 13-2　本地安全策略

(1) 账户策略：

① 密码策略用于设置密码复杂性、长度最小值等。

② 账户锁定策略用于设置账户锁定阈值、账户锁定时间等。

(2) 本地策略：

① 审核策略：决定记录在计算机（成功 / 失败的尝试）的安全日志上的安全事件。

② 用户权利分配：决定在计算机上有登录 / 任务特权的用户或组。

③ 安全选项：启用或禁用计算机的安全设置，如限制匿名访问命名管道和共享、Administrator 和 Guest 的账号名、光盘的访问、驱动程序的安装以及登录提示。

3. 主机防火墙配置

通过“控制面板”→“Windows 防火墙”可以打开系统防火墙进行设置，如图 13-3 和图 13-4 所示。

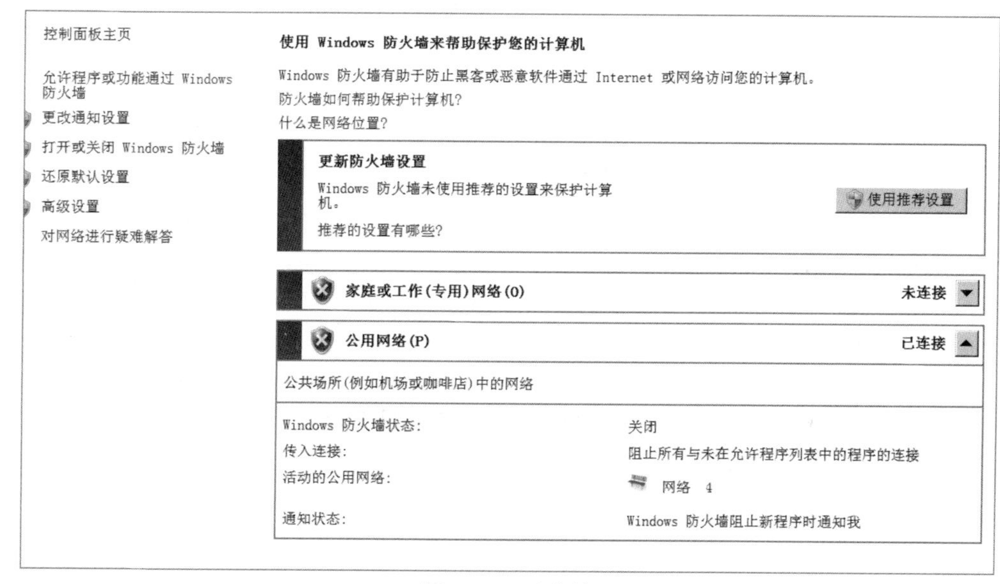

图 13-3　防火墙

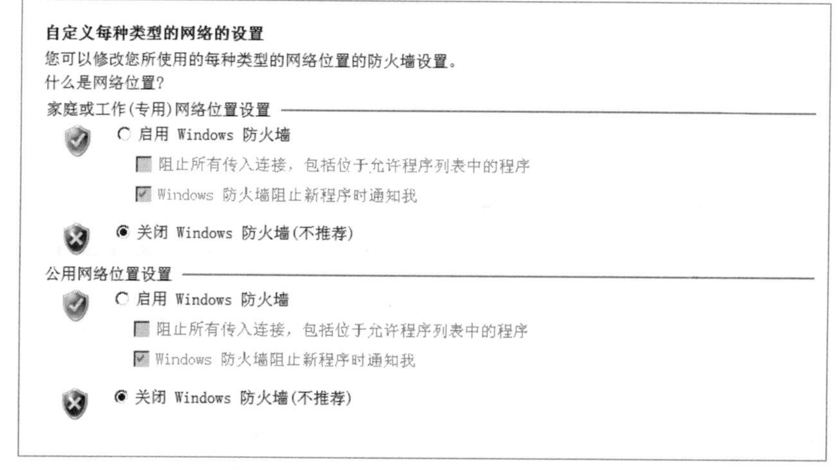

图 13-4　打开或关闭 Windows 防火墙

13.3.2　360 安全卫士

360 安全卫士是一款由奇虎 360 公司推出的功能强、效果好、受用户欢迎的安全杀毒软件。360 安全卫士拥有查杀木马、清理插件、修复漏洞、电脑体检、电脑救援、保护隐私、电脑专家、清理垃圾、清理痕迹多种功能，如图 13-5 所示。

360 安全卫士独创了“木马防火墙”“360 密盘”等功能，依靠抢先侦测和云端鉴别，可全面、智能地拦截各类木马，保护用户的账号、隐私等重要信息。

（1）电脑体检——对计算机进行详细的检查。

（2）木马查杀——使用 360 云查杀引擎、360 启发式引擎、QEX 脚本查杀引擎、QVM Ⅱ人工智能引擎、鲲鹏引擎五引擎并联合 360 安全大脑杀毒。

（3）电脑清理——清理插件、清理垃圾和清理痕迹并清理注册表。

（4）系统修复——修补计算机漏洞，修复系统故障。已与漏洞修复，常规修复合并。

（5）优化加速——加快开机速度。

（6）功能大全——提供几十种各式各样的功能。

（7）软件管家——安全下载软件，小工具。

图 13-5　360 安全卫士

实验 10　简单木马实验

实验学时：

2 学时。

实验目的：

（1）掌握冰河木马远程控制软件的使用方法（出于网络安全防护的需要，须让读者掌握一定的木马攻防知识和技术）。

（2）掌握天网个人防火墙的安装、使用方法。

（3）熟悉天网个人防火墙的过滤规则设置。

实验要求：

设备要求：计算机两台以上（装有 Windows 操作系统的虚拟机与物理机）。

（1）禁止入侵他人计算机和网络。

（2）了解冰河木马的主要功能。

（3）记录实验步骤、实验现象、实验过程中出现的意外情况及解决方法。

（4）总结手动删除冰河木马的过程。

实验内容与实验步骤：

冰河是一款流行的远程控制工具，本实验选用冰河完成。

若要使用冰河进行攻击，则冰河的安装（使目标实验主机感染冰河）是首先必须要做的。

冰河控制工具中有三个文件：Readme.txt、G_Client.exe 以及 G_Server.exe。

Readme.txt 简单介绍冰河的使用。G_Client.exe 是监控端执行程序，可以用于监控远程计算机和配置服务器。G_Server.exe 是被监控端后台监控程序（运行一次即自动安装，开机自启动，可任意改名，运行时无任何提示）。运行 G_Server.exe 后，该服务端程序直接进入内存，并把感染机的 7626 端口开放。而使用冰河客户端软件（G_Client.exe）的计算机可以对感染机进行远程控制。

冰河木马攻击的具体应用包括以下八个方面：

（1）自动跟踪目标机屏幕变化，同时可以完全模拟键盘及鼠标输入，即在同步被控端屏幕变化的同时，监控端的一切键盘及鼠标操作将反映在被控端屏幕（局域网适用）。

（2）记录各种口令信息：包括开机口令、屏保口令、各种共享资源口令及绝大多数在对话框中出现的口令信息。

（3）获取系统信息：包括计算机名、注册公司、当前用户、系统路径、操作系统版本、当前显示分辨率、物理及逻辑磁盘信息等多项系统数据。

（4）限制系统功能：包括远程关机、远程重启计算机、锁定鼠标、锁定系统热键及锁定注册表等多项功能限制。

（5）远程文件操作：包括创建、上传、下载、复制、伤处文件或目录、文件压缩、快速浏览文本文件、远程打开文件（正常方式、最小化、最大化、隐藏方式）等多项文件操作功能。

（6）注册表操作：包括对主键的浏览、增删、复制、重命名和对键值的读写等所有注册表操作功能。

（7）发送信息：以四种常用图标向被控端发送简短信息。

（8）点对点通信：以聊天室形式同被控端进行在线交谈等。

冰河木马的使用步骤如下。

入侵目标实验主机：

首先在攻击方计算机运行 G_Client.exe，扫描主机，扫描出现的主机一般也成为“肉鸡”。具体扫描方式如图 13-6 所示。

查找 IP 地址：在“起始域”编辑框中输入要查找的 IP 地址，本实验搜索 IP 地址“219.219.68.***”网段的计算机，单击 “开始搜索” 按钮，在右边列表框中显示检测到已经在网上的计算机的 IP 地址。

图 13-6　扫描主机

搜索框内有显示状态为 ERR 的主机，是因为这些主机上没有种 “木马”，即没有安装服务器。实验中，选择显示状态为 OK 的主机，如选取控制的主机的 IP 为 219.219.68.104。

在命令控制台中操作：

(1) 口令类命令包括系统信息及口令、历史口令、击键记录等；系统命令及口令如图 13-7 ~ 图 13-9 所示。

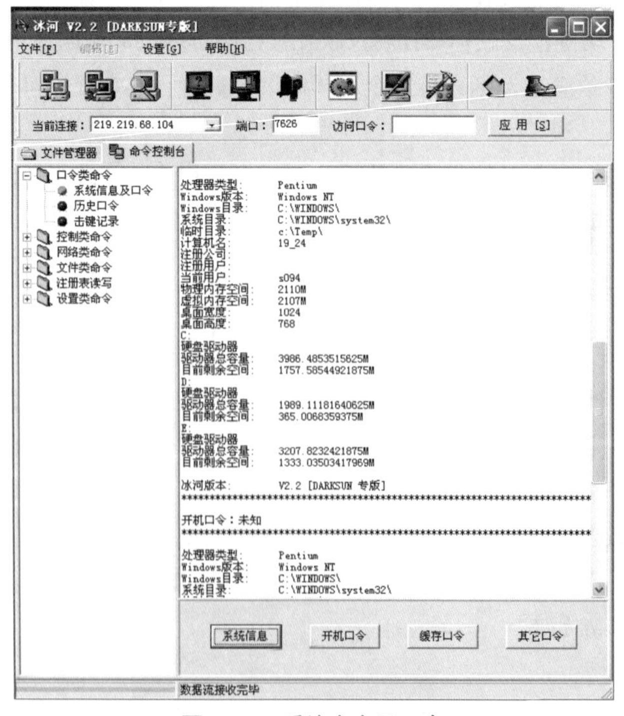

图 13-7　系统命令及口令

图 13-8　历史口令

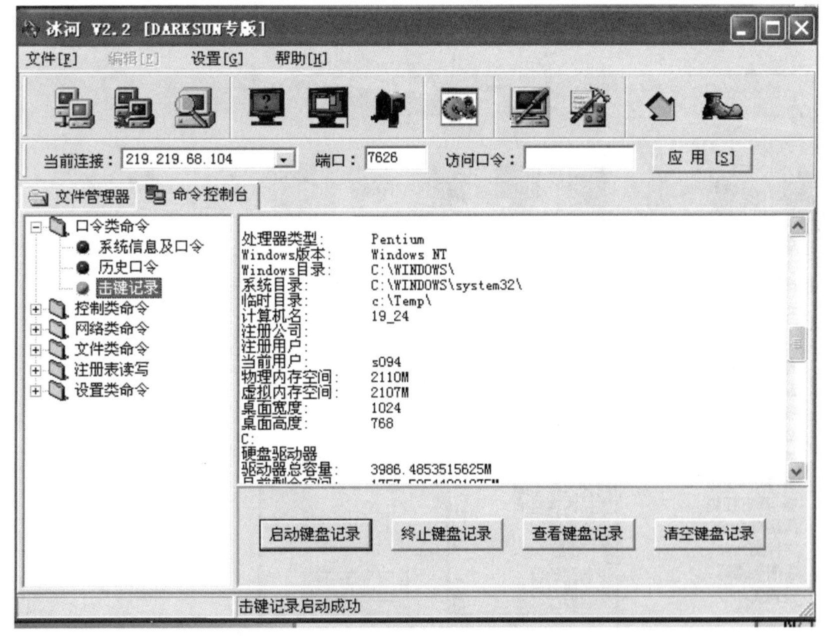

图 13-9　击键记录

（2）控制类命令包括抓捕屏幕、发送信息、进程管理、窗口管理、系统控制、鼠标控制、其他控制等，具体如图 13-10 ～图 13-16 所示。

图 13-10 捕获屏幕

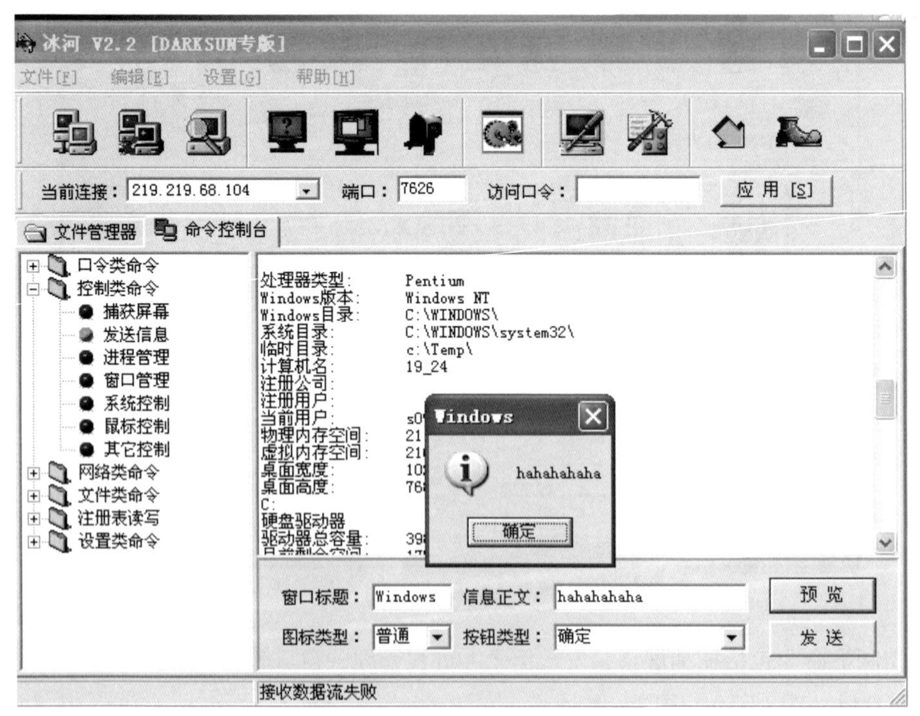

图 13-11 发送信息

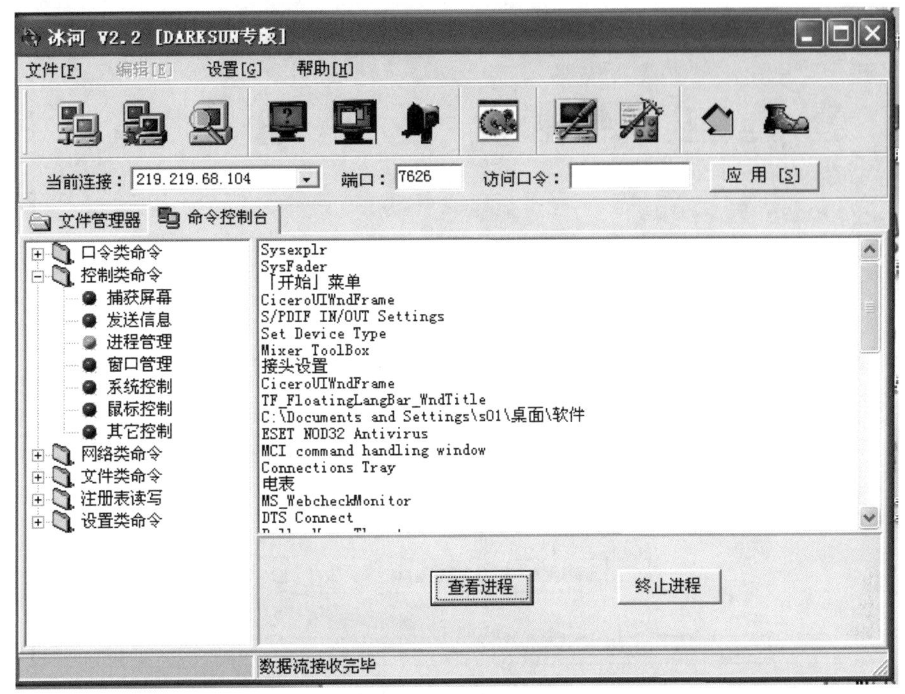

图 13-12　进程管理

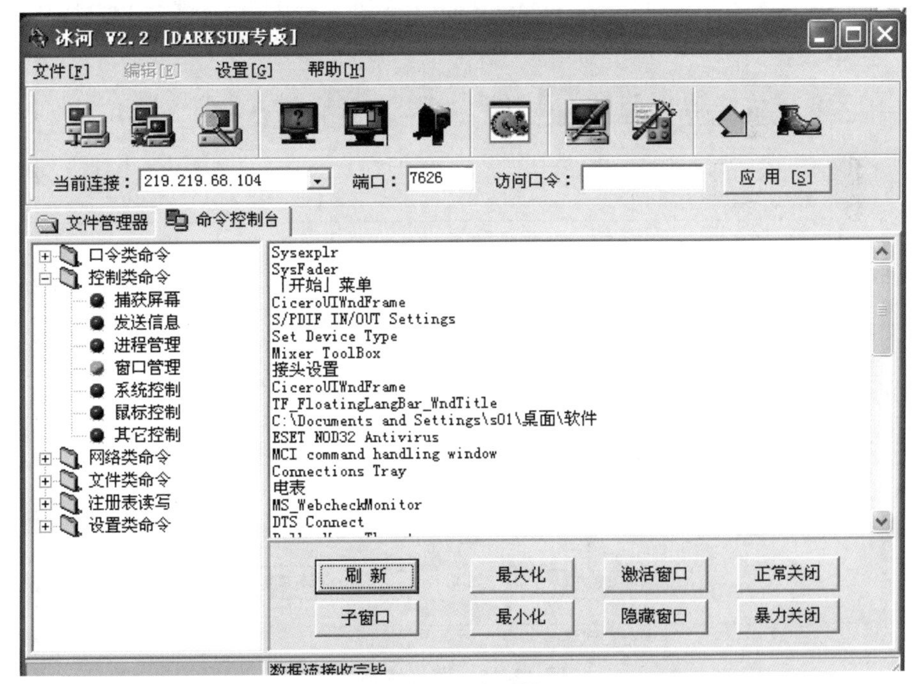

图 13-13　窗口管理

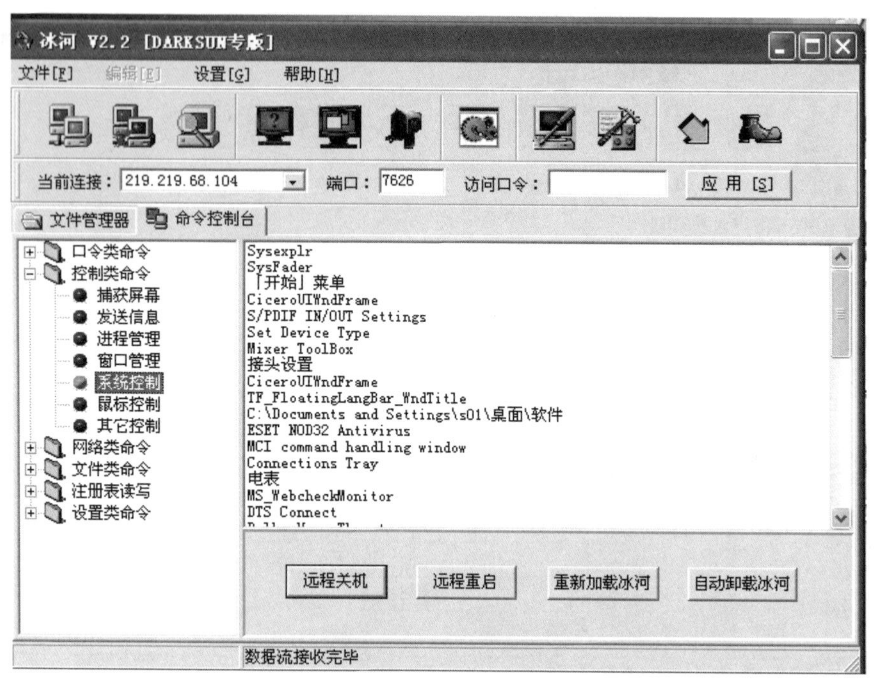

图 13-14 系统控制

图 13-15 鼠标控制

图 13-16　其他控制

(3) 网络类命令包括创建共享、删除共享、网络信息，如图 13-17 所示。

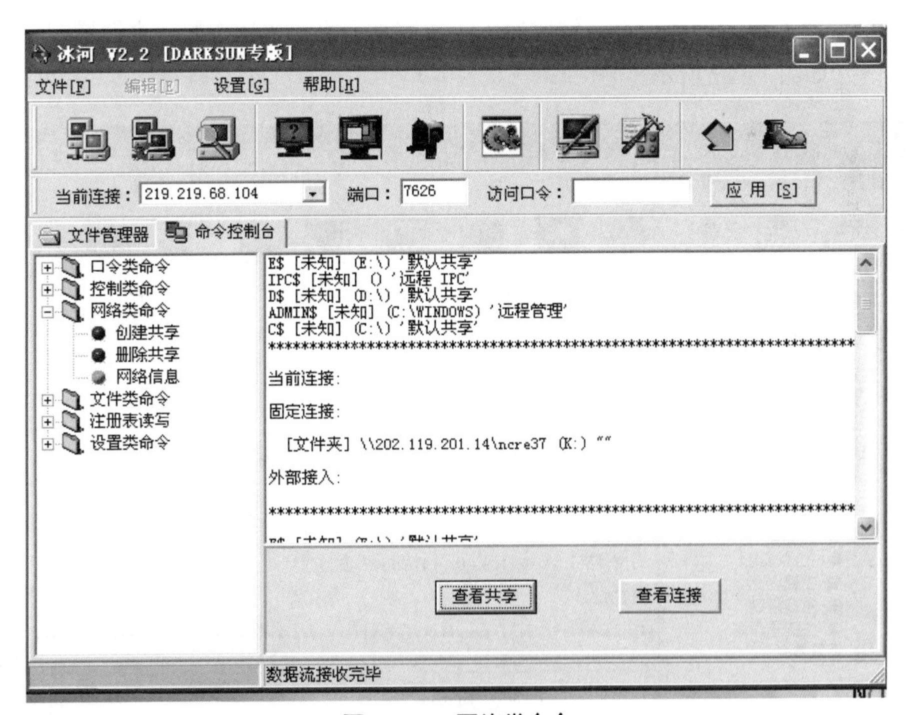

图 13-17　网络类命令

(4) 文件类命令包括文本浏览、文件查找、文件压缩、文件复制、文件删除、文件打开、目录增删、目录复制等，如图 13-18 所示。

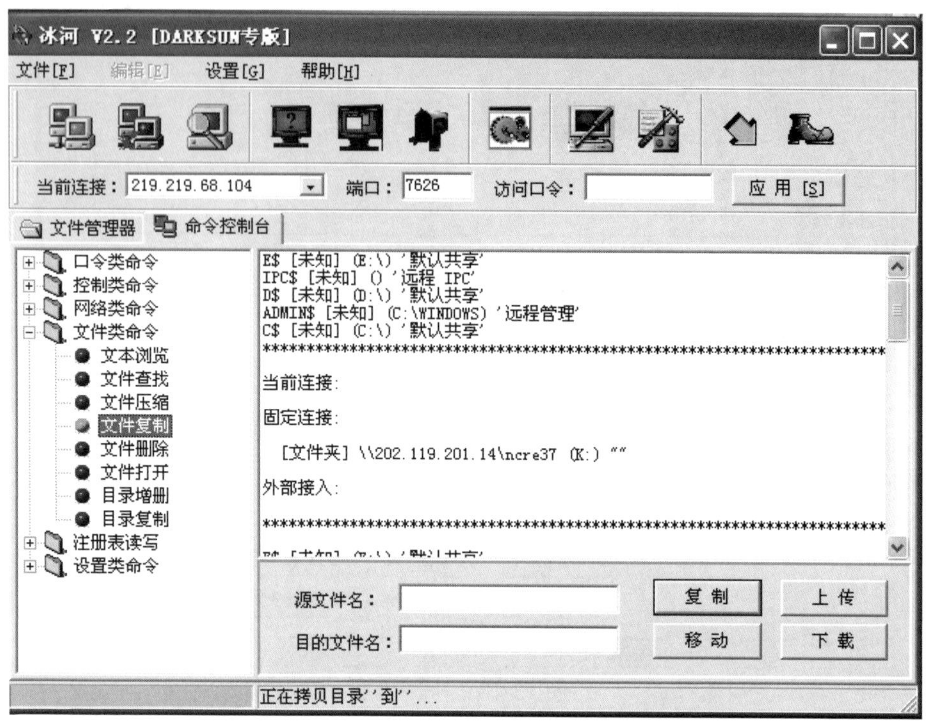

图 13-18　文件类命令

（5）注册表读取包括键值读取、键值写入、键值重命名、主键浏览、主键增删、主键复制、主键重命名等，如图 13-19 所示。

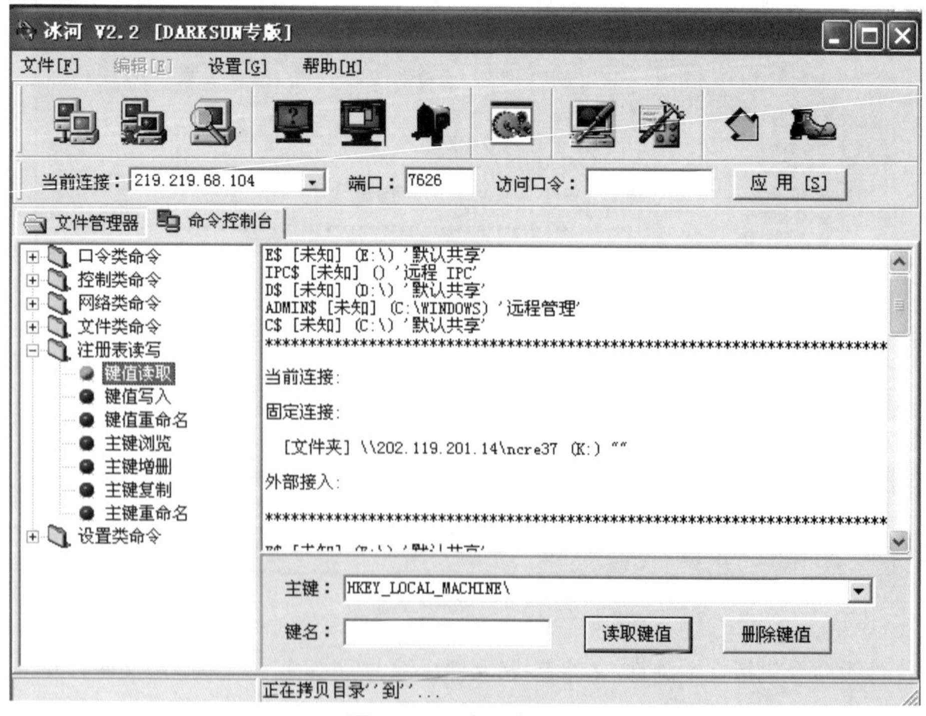

图 13-19　注册表读取

(6) 设置类命令包括更换墙纸、更改计算机名、服务器端配置等，如图 13-20 和图 13-21 所示。

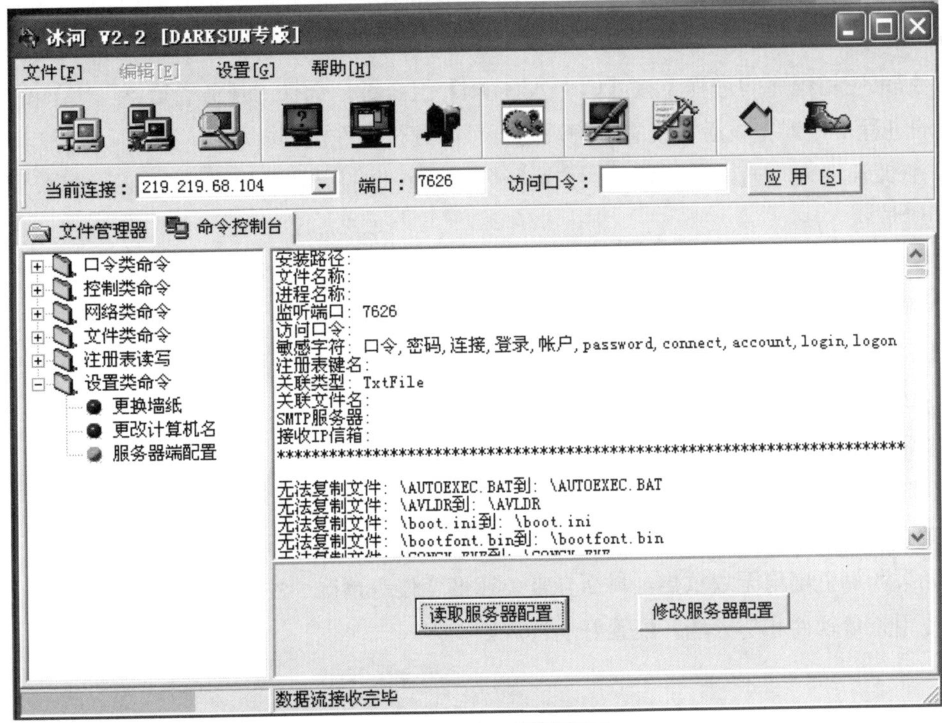

图 13-20　服务器端配置

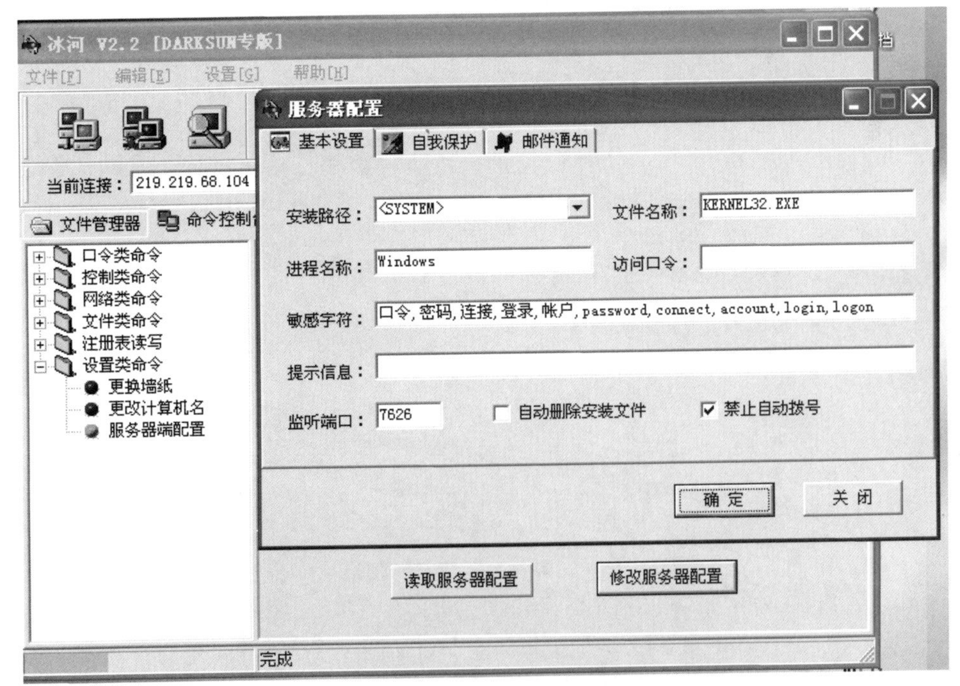

图 13-21　修改服务器配置

冰河木马的删除：

冰河木马单独删除其文件或者结束进程都不能彻底清楚，还需要通过修改注册表键值达到彻底删除的目的。

（1）结束应用程序的进程：按【Ctrl+Alt+Del】组合键，选择“任务管理器”，结束 Kernel32.exe 文件的进程；设置完成后，查看客户端是否可以进行远程控制。

（2）修改注册表：通过“开始”→“运行”→ regedit 打开注册表进行键值的修改，删除注册表的相关键值：

① HKEY_LOCAL_MACHINE\SOFTWARE\Microsoft\Windows\CurrentVersion\Run 中与 Kernel32.exe 有关的键值；

② HKEY_LOCAL_MACHINE\SOFTWARE\Microsoft\Windows\CurrentVersion\Runservices 中与 Kernel32.exe 有关的键值。

对冰河木马病毒防护的建议：

① 及时下载系统补丁，修补系统漏洞。

② 提高防范意识，不要打开陌生人的可以邮件和附件，其中可能隐藏病毒。

③ 如果计算机出现无故重启、桌面异常、速度变慢等情况，注意检查是否已中病毒。

④ 使用杀毒软件和防火墙，配置好运行规则。